国家自然科学基金项目及"长江学者和创新团队发展计划"资助

唐家山高速短程滑坡堵江及溃坝机制研究

胡卸文　罗　刚　著

知识产权出版社

全国百佳图书出版单位

图书在版编目(CIP)数据

唐家山高速短程滑坡堵江及溃坝机制研究 / 胡卸文，罗刚著.
—北京：知识产权出版社，2014.9
ISBN 978-7-5130-3019-9

Ⅰ.①唐⋯　Ⅱ.①胡⋯ ②罗⋯　Ⅲ.①山区－滑坡－溃坝－边坡稳定性－研究－绵阳市
Ⅳ.①P642.22

中国版本图书馆CIP数据核字(2014)第222767号

内容提要

本书采用现场调查、遥感解译、工程测绘和勘探、室内理论推导和数值分析等手段，系统开展"唐家山高速短程滑坡堵江及溃坝机制研究"，对高速短程滑坡失稳机理、堵江机制及可能的溃坝模式进行了较为系统的描述、分析和评价。提出了唐家山顺层岩质斜坡在强震下"后缘拉裂—中部岩块楔劈和顺层剪切滑移—底部锁固段脆性剪断—突发高速启动"的失稳机理；探讨了顺层岩质短程滑坡"刹车"制动机制及制动类型对堰塞坝体地质结构的控制效应，合理地解释了唐家山堰塞坝内部地质结构特征。通过 Visual Modflow 软件模拟了不同水位条件下堰塞坝体内部渗流场，分析了水位抬升对堰塞坝土体的渗流稳定性影响及不同水位下堰塞坝体的渗流稳定性，推测出堰塞坝在漫坝后的破坏模式为漫坝渐进式溃决，但整体稳定的结论。

本书可供国土资源、水利水电系统防灾减灾、边坡工程等部门的地质工作者及高校相关专业的师生参考。

责任编辑：彭喜英　　　　**责任出版：**刘译文

唐家山高速短程滑坡堵江及溃坝机制研究
TANGJIASHAN GAOSU DUANCHENG HUAPO DUJIANG JI KUIBA JIZHI YANJIU
胡卸文　罗刚　著

出版发行：知识产权出版社有限责任公司	网　址：http://www.ipph.cn
电　话：010-82004826	http://www.laichushu.com
社　址：北京市海淀区马甸南村1号	邮　编：100088
责编电话：010-82000860转8539	责编邮箱：pengxyjane@163.com
发行电话：010-82000860转8101/8029	发行传真：010-82000893/82003279
印　刷：三河市国英印务有限公司	经　销：各大网上书店、新华书店及相关专业书店
开　本：720mm×1000mm　1/16	印　张：15.5
版　次：2014年10月第1版	印　次：2014年10月第1次印刷
字　数：261千字	定　价：59.00元

ISBN 978-7-5130-3019-9

前　　言

汉川"5·12"特大地震不仅在地震影响区内产生大量的崩塌、滑坡等地质灾害，而且在整个核心区内产生了104处滑坡堵江形成的堰塞湖，其中堵塞规模最大、潜在危害最高、也最容易诱发堰塞湖次生灾害的当属位于北川县通口河的唐家山大型滑坡堵江堰塞湖。

唐家山位于四川省北川县县城以北约4.7km处的通口河右岸，根据调查资料，地震前唐家山地形坡度为40°，且属于中陡倾角顺向岸坡结构，边坡整体和局部稳定；在地震触发下形成高速滑坡，整个下滑时间约为半分钟，滑移800m，推测最大下滑速度约为28m/s，快速下滑堵江而形成的堰塞坝顺河向长803.4m，横河向最大宽度611.8m，推测体积为2037万立方米，滑坡导致近百人死亡，前缘临空滑移距离短（原河道宽约150m），属于典型的高速短程滑坡。由于滑坡前缘剪出口位置位于河床泥砂堆积层底部，滑坡剪出后直接推挤水体和泥砂物质，形成高速泥砂-水汽浪，并急速冲击对岸山体表面，导致大量树木被强大的冲击力斩断而死亡。而滑坡体在近程阶段短距离运动后，受对岸山体的阻挡急速刹车制动停止，形成宽厚的堰塞坝。尽管滑坡体由于碰撞和摩擦作用部分解体，但原岩层状结构并未完全破坏，运动模式呈"短程"及"整体状"特点。随着堰塞湖水位逐渐抬升，堰塞坝上、下游水头差不断增大，水流已通过坝体向下游渗透。截止到2008年6月9日，堰塞湖蓄水已达2.425亿立方米，相应蓄水位高程740m，而堰塞体上游集雨面积为3550km²，6月10日通过已开挖泄流槽逐级坍滑后成功泄洪，堰塞坝未发生整体溃坝，并确保了下游人民生命财产的安全。由于堰塞坝下部地质结构相对较好，泄洪槽入口下切缓慢，大致保持在710m水位高程，较地震前河水位660m抬高近50m水头，库内还储集近0.861亿立方米水量。

在2008年6月10日堰塞湖正常泄水前，由于唐家山堰塞湖所处部位的特殊性及巨大潜在危害性，其是否会整体溃坝不仅让国人焦急，更是引起世界的关注。在6月10日正常泄水后，经水流冲刷和淘刷，泄流槽形成长约600m，开口宽度145~235m，底宽80~100m，进口底板高程710m、出口底板高程702m的新峡谷型河道。

尽管唐家山堰塞湖经过上万名武警官兵及众多科技人员的共同努力实现了成功泄流而未发生任何伤亡事故，但是对这种典型顺向坡体结构由地震诱发的高速滑坡下滑、刨蚀河床、形成气浪直至堵江全过程，以及堰塞坝体特殊地质结构下溃坝模式，仍有必要进一步进行科学分析和总结。从地质学角度看，这也是一个非常典型的"滑坡堵江—局部溃决"案例。另外"6·10"成功泄流后，在考虑到现今仍保留710m蓄水位、库容近1亿立方米的条件下，残留堰塞坝体尽管总体基本稳定，但后期钻孔揭露及深孔变形监测数据表明，靠近泄流槽两侧滑坡体仍处于变形之中，尤其是唐家山滑坡后壁残留山体因地震及滑坡影响，坡体张拉裂缝分布普遍，其稳定性及是否仍存在高速滑坡并堵江的可能性仍值得重视和研究；还有位于唐家山上游右岸的大水沟在2008年6月14日、9月24日相继发生了中等规模泥石流，造成泄流槽入口部位又出现近4小时的堵江。上述现象表明泄流后的唐家山堰塞湖并未完全稳定，还受到堰塞体本身、滑坡后壁残留山体及上游右侧大水沟泥石流等次生灾害的威胁，尤其仍存在高速滑坡及泥石流堵江的可能性，而这些潜在地质灾害将在很大程度上制约着堰塞湖的可利用性。

不同于以往的高速远程滑坡，唐家山滑坡失稳机理、运动（制动）机制和作用因素的特殊性造成滑坡呈现"高速""短程"和"整体状"特性，并使得堰塞坝主体保存着原斜坡岩体结构。同时唐家山堰塞湖应急抢险工程也是我国零伤亡、最为成功的经典案例，具有极其重要的研究价值和典型示范效应。

本书是国家自然科学基金项目"唐家山高速滑坡堵江、溃坝机制及堰塞湖可利用性研究"（批准号：40841025）和"强震作用下高速远程和短程滑坡运动机理及堵江溃坝模式对比研究"（批准号：40972175）两项研究成果的提炼和总结。利用唐家山高速滑坡堵江前后边坡形态对比，尤其是滑坡堰塞坝体的系统地质调查及后期地质钻探揭露，在准确获取堰塞坝体地质结构及相关土体物理力学参数的基础上，采用地质定性分析和弹塑性理论相结合、室内数值模拟等方法和手段，深入开展唐家山高速短程滑坡堵江机制、不同工况条件下堰塞坝溃坝模式研究，提出地震触发大型顺层岩质高速短程滑坡的形成机理和堵江机制，以及特殊地质结构、复杂条件下的堰塞体溃坝模式，并将两者有机结合，以丰富并深化大型高速岩质滑坡堵江及溃决模式的理论研究和实际应用，并最终为工程实践服务。

著 者

2014年6月

目　　录

第1章 绪 论

1.1 研究背景和意义

自20世纪50年代之后，世界各地爆发了许多大型高速岩质滑坡，巨大的灾难和惨痛的教训使人们开始探究高速滑坡的诱发因素、运动机制和致灾范围等一系列问题，于是高速滑坡研究的热潮应运而生[1]。

根据国际地科联滑坡工作组1995年公布的"建议用于描述滑坡位移的一种方法"，滑坡位移速度可以划分为"极缓慢、很缓慢、缓慢、中速、迅速、很迅速和极迅速"7个等级，其中"极迅速"级别的滑坡位移速度下限为5m/s，上限为70m/s。大多数学者认为当高速滑坡的位移速度达20m/s以上时，相当于"极迅速"级别的滑坡[2-4]。

此外，国际上一般用等值摩擦系数（即滑坡体重心位置的垂直位移与水平位移的比值 H/L）作为滑坡短程和远程的划分标准，当 H/L 值小于0.6（约等于tan32°，为国际公认的岩质材料摩擦系数经验值）时，即为远程滑坡，除此之外的均可视为短程滑坡。在一般情况下，大型高速远程滑坡可划分为启程、近程、远程3个连续的运行阶段[1]。而高速短程滑坡在启程后，因受对岸山体阻挡，在近程阶段"急刹车"至停止运动，导致滑坡体地质结构良好，绝大部分基本保持原岩结构，没有远程活动阶段。如果滑坡发生在山谷河道，并截断河流完全堵江形成堰塞坝，随着堰塞湖水位的升高，堰塞坝的稳定性和安全储备就成了必须马上解决的重大问题。如果水位上涨到堰塞坝的承受极限，坝体一旦发生溃坝，就可能造成极端的洪水灾难和各种不良的地质环境效应，严重威胁着上、下游人民的生命财产安全，对自然环境的负面影响极其巨大。

长期以来各国专家学者都致力于高速滑坡和滑坡堰塞坝的研究，取得了丰硕的成果，并成功运用于防灾减灾实践。然而随着近年来气候的急剧变化和地球板块的强烈运动，复杂环境下多因素诱发的大型滑坡不断发生，新的问题不断产生，不断挑战着人类原有的认识和知识构架。而现有的研究总是将滑坡和堰塞坝作为两个独立的系统分别进行研究，忽略了两者之间的必然联系，缺乏系统关于滑坡堵江机制对堰塞坝地质结构及堰塞坝溃决模式控制作用的研究，造成了现有成果的片面性和局限性。其中关于地震高速滑坡碰撞刹车制动机制和堰塞坝溃坝模式等课题深入系统的研究可谓凤毛麟角，加上堰塞坝应急抢险的成功案例屈指可数，系统全面的防灾减灾预案和经验总结等方面尚属空白。

因此将滑坡和堰塞坝作为一个研究整体，深入研究高速岩质滑坡形成机理和运动机制、不同制动机制对堰塞坝地质结构的控制作用、堰塞坝的溃坝模式、可行的抢险方案等，对于防灾减灾具有重要的现实意义，同时对于大型高速滑坡和堰塞坝研究理论的丰富和扩展也有重要的意义[1,5-7]。

2008年5月12日，四川省汶川县发生里氏8级大地震，强大的地震力使北川县县城上游约4.7km处的通口河右岸唐家山发生高速滑坡堵江，并形成顺河向长803.4m，横河向最大宽度611.8m，高82~124m，平面面积约30万平方米，推测体积为2037万立方米规模的堰塞坝[6,8]。根据野外调查资料，唐家山滑坡最大下滑速度约为28m/s，前缘临空滑移距离短（原河道宽约150m），属于典型的高速短程滑坡。由于滑坡前缘剪出口位置位于河床泥砂堆积层底部，滑坡剪出后直接推挤水体和泥砂物质，形成高速泥砂-水汽浪，使其急速冲击对岸山体表面。而滑坡体在近程阶段短距离运动后，受对岸山体的阻挡急速刹车制动停止，形成宽厚的堰塞坝。尽管滑坡体由于碰撞和摩擦作用部分解体，但原岩层状结构并未完全破坏，运动模式呈"短程"及"整体状"特点。随着堰塞湖水位逐渐抬升，堰塞坝上下游水头差不断增大，水流已通过坝体向下游渗透。截止到2008年6月9日，堰塞湖蓄水已达2.425亿立方米，堰塞坝体是否会因渗流破坏或坝坡失稳发生溃坝成为全国关注的焦点问题[8-10]。

为了确保下游绵阳市人民生命财产安全，唐家山抗震抢险指挥部做出了紧急撤离的决定，并迅速组织武警水电官兵进行开槽泄洪工作，泄流槽于5月26日正式施工，6月1日晨完工。6月7日7时泄洪槽开始过流，10日11时30分出现了 6500m³/s 的最大下泄流量。11 日 14 时，堰塞湖坝前水位降至 714.13m，水位下降 28.97m；相应蓄水量从最高水位时的 2.466 亿立方米降至 0.861 亿立方米，减少 1.6 亿立方米。在泄流过程中，因未发生堰塞体整体溃决，下游群众无一人伤亡，重要基础设施没有造成损失。但经过水流冲刷，泄流槽已形成长800m、上宽 145~235m、底宽 80~100m、进口端底部高程 710m、出口端底部高程约 690m 的峡谷型河道。6 月 11 日，临时转移的 20 多万群众安全返回家园，唐家山堰塞湖应急处置工作基本告一段落。

不同于以往的高速远程滑坡，唐家山滑坡失稳机理、运动（制动）机制和致灾因素的特殊性，造成滑坡呈现"高速""短程"和"整体状"特性，使得堰塞坝主体保存着原斜坡岩体结构。同时唐家山堰塞湖应急抢险工程也是我国零伤亡、最为成功的经典案例，具有极其重要的研究价值和实际意义。

1.2 国内外研究现状

由于大型高速滑坡对人们的生命和财产造成严重危害，因而近半个世纪以来，关于大型高速滑坡的研究一直是世界各国地质学界的研究热点，并取得了丰硕的成果。中国台湾集集地震（1999 年 9 月 21 日）、四川汶川地震（2008 年 5 月 12 日）以及日本东海岸地震（2011 年 3 月 11 日），又使得地震滑坡研究呈现出百家争鸣的局面，地震滑坡的相关课题受到各国科技部门的高度重视。在备受全国人民乃至世界关注的汶川地震灾区唐家山堰塞坝成功抢险泄洪之后，国内对堰塞坝的研究也上升到一个新的高度。然而迄今对该问题的研究仍停留在现象总结和结果分析阶段，而公认的试验成果和理论研究甚少[1]。特别是大型顺层岩质高速滑坡从失稳、碰撞刹车到堵江形成堰塞坝的动力学全过程的系统研究，几乎还是空白。

1.2.1 高速滑坡形成机理和运动机制研究

近年来，全世界发生了许多大型高速岩质滑坡，给人类生命财产造成巨大损失。高速滑坡作为一种主要地质灾害，由于其发生地点、触发条件、作用因素、运动机理的多样性、多变性和复杂性，预测困难、治理费用昂贵，一直是世界各国研究的重大工程地质问题之一。

1.2.1.1 高速滑坡形成机理研究

国外学者 Varnes（1978）首次将斜坡变形破坏机制分为崩塌、倾倒、侧向扩离、滑坡、流动5种类型及复合类型，并对滑坡各个部分进行了系统的命名和特征描述[11]。Hoek 和 Bray（1983）系统论述了岩质斜坡设计中所面对的各种工程地质问题，提出滑坡的形成机制、抗剪强度的确定和楔形体滑动分析方法[12]。Sassa（1984）分析了在快速不排水条件下，沟谷中饱水岩土体发生滑坡的液化启动机制，并研究了孔隙水压力对高速远程滑坡—碎屑流运动的影响[13]。Hewitt（1988）以板柱屈曲理论，对弯曲岩体溃屈破坏进行了分析[14]。Ching（1988）、Krahn（1989）及 Nieto（1988）等提出降雨条件下的土质滑坡启动机制是由于暴雨入渗导致土体基质吸力减小，进而造成土体抗剪强度降低[15-17]。Mshana（1993）和 Fleming（1994）等通过对一些滑坡、泥石流试验研究，陆续完善了 Sassa 提出的滑坡静态液化机制[18, 19]。Sitar（1992）和 Anderson（1995）通过对滑坡土体三轴应力路径试验结果提出滑坡形成机制[20,21]。Stead 和 Eberhardt（1997）总结出露天高边坡有6类破坏机制，分别为双结构面破坏、犁型破坏、弯折破坏、逐步破坏、平面型失稳和旧有构筑失效[22]。Lau（1999）通过对试验数据的数值和理论分析，研究了沟谷陡坡上泥沙的启动机制[23]。Rautela 等（2000）基于卫星图像和航空遥感数据，对印度 Himacha Himalaya 研究区内诱发滑坡灾害的影响因素进行了全面的分析和总结[24]。Erisman 和 Abele（2001）在专著《岩滑和崩塌动力学》中，通过对大量大型高速滑坡实例研究，提出了岩质斜坡崩滑失稳机制及动力学运动机理，并对滑动过程中滑坡体解体的方式和类型进行了分析[25]。

国内张㻛（1980）提出了高速滑坡的启动机理，指出斜坡岩土体的峰值强度与残余强度差是滑坡高速启动的根本因素，同时还分析了运动路径对滑坡速度与距离的影响[26]。孙广忠（1983）对顺层岩质斜坡的层状岩体破坏形式，尤其是溃屈失稳机制进行了深入探讨，采用结构动力学方法确定了层状岩坡失稳的极限荷载[27]。王兰生（1988）提出了高速滑坡启动的"平卧支撑拱"机理，并在《工程地质分析原理》一书中对高速滑坡-碎屑流形成机制进行了深入阐述和分析[28,29]。胡广韬（1988，1995）系统论述了多冲程与多序次"石家坡型剧动式高速滑坡"的形成机制[30,31]。赵平劳（1989）从河谷卸荷作用在近河床处产生的初始挠曲和拉张破裂及弯曲变形的时间效应方面分析了河道岸坡层状岩体的溃屈变形破坏机制[32]。贺可强（1992）研究了堆积层滑坡剪出口形成机制，提出了采用地质位移和力学判据确定剪出口部位的方法[33]。高根树和张咸恭（1992）研究认为高速滑坡的形成机制主要是滑坡体内部各部分的能量转换与传递及底摩擦次生面的不断形成[34]。徐俊龄（1994，1997）提出高速滑坡形成的"闸门效应"，并讨论了高速滑坡的基本类型[35,36]。贺可强等（1996）研究了崩滑碎屑流的形成条件及类型，提出碎屑流不同于滑坡，应作为一种独立的地质灾害进行系统研究[37]。陈守义（1996）认为土体滑坡形成机制主要受控于土体的应变模式[38]。王来贵等（1997）从滑坡体位移角度提出滑坡启动机制，当滑坡体最大位移（振幅）大于滑坡体的容许位移时，滑坡启动[39]。毛彦龙等（1998）对地震滑坡研究认为，地震促使坡体波动振荡，进而产生高速滑坡[40]。钟立勋（1998）基于洒勒山滑坡、溪口滑坡、头寨沟滑坡的调查研究，提出"崩滑灾害形成的相似性"[41]。李树德（1998）从剪切力的角度分析了滑坡的形成机制[42]。任光明等（1998）物理模拟了顺层滑坡形成机制，并结合模拟结果进行了详尽的力学分析[43]。程谦恭（2000）分析了高速岩质滑坡临床弹冲与峰残强降复合启程加速动力学机理，并提出了临床弹冲-峰残强降复合启程速度公式[44]。毛彦龙（2001）给出了坡体波动振荡下启程剧发速度计算方法[45]。汪发武（2001）通过试验得出，高速滑坡形成主要是由于土粒子破碎产生超孔隙水压力[46]。李先华等（2001）提出了滑坡启动的两种不同机制，通过滑坡体含水率、滑坡体容重、滑带土内摩擦角、内聚力及它们与滑坡稳定系数的定量关系及其时间效应，建立了包含滑坡启动速度、推力、方向和时间的预测预报模型[47]。黄润秋（2003）对几类典型的大型岩质斜坡变形及失稳机理进行了深入的分析，阐述了大型滑坡形成的"滑移—拉裂—剪断""挡墙溃决""超级强夯"等模式的发生机制[48,49]。程谦恭等（2004）对斜向层状岩体斜坡上滑坡的变形、破坏、失稳的动力学机理进行了深入分析，建立了相应的力学判据[50]。李忠生等（2004）对地震动作用下黄土滑坡的稳定性动力学机理进行了细致的分析和研究[51]。祁生文等（2004）认为地震边坡的失稳是由于地震惯性力的作用及地震产生的超静孔隙水压力迅速增大和累积作用两个原因所致[52]。李迪等（2006）分析了堆积体滑坡滑带启动变形过程[53]。李守定等（2007）结合三峡库区干流库岸大量统计数据，研究了大型基岩顺层滑坡滑带形成演化过程与模式[54]。郑明新等（2007）对顺层滑坡形成机理进行了数值模拟分析[55]。王运生等（2009）分析了典型地震高位滑坡坡体结构特点及地震斜坡响应，探讨了地震高位滑坡形成条件及抛射运动程式[56]。冯文凯等（2009）对复杂巨型滑坡形成机制进行三维离散元模拟分析，再现了其变形破坏演化过程[57]。方华、崔鹏（2010）分析了汶川地震大型高速远程滑坡力学机理及控制因子[58]。许强等（2010）提出一种新的平移式滑坡类型——板梁状滑坡，并分析了其形成条件、成因机制与防治措施[59]。

以上这些理论几乎涵盖了岩质或者土质滑坡所有破坏形式和形成条件，并合理解释了某些特殊滑坡的启动机理，成为高速滑坡研究史上里程碑式的经典实例。但它们都是在高速滑坡发生后，通过室内试验等手段，基于不同的假设条件，滤去大量复杂作用因素，提取个别因素反演得到的。其中关于顺层岩质斜坡地震动力响应的研究少之又少，得出顺层岩质滑坡的形成机理也较为单一，如层状岩体溃屈失稳或者顺层滑移等。但是地震作用下的顺层岩质滑坡诱发因素众多，其往往是多种失稳机理综合作用的结果，形成的滑坡特征也将千差万别。因此，在强震作用下，顺层岩质滑坡形成机理还有待进一步研究。

1.2.1.2 高速滑坡运动机制研究

在20世纪早期，国外许多学者对高速滑坡运动机制进行过细致的探讨，提出了多种假说。Heim（1932）首先提出了"粒间撞击高能导致流态化"假说[60]。Bagnold（1954）和美籍华人许靖华（1975）先后提出了"无黏性颗粒流"[61,62]。Kent（1965）提出了"圈闭空气导致流体化"；Muller（1968）提出了"触变液化"。Shreve（1968）提出"气垫层"；Habib（1967）和Goguel（1969）先后提出了"孔隙气压力"；Scheidegger（1973）基于势能转化原理，首次研究了高速滑坡速度计算问题。Erismann（1977）提出了"岩石自我润滑"；Korner（1977）提出了"底部颗粒滚动摩擦减阻"假说；Melosh（1979）提出了"声波流态化"观点[2,63,66]。Davies（1982）提出了"底部高剪切速率导致流态化"[66]。Foda（1990）和Kobayashi（1997）提出了"基底压力波机理"[66,68]。Davies（1999，2002）提出了"碎屑化远程运动机理"[1-7,69-71]。

20世纪后20年，国外学者对高速滑坡运动机制的研究主要体现在：根据流体力学的理论和方法，应用物理模型和数值模拟手段，模拟分析滑坡的运动机制[1-7,72-74]。Wilson（1980）基于 Kent 提出的"圈闭空气导致流态化"假说，通过室内模型试验观察和分析了火山碎屑流运动过程中的"流态化"机理[75]。Hungr 等（1984）通过室内模型试验分析了沿开阔路径运动的高速颗粒流的流动特征[76]。Trank 等（1986）利用连续介质力学和水动力学的 Navier-Stokes 方程建立了数学模型，估计了滑坡运动速度[77]。Hutchinson（1986）研究了碎屑流的滑动-固结模式[78]。McClung（1987—2001）通过所建立的212组室内模型试验对崩滑体滑距和滑速进行了归纳分析，并建立了两种滑距运算公式[79-82]。加拿大冰川学家 Hewitt（1988）详细研究了1986年在喀喇昆仑-喜马拉雅地区 Bualtar 冰川发生的3个灾难性滑坡，详细描述了滑坡的运动学、动力学和沉积学特征[7]。Evans 等（1989）研究了加拿大不列颠哥伦比亚南部海岸山脉"魔窟"峡谷岩崩（约500万立方米的块状片麻状石英闪长岩碎屑，沿着一个极不规则的路径，垂向下落达2km，水平运程达9km，最高时速达81~100m/s），分析表明岩崩在运动方向上具有多次弯道超高、两级仰冲和两次右旋冲撞折射的高速流动性，同时还具有明显的"初始启动—仰冲前阶段"极快速运动和"能量突然损失后阶段"极低速度运动[83]。1989年，Evans 根据岩崩仰冲高度计算得到，加拿大"岩崩湖"岩崩最大速度（考虑摩擦损失）为112m/s，极限速度（忽略摩擦损失）可达到213m/s，是迄今关于滑坡碎屑流最高速度的实例之一[84]。Fleming 等（1989）、Iverson 等（1997）分别论述了滑坡型泥石流流态化的过程和机制[85,86]。Shaller（1991）详细地分析了美国爱达荷州卡尔森滑坡失稳、启程、运行、停止及沉积就位后经受剥蚀的全过程，比较了干滑坡与湿滑坡两者之间的地貌学、沉积学及运动学特征[87]。Sousa 和 Voight（1992）通过连续动力流模型对法国南部 Clapière 滑坡的潜在危害性进行了模拟，并对该滑坡运距、滑速和碎屑流厚度进行了预测[88]。Boves 等（1992）提出了冲击荷载作用触发的滑坡型泥石流的力学模型，并进行了实例分析[89]。Hallworth 等（1993）提出使用实验室的重力流来模拟自然环境或者工业环境流体运动的新方法[90]。Evans 和 Hungr 等（1994）通过研究马更些山脉"岩崩湖"岩崩的运动过程及其成因，解释了岩崩异常运行距离的显著流动性[91]。Hungr（1995）采用拉格朗日模型实现了对滑坡体运动过程中质量变化的数值模拟，并通过 Swiss Alps 地区的一个小型岩崩对模拟结果进行了反分析验证，该模型的建立可以说是碎屑流动力学机制模拟中的又一突破[92]。Straub（1997）通过离散颗粒模拟，研究了颗粒流的流动机制[93]。Dade 和 Huppert（1998）通过对崩滑事件的调查分析，得到了当滑坡体质量/降落高度（m/H）为定值时，崩滑体覆盖面积与 $(gmH/\tau)^{2/3}$ 的关系，从而对崩滑体活动性进行了定量分析[94]。Bozhinskiy（1998）通过简单的崩滑运动模型获得了运动和堆积过程的相似准则，并基于此相似准则，建立了用铁磁屑和铝屑混合体模拟伴随微粒云产生的崩滑体运动的近似物理模型[95]。Hewitt（1998，1999）进一步研究了巴基斯坦北部喀喇昆仑-喜马拉雅山区的第四纪冰碛物和灾难性岩屑崩落的运动机制[96,97]。

21 世纪以来的十多年里，国外对高速滑坡运动机制的研究进入相对缓和期。这一阶段的研究者把更多的注意力放在了对前人研究成果的改进和提炼上，并未形成新的理论。这一时期的研究更注重物理模型试验和数值分析方法的使用，新的模拟分析手段和数值软件层出不穷。Egashira 等（2000）通过室内模型试验模拟分析了在滑床组分与碎屑流组分不同情况下，碎屑流运动过程中铲刮滑面裹挟堆积体的运动过程，首次实现了物理模型试验中对滑坡体质量变化的分析[98]。Okura 等（2000）通过室内试验对干碎屑流流态化机制进行了研究，得出了滑距与体积呈正相关性，与坡脚、动摩擦系数、滚动摩擦系数呈负相关性的结论[99]。Iverson 等（2001）从颗粒流体的流变特性出发分析了流体的运动机制[100]。Fannin 和 Wise（2001）根据大量滑坡-碎屑流的现场调查数据，建立了一个分析碎屑流运动的经验模型，对不同地形下的碎屑运动特性进行了分析[101]。Davies 等（2002）、Stead 等（2003）和 Eberhardt 等（2004）分别对碎屑化岩崩碎屑流运动过程中的"碎屑化"（Fragmentation）过程进行了数值模拟，定性分析了碎屑化在岩滑运动过程中的作用[71,102,103]。Crosta 等（2003）运用 2D 和 3D 有限元法对边坡稳定性和滑坡体运距进行了模拟分析[104]。Gauer 等（2004）对雪崩运动中，碎屑流的侵蚀裹挟现象进行了模拟分析[105]。Félix 等（2004）为研究密集火山碎屑流的动力学特征，进行了干碎屑流沿倾斜滑面运动的物理模型试验，实现了无侧限流动的模拟[106]。Pollet 等（2004）分析 Flims 干碎屑流运移过程中的动力分解机制[107]。Fritz 等（2004）运用基于 Froude 相似法的二维物理模型模拟了滑坡运动过程中所触发的冲击波的分布特征[108]。Ferrar 等（2005）对发生在西西里岛南部 Castelmola 村附近的崩滑体的动力学机理进行了研究[109]。Hungr 等（2005）从经验方法和各种数值模拟方法中讨论了滑坡的运动机制、运距和速度，较为系统地概述了前人所提出的主要模型机理和特征[110]。Crosta 等（2005）应用二维 FEM 模型对滑坡体运动过程中的扩离现象进行了模拟，该方法中实现了对不同基础模型和屈服准则的变化的应用，从而实现了对滑坡体内部变形和滑坡体质量变化的模拟研究[111]。Pollet 等（2005）针对 Flims 岩滑的现场调查结果，对其运动特征进行了分析，并用"Slab-On-Slab"模型来解释碎屑堆积物的形成机理[112]。Friedmann 等（2006）运用颗粒流的物理模型试验，研究分析了颗粒流的非线性特性，并对碎屑运动过程中的能量耗散机理和重力驱动机理进行了研究[113]。Kwan 等（2006）在 DNA 模型的基础上得到了改进的 DMM 模型，用于对滑坡体活动性的模拟分析[114]。Locat 等（2006）运用"碎屑化"机理分析了高速崩滑坡体具有远程运动特征的原因[115]。Olivares 等（2007）对浅层火山碎屑堆积物中的崩滑事件进行了物理模型试验，来分析滑坡失稳后的活动性[116]。Gerolymos 等（2007）运用一种新的颗粒碰撞模型对 Nikawa 滑坡的远距离运动特征进行了分析[117]。Zambrano（2007）介绍了一种大型岩崩的动力学模型，并根据能量守恒方程，获得了摩擦减损公式和潜在崩滑体运动轨迹的速度公式[118]。Tommasi 等（2008）运用离散元模型分析了含泥岩夹层的灰岩地层沿平坦滑面运移的干碎屑流的运距分布特征，并用 PFC²ᴰ 对潜在岩崩体的运距进行了预测[119]。François 等（2008）运用改进的水文地质和地质力学有限元模型实现了对 Triesenberg 滑坡动力学行为的模拟[120]。Sosio 等（2008）对 2004 年 9 月发生在意大利中部阿尔卑斯山上的 250 万立方米的 Punta Thurwieser 岩崩进行了现场调查与研究，并通过二维和三维 DNA 模型对该滑坡的运动机理进行了数值分析，提出了冰川层分布能提高崩滑体运动活动性的观点[121]。Gray 和 Kokelaar（2010）通过试验模拟分析了具有自由流动表面的碎屑流体中大颗粒的运动沉积特征[122]。

虽然国内对高速滑坡运动机制的研究起步较晚，但近 30 年来也取得了辉煌的成果[1-8]。郭崇元（1982）提出了超大型滑坡速度的计算公式[123]。方玉树（1984）对超大型滑坡动力学问题进行了详细的论述与分析[124]。张倬元、刘汉超（1989）通过对黄河上游龙羊峡水电站近坝库岸大型高速滑坡-碎屑流的研究，首次提出碎屑流化滑坡高速远程运动的原因是碎屑间相互碰撞引起的动量传递，发现非地震导致的饱水砂土液化使滑坡高速滑动的地质证据，并认为高速滑坡获得并保持高速和达到远程滑动的原因是滑坡体高位能、中部剪断带黏土峰残强度差值相当大及饱水砂土液化、气垫效应和碎屑流动等[125]。晏同珍（1994）在

《水文工程地质与环境保护》等著作中对滑坡的形成机理、高势能滑坡的滑程进行了深入分析和研究[126]。胡广韬（1988，1995）系统论述了多冲程与多序次"石家坡型剧动式高速滑坡"的动力学机理，特别对多冲程高速滑坡的"超前溅泥气浪"与"边缘旋流"进行了深入的分析，并在《滑坡动力学》中系统地提出、阐述、论证了有关"滑坡动力学"的20余项关键性理论、观点和问题，具有重要的理论意义[30,31]。王思敬和王效宁（1989）在《大型高速滑坡的能量分析及其灾害预测》一文中，专门分析了高速滑坡运动全过程的能量变化[127]。黄润秋等（1989）提出斜坡岩体高速滑动的"滚动摩擦"机制[128]。张佳川、周瑞光（1989）从几种滑坡运动主要因素分析出发，用能量法和物理方程分析推导出地下水作为主要触发与运动动力的滑坡滑速公式[129]。卢万年（1991）应用空气动力学中的机翼理论分析了高速滑坡体在空气中滑行的规律，在理论上定量地分析了"空气动力擎托"的机理，提出了滑坡远程运动中滑坡速度及滑程的预测公式[130]。陈自生（1993）对沟谷型滑坡的流态化问题进行了分析[131]。王效宁（1993）研究了滑坡体中滑带温度场的变化规律，讨论了温度与滑动速度的关系[132]。程谦恭和胡广韬等（1997、1999、2000）详细研究了剧冲式高速滑坡变形、破坏、失稳剧动、高速飞行、碰撞解体及冲击成坝的动力学机理[2,30,31,44,45,50,63-65,133]。王家鼎和张倬元（1999）对典型高速黄土滑坡群进行了系统的工程地质研究，提出了地震诱发高速黄土滑坡的机理为黄土体解体、斜抛和粉尘化效应[134-136]。苗天德等（2000）基于对高速滑坡发生机理的认识及对其运动特征和堆积特征的分析，假定滑坡体的运动形式是连续可变的，建立了预测高速滑坡远程的块体运动模型[137]。南凌和崔之久（2000）基于西安翠华山高速运动的古崩滑体，将其平面堆积体划分为中央相带、边缘相带、抛掷相带、气浪溅泥相带和特殊的残留相带，分析了崩塌体的运动和动力学特性[138]。胡卸文等（2009）研究了唐家山滑坡形成及堵江过程，将其概括为顺层岸坡结构地震诱发—滑坡体前缘剪切、后缘拉裂—高速下滑、形成气浪、前缘刨蚀河床、对岸阻化隆起—后缘边坡坐落下滑—堰塞堵江[9]。

虽然国内外研究大型高速滑坡运动机制的成果很多，但多数成果主要涉及高速远程滑坡运动机制的研究，而对于高速短程岩质滑坡中所涉及的启动高速原理、急刹车机理和碰撞冲击作用对堰塞坝体地质结构控制机制等系统的理论分析、试验研究及定量研究成果较少，至今为大家公认的理论和成果不多。归纳总结发现，关于大型高速短程岩质滑坡的研究理论目前尚存很多不足，主要表现在以下几个方面。

（1）现有高速岩质滑坡启动机理研究中将滑坡体简化为一个刚性整体，启动高速的原因归结于滑动面摩擦角峰残强度差值很大和弹性压缩形变能的突发释放，而未考虑滑坡体是由许多岩石组成的结构体系，而岩层和结构面的剪切形变能对于平面滑动型的顺层岩质滑坡高速启动的贡献也往往被忽略了。

（2）现有高速岩质滑坡运动机制研究总是将滑坡的近程活动阶段假设为匀速或者减速运动，而忽视了运动过程中滑坡体内部碰撞解体、与地面和途中地物的碰撞作用等，因此未见关于高速岩质滑坡全面合理的运动机制研究出现，有必要对滑动过程中可能出现的各种变化做更为详尽的分析研究。

（3）在现有高速岩质滑坡碰撞问题研究中，总是将滑坡体和阻挡山体假设为理想弹性体撞击，仅仅考虑了滑坡体的动能和速度变化，而未考虑滑坡体的内能变化等，得到的结论基本属于定性分析，不能合理解释高速岩质滑坡急刹车制动机制。

1.2.2 地震滑坡研究

1.2.2.1 地震滑坡特性和控制因素研究

地震诱发滑坡虽然发生频度低，但一旦发生，无论在规模、面积还是造成的灾害损失方面，远比其他因素诱发的滑坡猛烈[139-141]。如果山岳地区发生了地震滑坡，其危害比地震直接造成的损失还要大[142]。例如，美国 Loma Prieta 地震（1989）触发斜坡失稳破坏达 1300 处，滑坡影响范围 15000km^2；意大利 Umbria-Marche 地震（1997）引发近千处滑坡，滑坡影响范围达 1000km^2。在我国，云南通海 7.8 级地震（1970）造成大量的滑坡灾害，滑坡影响范围达 85 km^2；四川炉霍 7.6 级地震（1973）诱发各种规模滑坡 137 处，滑坡影响范围达 90km^2；台湾集集 7.3 级地震（1999）诱发多处滑坡，滑坡影响范围达 1076km^2；2008 年的"5·12"汶川 8.0 级特大地震，触发不同规模的滑坡数万起，滑坡影响范围达 5563km^2，产生危害的就有 6000 余起，形成 104 个堰塞湖，导致大量人员伤亡和财产损失[143]。

1.2.2.1.1 地震滑坡的特性和类型研究

陈国顺（1991）根据山西地震带中多处滑坡的滑动面倾角大小，提出振荡式及触发式滑坡两种类型：振荡式滑坡的滑动面倾角小，因而滑力来源于强震振动。而触发式滑坡的滑动面倾角大，因而滑力来自滑坡体本身静荷载[144]。孙崇绍（1997）通过我国历史地震中有关地震引起的崩塌、滑坡记载，研究了各种类型的地震地质灾害和地震强度、当地的工程地质条件及周围环境的相关性，总结出历史地震引起的崩塌、滑坡主要具有以下特征：①地震引起的崩塌、滑坡主要发生在南北地震带上，自北向南由宁夏的中宁、中卫经甘肃六盘山两侧，天水、武都一线，沿川西、滇东直到滇越边界附近；②秦岭以北，滑坡与黄土的性质及其分布有密切的关系；③在高烈度范围内滑坡的数量和密度并不一定和烈度或震中距有严格的关系；④崩塌滑坡的类型很多，地震时除直接震动而触发的塌滑以外，对岩体强度的破坏及饱水砂层的液化对斜坡的下滑都起到促进作用[145]。

1.2.2.1.2 地震滑坡的空间分布规律及其控制因素研究

国外 Richter（1958）[146]和 Keefer（1984，1999）[147, 148]较早研究了区域地震崩滑的特点，给出了地震触发崩滑的最小震级和地震烈度，以及震级和地震滑坡区域面积的相关性公式。意大利科学家也做了类似的工作，Prestininzi 等（2000）[149]对意大利从公元前461年到公元1992年间的地震目录进行了分析，给出了地震烈度与地震滑坡之间的图形关系。Papadopoulos 等（2000）[150]根据公元1000年到1995年希腊境内的47个地震事件（M_s=5.3~7.9），统计出了地震滑坡与震中距的关系。Keefer（2000，2002）、Khazai（2003）、Sato（2009）、黄润秋（2009）等众多专家运用地质统计学的方法分析了地质概况与滑坡分布的相互关系，其中包括滑坡与发震断层或者地表破裂带的距离、地表破裂带的运动情况、地层序列、坡度坡高、坡体结构、等震圈闭线等[151-155]。

在我国，《中国地震目录》及其他主要地震目录记载了34例发生在5级地震以下的边坡崩滑，记录的最小地震也为4.0级。孙崇绍等（1993，1997）对中国历史地震资料（1500—1949年）进行统计后发现，地震引起的滑坡灾害多在5级以上的震区，6级以上的震区内崩、滑的数量显著增大[145, 156]。李天池（1978）根据我国区域地质和地貌条件的特性，给出了我国西南、华北和西北地区单个地震Ⅶ度以上烈度区的滑坡面积和震级的关系[157]。周本刚（1994）通过对西南地区1970年以来的 $Ms > 6.7$ 的11次地震的分析统计认为，一般在Ⅵ度区内不存在产生新滑坡的现象，即产生新滑坡所需的最小地震烈度为Ⅶ度，而诱发震前稳定的老滑坡，所需的最小地震烈度为Ⅵ度，要比产生新滑坡低一度[158]。辛鸿博（1999）通过对边坡崩滑的Ⅵ度区面积进行计算分析，得到以下结果：①边坡崩滑区的面积随着震级的增大而增大；②单个边坡崩滑面积和震级不是一一对应的关系；③边坡崩滑区的最大面积与震级之间存在着一定的关系[159]。杨涛和邓荣贵（2002）在现场调查资料及已有研究的基础上，对四川地区地震崩塌、滑坡的分布规律、类型、特征及其灾害性进行了更深入的分析，并就其特征进行了分区[160]。李忠生（2003）首次较为系统地对地震灾害较严重的美国、意大利、希腊等国家在地震滑坡灾害方面所做的研究工作进行了总结，并与我国的研究成果进行了对比。给出了国内外对地震滑坡的分类，论述了地震滑坡在面积范围、密度及滑坡体积等方面与地震震级、地震烈度、震中距等参数之间的关系；对地震时易于触发滑坡的地貌坡度及地质构造等因素进行了分析。他还指出强烈地震诱发滑坡和崩塌的数量，不仅取决于地震本身的影响，而且与发震地区的地质条件和发震时的降雨、融雪等各种因素密切相关[139]。殷跃平（2008）指出汶川地震诱发大型、特大型滑坡数百处，70%以上的中大型及超大型崩滑体密布于龙门山中央断裂（映秀-北川断裂）带及其附近[161]。魏欣（2010）以汶川地震极重灾区为研究区域，对地震诱发高速滑坡的空间分布规律，以及高速滑坡的滑程、剪出口高程、滑坡前后缘高差等几何要素做了分析研究。结果表明：①滑坡在空间上主要受发震断裂带控制，沿发震断裂带呈带状或线状分布；②滑坡体的滑距随剪出口相对高差的增大而增大；③滑坡后缘厚度越大、滑距越大，前缘堆积体厚度越小；④滑坡体顶部的速度大于底部速度，前部的速度要大于后部速度[162]。祁生文等（2010）通过分析12个汶川极重地震灾区的地震滑坡分布，对地震滑坡的独特分布规律进行了进一步补充和细化：①地震滑坡受控于活动断裂，但是大多数地震滑坡并非分布在中央断裂F2的上盘，而是分布在前山断裂F3与中央断裂F2之间的块体上，这可能反映了地震中该块体在F2与F3共同作用下与之发生了共振，地震动更强烈；同时，分析还发现，在距离发震断层F2断层5km范围内，地震滑坡的运动方向与发震断裂的运动方向高度一致，反映了近震地震滑坡运动与发震断裂的惯性作用密切相关；②地震滑坡的空间分布密度取决于与发震断层的距离和斜坡坡度，与发震断层的距离呈负指数关系，与斜坡坡度呈正相关关系，岩性、绝对高程、坡向对地震滑坡的分布密度影响很小[163]。

综上所述，国内外学者利用地质学和统计学原理详尽论述了地震与地震滑坡之间的关系，以黄润秋为代表的国内学者在地震滑坡研究方面取得了大量成果。主要包括以下两点。

（1）地震滑坡的发育密度、致灾范围、面积和体积等特性与地震震级、地震烈度、震中距等因素密切相关，即在无降雨、无暴雪等条件下，滑坡多发生在地震震级大于5，烈度大于Ⅶ，距发震断层或者地表破裂带小于10km的区域内，且沿断层带两侧密集分布。

（2）地震区地表破裂带的运动情况、山体斜坡的地貌坡度、坡体结构等是诱发地震滑坡最主要的因素，而地层序列、坡度、坡高、等震线等与地震滑坡的关系还存在较大的争议。

虽然这些研究成果查明了地震滑坡的各种影响因素，然而如何使用这些影响因素进行地震滑坡预测和预防，以及在地震发生后第一时间准确定位最危险灾害区域等许多的问题还需要专家学者进行大量的研究工作。

1.2.2.2 斜坡地震稳定性评价方法研究

岩土斜坡地震稳定性分析是岩土工程和地震工程研究的重要课题之一，而岩土斜坡地震稳定性评价方法是岩土斜坡地震稳定性分析的核心。由于地震力等动力荷载的特殊性，地震荷载作用下斜坡的稳定性分析方法与斜坡的静力分析方法有很大的区别，其主要研究内容有：①斜坡地震反应分析方法的研究，即如何在斜坡岩土体中考虑地震动作用；②斜坡岩土体的动力特性和强度准则及参数测试的研究，这是实现斜坡地震反应分析数值模拟的关键，与①共同构成了斜坡地震稳定性分析的基础；③斜坡地震失稳机理与失稳位置的研究，是斜坡地震稳定性分析的关键；④斜坡地震稳定性评价方法，是斜坡地震稳定性分析的核心；⑤斜坡地震稳定性评价指标与安全标准的研究，即工程应用的标准；⑥斜坡输入地震动的研究；⑦斜坡地震稳定性评价指标的计算精度，即斜坡地震稳定性评价指标的可靠性等。在以上几个地震荷载作用下斜坡的稳定分析研究中，研究斜坡在地震作用过程中的行为响应，进而进行地震力的计算，并判断斜坡的破坏面的位置和形状是进行其他研究的前提，而斜坡的稳定状态判断和永久变形（位移）的计算则是重点研究内容。所以地震作用下斜坡稳定性研究的根本是对斜坡在地震力作用下破坏过程的研究[164-180]。

1. 斜坡地震稳定性分析方法分类研究现状

关于岩土斜坡地震稳定性分析方法，不同的研究者给出了不同的分类。Kramer（1995）[181]将斜坡地震失稳分为惯性失稳和弱化失稳两类，并且把惯性失稳的分析方法归纳为拟静力法、永久位移法、Makdisi-Seed法和应力分析法，把弱化失稳归纳为流动破坏分析法和变形破坏分析法。刘立平等（2001）[165]将斜坡地震失稳分为惯性失稳和衰减失稳两类，并把惯性失稳的分析方法分为拟静力法、Newmark滑块法、有限元方法及概率分析法等，把衰减失稳的分析方法分为流动破坏分析法和变形破坏分析法等。祁生文（2002）[182]将斜坡地震稳定性评价方法归纳为拟静力法、有限滑动位移法、Makdisi-Seed简化分析法、剪切楔法、概率分析方法及数值方法。以上几种分类基本代表了国内外对岩土斜坡地震稳定性评价方法分类的主流。但是，刘红帅等（2005）[164]也提出了自己的看法，认为通常的概率分析方法（随机性分析方法或可靠性分析方法）和确定性分析方法都是基于拟静力法、Newmark滑块分析法和数值模拟方法的基础上进行的，区别在于确定性分析法不考虑变量的不确定性，而概率分析方法考虑了变量的不确定性，从这个角度看，刘立平等[165]和祁生文[182]将概率分析方法与其他几种方法并列起来的提法是不合适的。Kramer[181]的分类方法是从斜坡地震失稳机理的角度划分的，以上所涉及的方法均是从计算角度出发，未将试验法（物理模拟法）纳为斜坡地震稳定性评价方法。因此，刘红帅等认为，从地震作用下是否考虑斜坡岩土体参数的不确定性观点来看，岩土斜坡地震稳定分析方法可分为确定性方法和概率分析方法两大类；从斜坡稳定性计算中对地震动作用的不同处理方式来看，岩土斜坡地震稳定性分析方法宜分为拟静力法、滑块分析法、数值模拟法、试验法和概率分析法五大类。

2. 边坡地震稳定性分析方法研究现状

下面分别论述拟静力法、滑块分析法、数值模拟法、试验法及概率分析法的国内外研究现状。

1）拟静力法

拟静力法是研究地震作用下斜坡稳定性所最早使用的方法，从19世纪20年代始，就已用于结构地震稳定性分析，Terzaghi（1950）首次将其应用于斜坡地震稳定性分析中[165]，由于其应用简便而得到大力推广，并编入工程设计规范中[183,184]。

拟静力法的实质是将地震动的作用简化为水平、竖直方向的恒定加速度作用，并施加在潜在不稳定的滑坡体重心上，加速度的作用方向取为最不利于斜坡稳定的方向，将所产生的地震动作用作为水平和竖直方向的拟静荷载因子，其大小通常用地震系数 k_h 和 k_v 来表示，数值上等于水平或竖直加速度与重力加速度之比。将地震所产生的惯性力作为静力作用在斜坡潜在不稳定滑坡体上，根据极限平衡理论，便可求出斜坡的抗震安全系数。这个分析实质上与静力稳定性分析完全相同，所采用的方法是由静力稳定分析方法拓展而来的，只是添加了一个反映地震作用的地震系数，因而十分简便。虽然拟静力法简单易用，被编入工程设计规范，得到世界上广大工程技术人员的认可，但正是由于拟静力法的简单，用震动加速度值所确定相当于静荷载的地震力是把瞬间作用的荷载同长期作用的荷载等效起来，在计算过程中，为了将斜坡这样一个超静定系统转化为静定系统，拟静力法采用了较多的假设条件和简化条件，从而夸大了动态力的作用。Seed曾经对拟静力法的不足进行过详尽的讨论。他指出：①惯性力不是永久不变的，也不是单向的，而是在量级上和方向上有快速的波动；②即使斜坡的稳定性系数暂时小于1，不一定会导致斜坡的整体失稳，而只会导致斜坡产生一定的永久位移[182]。沈珠江等（1997）[185]指出：拟静力法的缺点十分明显，它完全无视地震加速度时空分布的不均匀性，而最主要的是，尚没有一个土工建筑物破坏实例证明地震惯性力起了决定性的作用。实践证明，用拟静力法设计往往低估含易液化土坡破坏的可能性，而对无液化可能的斜坡，则往往高估其破坏的可能性。通常地震动特性用峰值、频谱和持时三要素来描述，拟静力法的根本缺陷是未能考虑地震动的频谱特性和持时的影响。

2）滑块分析法

有限滑动位移的计算方法是以 Newmark 1965 年提出的屈服加速度 a_y 概念为

基础的。他指出坝坡稳定与否取决于地震时引起的变形，并非最小安全系数。Newmark假设土体为刚塑性体，对坝坡的圆弧、平面和块体三种形式进行了分析。将超过可能滑动体屈服加速度的那部分加速度反应进行两次时间积分即可估算斜坡的有限滑动位移[186]。

自从Newmark提出有限滑动位移法以来，该方法得到了国内外学者的高度关注和深入研究，并在工程方面得到了大量应用，尤其是国外。Kramer等（1997）[187]、刘立平等（2001）[165]和Ling（2001）[188]对该方法在国外的应用和发展进行了简要总结。

国内关于Newmark分析法的研究也很多，其中具有代表性的有：王思敬（1977）基于Newmark分析法提出的边坡块体滑动动力学方法[189]。王思敬（1982）[190]等通过试验，提出运动起始摩擦力和运动摩擦力的概念，并在振动台上测得花岗岩光滑节理面的动摩擦系数和运动速度的关系，在此基础上，王思敬等（1992）[191]、张菊明等（1994）[192]又分别推导了楔形体情形下和层状山体情形下的三维动力反应方程式。王秀英（2009）[193]根据Newmark方法提出一种在已知强震记录和滑坡数据的情况下，推导斜坡临界加速度的方法，为地震滑坡的定量研究提供了一种思路。

3）数值模拟法

由于计算机技术的不断进步，多种数值模拟技术应运而生，并成功应用于工程实际。主要的数值模拟技术有：有限单元法、有限差分法、离散单元法、拉格朗日元法、非连续变形分析方法、流形元法、边界元法、无界元法及几种半解析元法。根据各种数值分析方法的出发点及原理可知，有限元法、有限差分法、边界元法和拉格朗日元法主要适用于看作连续介质及含少量不连续界面的边坡；离散元法、非连续变形法、刚体弹簧元法主要适用于看作不连续介质的边坡；流行元法和界面元法对于看作连续介质和不连续介质的边坡都适合。国内外被业内广泛接受的数值分析方法有有限元法、离散元法和快速拉格朗日元法[166-182]。但将分析结果用于指导边坡的抗震设计尚缺乏可操作的途径，动力学、静力学两种设计方法在相当长的时期内会有一个协调过渡过程[194]。

将有限单元法应用于地震作用下土体的反应分析始于20世纪60年代[195]。土体动力分析有限单元法的总体思路和静力情况基本一样，不过由于荷载和时间有关，相应的位移、应变和应力都是时间的函数，因此在建立单元体的力学特性时，除静力作用外，还需考虑动荷载及惯性力的阻尼作用，在引入这些量的影响后，就可类似静力有限单元分析过程建立单元体和连续体的动力方程，然后采用适当的计算方法求解[137, 196]。

由于有限单元法不但可以应用总应力法，而且还可以以有效应力法为基础，考虑复杂地形、土的非线性和非均质性、土的弹塑性及土中孔隙水等复杂条件对地震期间边坡稳定的影响，能够深入分析土的自振特性及土体各部分的动力反应，因此有限单元法已成为边坡动力响应分析的重要方法之一。

虽然有限单元法是进行动力响应分析的一种好方法，但由于有限单元法自身基于连续介质，对于均质土体来说，其分析结果可靠；但对于材料介质连续性很差的岩质边坡来说，有限单元的分析就不那么准确了。而且有限单元法不能分析对边坡稳定有重大影响的节理面、裂隙面上的动力响应情况也是其重大的缺陷，对于大变形问题，有限单元法也无能为力。

离散元法是 Cundall（1971）首先把介质看作不连续块体，基于牛顿第二运动定律提出的[197]。Cundall 建立的离散元方法体系以时间步长为变量，对每一块体的运动方法进行显式积分求得系统的响应；通过引入阻尼防止非物理振荡，块体内部的弹塑性变形由块体内部的有限差分网格求出；通过动态的方法求得系统的准静态解。因此，离散元法也非常适合于求解节理岩体的动力响应。Bardet（1985）[198]、陶连金（2011）[199]等学者先后将离散元用于岩体动力问题。离散元法虽然弥补了有限单元法的某些不足，能够模拟边坡随时间的准大变形甚至完全破坏的过程，但由于它的基本假设是介质为不连续块体，因此，不能将其应用于连续介质。尽管在工程分析中获得了一些应用，但其所需的参数，即法向及切向弹簧刚度的测定是非常困难的，因此所得的结果通常是定性的。目前在岩土工程领域较为流行的美国 Itasca 公司的 UDEC 软件是离散单元法应用的代表之作。

快速拉格朗日法采用差分技术引入时间因素和采用滑移线技术实现了从连续介质小变形到大变形的分析模拟，同时又避免了有限元与离散元不能有机统一的矛盾，采用了与有限元类似的基本假设（连续介质），计算岩土体的应力场和变形场，但又可以应用于离散元才能计算的岩体沿某一软弱面滑动和随时间的延续变形逐渐增大的大变形问题，还可以模拟非线性材料的物理不稳定等。因此它基本上同时具备了有限元和离散元两者的主要功能，它和有限元同样具有不能模拟含多个不连续界面的岩土体问题。该方法在岩土力学中得到应用始于美国Itasca咨询公司，他们目前已推出实用的商业化软件FLAC3D，祁生文（2002）[182]和刘春玲（2004）[200]用其进行了大量边坡动力响应分析，结果与实际符合良好。

4）物理模拟法

物理模拟试验是真实边坡的简化缩影，在满足相似律的条件下，能够较真实直观地反映岩土边坡的薄弱环节及渐进破坏机理和稳定性程度，便于直接判断边坡的地震稳定性，同时也是对各种数值模拟结果的检验和对照[201]。

根据试验手段和原理不同，可以分为振动台试验和离心机试验两大类。从所掌握的资料来看，试验法基本上采用振动台模拟试验进行物理模拟，离心机试验用于边坡动力稳定性研究的很少[164]。杨庆华（2007，2008）通过离心模型试验研究地震作用下松散体斜坡崩塌动力学特性[202,203]。王思敬（1997）最早通过振动模拟试验探索了岩石块体运动时单一滑动面的摩擦特性等，取得了一些有重要价值的研究成果[189]。王存玉在二滩拱坝动力模型试验中发现，岩石边坡对地震加速度不仅存在竖向的放大作用，而且还存在水平向的放大作用[204]。清华大学研究过龙羊峡和二滩工程坝肩岩石动力特性及地震反应加速度，对库岸边坡进行了有限元动力计算和模型试验[205]。翟阳等（1996）采用单一频率的振动对土坝边坡进行了振动台试验，并分析了振动条件下边坡对土坝抗滑稳定性的影响，给出了边坡与破坏加速度的关系式[206]。张平等（1997）对岩石边坡的平面滑动进行了简化模型的系列振动台动力试验，并提出了边坡动力残余位移的累积计算公式[207]。门玉明等（2004）针对西北某拟建水利工程的层状结构岩质边坡的破坏机理，开展了边坡动力稳定性小型振动台模型试验研究，反映了层状边坡在不同地震动作用下的稳定性状况，得到了一些有价值的结论[208]。由于这方面的研究开展得少，因此试验中的相似律等很多问题需要深入研究。徐光兴（2008）[209]考虑场地特征和地震动的过程，建立了一种边坡动力稳定性的时程分析方法。

针对岩质边坡动力稳定性研究所进行的试验仅限于单一平直滑动面、小尺度和单一频率的地震动输入，而复杂滑动面、大尺度和采用真实的地震动输入的大型振动台试验尚未见报道[164]。

5）概率分析法

在边坡地震稳定分析中存在很多不确定因素，如输入地震动的随机性、边坡材料特性的随机性，和边坡的可靠性分析一样，这些随机性和模糊性对计算结果有很大影响，在分析时有必要考虑这些随机性，因此出现了地震边坡概率分析方法。Halatchev（1992）提出了一种用于堤坝和边坡地震稳定性分析的概率方法，该方法建立在 Sarma 解的基础上，考虑了地震力的水平和垂直分量，即地震力具有任意倾角；土体剪切强度参数假定为正态分布，采用 Monte-Carlo 模拟；破坏概率由地震系数确定：将地震系数视为一个随机量[210]。Tahtamoni（2000）以边坡的安全系数和临界位移作为稳定性判别条件，提出了地震力作用下土体边坡和堤坝的概率三维稳定性分析模型。模型考虑了如下的不确定性因素：实验室和现场所测的剪切强度参数存在较大差异的不确定性；发生地震和地震所引起的加速度的随机性；同时还考虑了地震引起加速度的空间变化以及土参数间的关系，提出了 5 种基于极限值下的非超越概率的地震位移概率模型，并提出了基于安全系数的三维动力边坡稳定分析的概率模型，编写了 PTDDSSA 计算程序，将这些模型应用于著名滑坡 Selest Landslide 中，发现震源距离和震级对地震引起的位移、破坏概率、二维和三维安全系数影响很大[211]。已有的研究从不同的角度和方法对边坡地震稳定性概率分析进行了探讨和尝试，但总体而言，这方面的研究刚刚起步，有大量的问题需要深入研究。

1.2.3 汶川地震诱发滑坡研究

汶川地震诱发数以万计的滑坡灾害，这些地震次生滑坡灾害危害严重，共导致大约 2 万人死亡[212]，同时也造成了巨大的经济损失。该次滑坡事件是我国迄今为止记录到的，单次地震触发分布最密集、数量最多、面积最广的滑坡事件。国家相关部门、科研机构和高校非常重视汶川地震滑坡的科学研究，陆续开展了如地震滑坡调查、形成机理、运动机制、滑坡坝风险控制、潜在不稳定斜坡综合治理和重建选址等地震滑坡相关课题研究[167,173,174,179,180]。

震后，多家科研单位与人员对一些典型汶川地震滑坡开展了调查与研究，王运生等（2008，2009）[56,213]，李秀珍等（2009）[214]分别统计了一些规模巨大的汶川地震滑坡的基本参数。张鹏等（2009）[215]对都江堰、彭州、绵竹、绵阳、北川、青川、平武、江油等重灾区和极重灾区的30多个地震滑坡灾害点进行了滑坡灾害现场测绘、灾害信息数字影像采集、地震滑坡灾害评估工作等。胡卸文（2009）[216]采用剩余推力法，对震后、尤其是唐家山堰塞湖库区马铃岩古滑坡体稳定性进行了系统分析和计算，指出地震对大型古滑坡复活主要受控于其地形坡度及微地貌特征，地形坡度40°以上，以及由缓变陡的转折部位是古滑坡整体或局部容易被地震触发失稳的充分条件，并非所有的古滑坡体均会被地震诱发而整体复活。殷跃平（2009）[217]重点剖析了汶川映秀牛圈沟滑坡碎屑流、北川城西滑坡、青川东河口滑坡碎屑流这三个典型实例，认为滑坡具有岩性破碎、抛掷效应、碰撞效应、铲刮效应、气垫效应特征。石菊松等（2009）[218]认为汶川地震诱发的灾难性滑坡，如北川老城滑坡、青川东河口滑坡、什邡岳家山水磨沟滑坡、彭州龙门山谢家店子滑坡、汶川映秀牛圈沟滑坡、绵竹清平文家沟滑坡等，不仅具有高速远程、碎屑化的特点，而且具有明显的气爆与气浪效应。陈兴长等（2009）[219]分析了汶川地震滑坡形成的内动力地质作用与外动力地质作用，以及两者的耦合作用。胡卸文（2009）[9，220]分析了唐家山滑坡堵江机制为顺层岸坡结构地震诱发—滑坡体前缘剪切、后缘拉裂—高速下滑、形成气浪、前缘刨蚀河床、对岸阻化隆起—后缘边坡坐落下滑—堰塞堵江，并对唐家山滑坡后壁残留滑坡体的特征、机制进行了分析。孙萍（2009）[221]研究了东河口滑坡碎屑流的高速远程运移机制，认为东河口经历了滑坡启动阶段、重力加速阶段、圈闭气垫效应飞行阶段、撞击折返阶段及长距离滑动堆积阶段5个重要动力过程。

此外，一些关于滑坡监测与预警的工作也陆续展开。王玉（2009）[222]提出了汶川地震区次生山地灾害监测预警体系的初步构想，须具有无线通信、无人值守、低功耗且独立电源支持、实时性等功能，面临的两个关键的技术问题是地震条件下山地灾害的形成的临界指标问题和适应震后环境的监测预警信息传输网络问题。王洪辉（2009）[223]基于倾角、位移、压力、γ辐射测量的震后综合信息监测仪研制，可进行粗略的地质灾害位置预警。汪家林（2009）[224]对震后紫坪铺左岸坝前堆积体稳定性进行了监测分析，从震后连续的监测成果分析，紫坪铺左岸坝前堆积体目前整体状态稳定。截至目前，汶川地震滑坡的相关文献已达千余篇，相关著作也接近百部，在地震滑坡研究历史上又是一次重要的突破。

以上这些研究理论虽然都分析了地震滑坡的形成机理和运动机制，提到了高位抛射效应、碰撞效应、气垫效应和气爆效应等，然而大多数仍停留在现象和理论描述上，基本为定性分析，定量分析的研究成果较少。关于顺层岩质斜坡的地震动态响应研究、滑坡临滑失稳判据公式和启动速度公式等基础理论研究和数学公式推导更是少有涉及。而滑坡刹车制动、碰撞成坝的作用机制研究几乎还是空白。因此，根据国内外地震滑坡的研究现状，地震滑坡的研究除了实地调查，室内岩土力学试验和多种模拟手段正、反演以外，还需要融合其他学科的最新理论成果，进行大量基础理论工作，探索新的研究方法，确定新的量化参数，推导新的判据公式，定量地分析大型岩质滑坡形成机理和运动机制。为滑坡灾害预测和防治提出更为先进和有效的技术和方法。

1.2.4 滑坡堰塞坝综合治理研究

滑坡堵江在世界各地山区均有发生，尤其在我国西部山区更为普遍，滑坡堵江形成的堰塞坝高达几米至几百米，堰塞湖的库容从几十万立方米至上百亿立方米，存在时间由数小时至数百年不等。由堵江或溃决引起的次生灾害及环境效应比堵江本身更为严重，特别是由此产生的洪水灾害使上、下游沿江地区都会遭到毁灭性打击。已有研究表明，地震引发的高速滑坡堵江在所有堵江事件中所占比例最高。

从国外对滑坡堵江的研究情况来看，美国走在滑坡堵江研究和治理的最前列[8,225,226]。20世纪70年代美国地质调查局对美国的滑坡堵江事件做了充分的调查工作。1983年美国犹他州2200万立方米岩质滑坡堵塞 Spanish Fork 河事件引起全世界的关注，使人们意识到滑坡堵江研究的必要性和重要性[225]。20世纪80年代后，各国工程地质学家对本国的滑坡堵江开展了大量的研究工作，这个时期最著名的学者当属美国的 Schuster 和 Costa。他们在归纳总结各国的滑坡堵江资料的基础上编制了《世界滑坡堵江目录》，书中详细描述了世界各国184起最具代表性的滑坡堵江事件[227,228]。之后，印度、巴基斯坦、意大利、西班牙、加拿大和南美的一些国家也对本国的滑坡堵江做了一些调查工作[229-234]。

Schuster 和 Costa（1986）在《滑坡堵江堆石坝对水电工程的影响》一文中提到：滑坡堵江溃决事件造成的灾害主要表现在两方面：一是瞬时溃决引发的特大洪水对下游人民生命财产的摧毁作用，二是引发大量如滑坡、泥石流等次生地质灾害。Evans（1986）提出，通过预测溃坝洪水的洪峰最大值来部署下游防灾减灾应急方案[225-227]。但是由于当时堰塞坝溃坝流量的实际资料较少，他通过几个具体实例所建立的经验公式未能很好地解决实际问题[235]。此外许多学者通过物理模型试验来解决此类问题，但由于花费大、时间短也未有成功的实例。Asansa 等（1991）在对 63 个已溃决的堰塞坝调查研究的基础上，发现：21%的堰塞坝在形成 1 天后就发生溃决，41%在 1 周内溃决，50%在 10 天内溃决，80%在 6 个月内溃决，85%在 1 年内溃决。他认为堰塞坝的稳定性与以下 3 个因素有关：①堰塞湖入流量；②堰塞坝地质特征；③堰塞坝几何特征[232]。

面对不可预料的滑坡堵江灾害，人们意识到滑坡堰塞坝的存在虽然隐藏着洪水隐患，但也蕴藏着丰富的水利水电资源，如果合理利用，可以变害为利，造福于人。最为成功的案例当属新西兰成功地利用了 400m 高的韦克瑞莫纳堰塞坝，建造了装机 $1.24×10^5kW$ 的水电站[236]。西班牙也从 1986 年起对本国高山湖泊的特征、成因等方面做了大量工作，以期合理利用这些湖泊的水力资源。近年来，美国工程兵团在美国国内和南美等地成功开展了堰塞坝的综合治理和利用等工作，取得了一定的经济和社会效益。由此可见，人们在进行滑坡堵江基础研究工作的同时，也正在治理和利用它。

我国是滑坡堵江较为发育的国家之一，早在 1000 多年前就有滑坡堵江和疏浚江道记载，到现代，滑坡堵江事件更是屡见不鲜，如查纳、叠溪、禄动、唐古栋、鸡扒子、新滩、鸡冠岭、唐家山等滑坡都造成堵江。其中，1933 年 8 月 25 日四川省叠溪 7.5 级地震诱发大量滑坡，不仅使千年古城叠溪彻底损毁，500 余人丧生，而且在岷江干流上形成三座堰塞坝，位于最下游的叠溪坝溃决后形成高达 60m 的洪峰，洪水沿江而下奔腾 20km，将沿江村镇冲毁大半，造成 2500 余人死亡，目前还残存着著名的大、小海子[237]。1976 年雅砻江上游唐古栋滑坡堵江形成超过 300m 的滑坡堰塞坝，截流 9 天，回水长达 53km，坝体溃决后，洪水呈立体波状向下游推进，使下游 6km 以内的河床淤高了 28m，洪峰一直波及下游 1000km 以外的宜宾市。1988—2001 年，卢螽猷[238]、李娜[239]、柴贺军[226, 240-244]等通过对国内典型滑坡堵江事件的分析，对我国堵江滑坡的类型及时空分布规律、滑坡堵江的成生条件及其与自然地质因素的关系、堰塞坝和堰塞湖的基本特征、滑坡堵江形成的灾害链和环境效应链、堰塞坝和堰塞湖的治理措施和开发利用等进行了较为全面系统的研究。

综上所述，国内外对滑坡堵江的发育分布规律、形成条件、所产生的各种灾害或灾害链研究方面已取得较为成熟的理论成果，然而现有研究基本是"将今论古"式的推测与分析，绝大部分均无滑坡堵江及溃决的现场第一手资料，尤其缺乏滑坡堵江堰塞坝坝体地质结构与高速滑坡运动机制等相互关系的系统分析，另外对具有不同地质结构特征的天然堰塞坝体在水流作用、孔隙水压力影响下的动态失稳机理以及溃坝洪水的演变特征研究方面还存在很多不足。因此有必要进一步系统开展滑坡堵江及溃决模式的研究，希望能取得新的认识和进步。

1.2.5 堰塞坝渗流研究

渗流是研究多孔介质内流体流动规律及其应用的学科，是流体力学的一个分支[245]。法国工程师达西（1856）通过试验提出了线性渗透定律，为渗流理论的发展奠定了基础。茹可夫斯基（1889）首先推导了渗流的微分方程。此后，许多数学家和地下水动力学科学工作者对渗流数学模型及其解析解法进行了系统、深入的研究，并取得一系列研究成果。一般来说，解析解是比较精确的，但解析解毕竟仅适用于均质渗透介质和简单边界条件，在实用上受到很大限制[246-249]。巴普洛夫斯基（1922）正式提出了求解渗流场电拟法，为解决比较复杂的渗流问题提供了一个有效的工具[250]。过去所沿用的电网络法都是基于差分原理，而近些年来研究的基于变分原理的电网络法，使该方法得到进一步改进。目前电拟法主要有两种模型，即导电液模型和电网络模型。由于导电液模型为连续介质模型，故它便于模拟急变渗流区问题，但用它无法模拟非均质各向异性渗透介质，也不能适应复杂的地质和边界条件。为了模拟更加复杂的渗流场，逐步研究和发展起了电网络模型，即电网络法，该方法既可基于差分原理，也可基于变分原理建立。由于基于变分原理而建立的电网络法吸收了有限单元法的优点，故使该方法在模拟曲线边界和各向异性渗透性方面得到一定改进，电网络法由于具有容量、稳定性基本不受限制和在解题过程中不产生累积误差等特点，目前仍是求解大型复杂渗流场的有效工具[251]。

随着计算机的迅速发展，数值方法在渗流分析中得到了愈来愈广泛的应用。利用计算机依靠数值法求解均质或非均质、各向同性或各向异性以及复杂边界条件的土石坝渗流问题，已基本上可以取代物理模型试验。Neuman（1973）首先提出了用有限元求解土坝饱和-非饱和渗流的数值方法。赤井浩一采用了 Neuman 的数值模型和有限元法进行了试验与数值分析计算。Akai（1979）提出了三维饱和-非饱和渗流的有限元方法。Lam 和 Fredlund（1987）对饱和-非饱和土渗流问题作了较完整的论述，认为土体中水的流动受压力水头梯度总和控制，并将非饱和土壤水运动理论与非饱和土固结理论相结合，得到了符合岩土工程师使用习惯的饱和-非饱和渗流控制方程，并运用有限元法对复杂地下水流动系统的几个暂态渗流实例问题进行了数值模拟。Wang 和 Narasimhan（1992）对裂缝性多孔介质非饱和渗流进行了研究[225]。

相对于国外，我国这方面的研究起步较晚，也开展了大量的研究工作。主要集中在数值计算方法和相应的计算新技术上，取得较大的成果。在饱和-非饱和渗流的数值模拟计算方法方面，吴良骥和 Bloomaburg（1985）提出了饱和-非饱和区中渗流问题的有限差分积分法数值模型，利用辛普森数值积分提高了质量平衡精度[252]。吴梦喜和高莲士（1999）对饱和-非饱和土体非稳定渗流作了分析，对一般的非饱和渗流有限元计算方法加以改进，以消除非饱和渗流计算存在的数值弥散现象[253]。周庆科等（2003）基于时步显式迭代的方法，提出了离散单元法的饱和-非饱和渗流模型，使裂隙岩体中的渗透效应直接参与离散单元法的显式平衡迭代，而无须求解大规模的渗透方程组[254]。

另外，也有不少学者将饱和-非饱和渗流与温度场等进行耦合，将饱和-非饱和渗流与物质运移等相联系。韦立德和杨春和（2005）在探索多场耦合理论基础上，研制出了一个考虑饱和-非饱和渗流场和温度场对应力场作用的三维弹塑性有限元程序，经与弹性力学解析解对比，验证了该程序计算结果是合理的[255]。

从以上研究成果可见，相对于物理模拟而言，如今数值模拟成为渗流场和渗流破坏研究最主要的手段，新的理论和程序不断涌现，而渗流问题研究最大的突破在于：从二维计算到三维计算，从饱和渗流到非饱和渗流，从简单的渗流场到多场耦合以及解析解的精度不断提高。然而，现有理论用于边界条件明确、物质组成简单、材料均匀各向同性、上下游水位得到精确控制的人工堆石坝渗流场分析时，其结果精确合理，满足施工设计等要求并达到理想的效果，而对于边界条件复杂、坝体物质组成混杂、材料各向异性且上游水位无法控制的天然堰塞坝而言,分析结果与实际存在较大误差。为了判断堰塞坝渗流破坏情况,只能通过全天候现场监测,结合地质经验,不断调整和修正分析计算的结果。

为了解决该问题,除了不断进行理论创新,研发新的模拟软件和归纳总结已有堰塞坝渗流破坏的经验以外,还需要全面调查野外现场地质资料,合理建立地质原型,准确判断边界条件,把握滑坡堰塞坝地质结构的差异导致的不同失稳机理和运动机制,从而更合理地判断堰塞坝渗流破坏情况。

1.3　研究内容及技术路线

由于唐家山顺层高速短程岩质滑坡具有启动高速、短程滑动、急速刹车、撞击成坝等特点,其形成和运动过程涉及大量复杂的物理化学变化和功、能转换,现有的研究成果不能系统深入地阐述该类滑坡的失稳机理和运动机制,对碰撞堵江机制的研究也尚属空白。

唐家山滑坡堵江形成堰塞坝这一事件,使越来越多的科研工作者意识到,对于顺层岩质斜坡而言,仅进行稳定性分析评价及滑坡监测工作是远远不够的,还必须考虑极端条件下滑坡的运动速度、滑动路径和致灾范围等要素,需要进一步对滑坡失稳机理和运动机制开展综合研究,从而为地质灾害防灾减灾规划提供科学的依据。同时,滑坡堰塞坝溃坝机制的研究是灾害发生后首要进行的工作之一,作为应急抢险的基础工作,其决定着人民生命财产是否安全、紧急疏散预案如何制订等。

唐家山高速短程滑坡及溃坝机制研究是分析和论证大型顺层高速岩质滑坡在强震作用下滑坡突发启动、高速运行、变形解体、动量传递、碰撞刹车一系列运动过程的动力学机理以及建立堰塞坝受到余震影响,在坝体渗流场和应力场耦合状态下,变形破坏直至溃决动态过程的理论模型。基于该目的,通过对比汶川地震中众多岩质滑坡的实例,本书提出了易于发生滑坡堵江的斜坡类型、地质特性和环境条件;应用弹塑性力学和断裂力学理论,探索了顺层岩质斜坡失稳机理,重点阐述了拉裂面形成机制、"楔劈"岩块的杠杆作用和碎屑岩块的滚动摩擦效应;运用能量转化原理,推导出在地震作用下,岩质斜坡平面滑动的破坏判据、临滑前锁固段的剪切形变能和突发启动速度计算公式；采用离散元数值模拟方法，再现唐家山高速短程运动全过程；通过研究滑坡行程阶段的水、气浪冲击效应，底摩擦效应，碰撞效应，温度效应等多种作用，重点探讨了顺层岩质滑坡"刹车"制动机制及制动类型对堰塞坝体地质结构的控制效应，合理解释了唐家山堰塞坝内部地质结构特征并阐明了堰塞坝的形成机制；通过有限元模拟方法，研究了不同水位条件下堰塞坝体内部渗流场，分析水位抬升对堰塞坝土体渗流稳定性的影响，推测堰塞坝在漫坝后的破坏模式；进行泄流槽设计方案比选，对优选方案进行堰塞坝过流冲刷稳定性和过流后稳定性评价。

主要研究内容包括以下4个方面。

（1）唐家山顺层高速滑坡失稳机理研究。

①斜坡地质条件与斜坡地震稳定性相互关系；

②强震作用下顺层岩质斜坡失稳机理；

③强震作用下顺层岩质斜坡平面滑动的破坏判据、临滑锁固段的剪切形变能和突发启动速度计算公式。

（2）唐家山堰塞坝形成机制研究。

①滑坡运动过程中滑坡体内部碰撞解体效应；

②河床泥砂堆积层对滑坡运动的影响效应；

③滑坡体与阻挡山体冲击碰撞机制；

④碰撞过程滑坡体塑性区热力学状态变化；

⑤滑坡刹车制动机制对堰塞坝地质结构控制效应；

⑥唐家山高速滑坡堵江动力学过程离散元数值模拟。

（3）唐家山堰塞坝稳定性分析。

①堰塞坝三维渗流场模拟；

②堰塞坝坝体边坡稳定性分析。

（4）唐家山溃坝机制研究。

①堰塞坝溃坝模式；

②泄洪槽过流冲刷稳定性分析；

③过流后堰塞坝稳定性综合评价。

根据以上研究内容，其技术路线如图1-1所示。

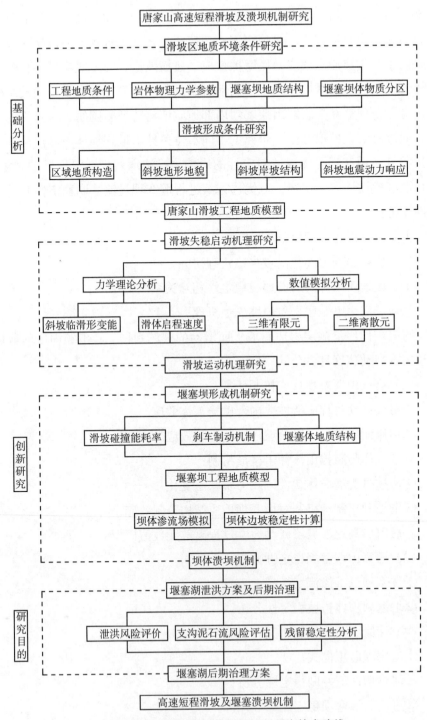

图1-1 唐家山高速短程滑坡及溃坝机制研究技术路线

第2章 唐家山地质环境条件及滑坡发育特征

2.1 唐家山滑坡堰塞坝概述

汶川地震在极震区内产生了104个滑坡堵江形成的堰塞湖，其中位于北川县通口河的唐家山堰塞湖规模最大，潜在危害最高，也最容易诱发堰塞湖内次生地质灾害。

唐家山位于四川县省北川县城以北4.7km处，通口河中游右岸。北川县隶属绵阳市，位于四川盆地西北部，距成都160km。区内峰峦跌宕，沟壑纵横，地势西北高，东南低，最高海拔4769m，最低海拔540m（图2-1）。

图2-1 唐家山区域航拍图

根据早期地质勘察资料，地震前唐家山原始地形坡度为40°，属于中陡倾角顺向岸坡结构，天然状态下边坡整体稳定（图2-2）；由于强大地震作用，唐家山斜坡失稳，形成高速滑坡并堵江，持续时间约为0.5min，相对位移约为800m，推测最大下滑速度约为28m/s，共导致近百人死亡。堵江形成的堰塞坝顺河向长803.4m，横河向最大宽度611.8m，推测体积为2037万立方米（图2-3、图2-4）。截止到2008年6月9日，堰塞湖蓄水已达2.425亿立方米，相应蓄水位高程740m，而堰塞体上游集雨面积为3550km²。6月10日堰塞湖水通过开挖泄洪槽成功泄洪，堰塞坝未发生整体溃坝，且残余坝体整体稳定，确保了下游人民生命财产的安全。由于坝体底部地质结构相对较好，泄洪槽入口下切缓慢，保持在710m水位高程。但较地震前河水位660m，还是抬高近50m水头，库内还储集约1亿立方米水量。

图2-2 唐家山原貌（上游至下游）（地形坡度总体为40°，摄于2008年4月20日）

图2-3 地震后唐家山形成高速滑坡并堵江（摄于2008年5月23日）

　　堰塞坝泄水后，经水流冲刷和淘蚀，泄洪槽形成长约600m，开口宽度145~235m，底宽80~100m，新进口底板高程710m、出口底板高程702m的峡谷型河道（图2-5）。

图2-4　唐家山高速滑坡堵江形成的堰塞坝　　　图2-5　堰塞坝正常泄水后形成的泄流渠
　　　　　（摄于2008年5月23日）　　　　　　　　　　（摄于2008年6月12日）

　　尽管唐家山堰塞湖经过上万名武警官兵以及众多科技人员的共同努力实现了成功泄流而未发生任何伤亡事故，但是对这种典型顺向坡体结构地震诱发的高速滑坡下滑、刨蚀河床、形成气浪直至堵江全过程，以及堰塞坝体特殊地质结构下溃坝模式仍有必要进一步进行科学分析和总结。从地质学角度看，这也是一个非常典型的"滑坡堵江—局部溃决"案例。另外"6.10"成功泄流后、在考虑现今仍保留713m蓄水位、库容近1亿立方米条件下，残留堰塞坝体尽管总体基本稳定，但后期钻孔揭露及深孔变形监测数据表明，靠近泄流槽两侧滑坡体仍处于变形之中，尤其是唐家山滑坡后壁残留山体因地震及滑坡影响，坡体张拉裂缝分布普遍（见图2-6），其稳定性及是否仍存在高速滑坡并堵江的可能性仍值得重视和研究；还有位于唐家山上游右岸的大水沟在2008年6月14日、9月24日相继发生了中等规模泥石流，造成泄流槽入口部位又出现近4h的堵江（图2-7）。显然上述现象表明泄流后的唐家山堰塞湖并未完全稳定，还受到堰塞体本身、滑坡后壁残留山体以及上游右侧大水沟泥石流等次生灾害的威胁，尤其仍存在高速滑坡及泥石流堵江的可能性，而这些潜在地质灾害将在很大程度上制约着堰塞湖的可利用性。

图2-6 唐家山滑坡后壁残留山体表部裂缝分布（摄于2008年8月3日）

图2-7 堰塞坝上游大水沟2008.6.14暴发第一次泥石流并堵江（摄于2008年6月14日）

2.2 唐家山滑坡（堰塞坝）形成的地质环境条件

2.2.1 水文气象

2.2.1.1 流域概况

通口河（湔江）流域位于四川盆地西北边缘山区地带，系涪江一级支流，控制集水面积4520km²，主河长173km；其上源有两支，白草河源于松潘桦子林，青片河源于北川建设公社插旗山；两河以青片山为分水岭，河流穿行于崇山峻岭之间，流至北川治城（又称"禹里"）汇合；下流经北川县县城在江油县青莲场附近注入涪江。

河源至北川，地处龙门山褶皱带，受河流长期侵蚀切割的影响，山高谷深，相对高差较大，一般海拔高程均在1000~1500m以上，最高峰插旗山4769m，北川至江油青莲，山势较低，海拔高程一般在500~1000m以上；青莲以下，河流进入盆地丘陵区，海拔高程在500m左右。流域上游有原始森林分布，中下游植被较好，耕地较多。河源上部多为变质岩层；中下游多为以碳酸盐岩层及碎屑岩为主的沉积岩层。

2.2.1.2 气候特性

通口河流域地处龙门山东侧，属亚热带季风气候，因流域内地形复杂，高差悬殊，气候垂直变化很大。据北川县气象站资料统计，多年平均气温为

15.6℃，极端最高气温为36.1℃，极端最低气温为-4.5℃；多年平均相对湿度76%，历年最小相对湿度15%；多年平均年蒸发量992.9mm；多年平均年降水量1355.4mm，历年一日最大降水量为323.4mm。6月份一日最大降水量为201.4mm。多年平均风速1.3m/s，最大风速12.0 m/s，相应风向SW。

2.2.2 区域地质背景

唐家山滑坡（堰塞坝）地质构造上处于龙门山地槽的后龙门山褶皱带。龙门山中央断裂带（映秀-北川断裂）通过北川县城（图2-8），唐家山一带构造以北东向的倒转复式褶皱为主，断裂不发育，且规模小。岩层总体产状N60°~70°E/NW∠50°~70°。

图2-8 区域断裂与唐家山相互位置关系

另外，位于唐家山滑坡上游约1km的原漩坪电站库首约650m处有跨河展布的漩坪断层通过，走向N40°~70°E（与河流走向直交），倾NW，倾角60°~70°，该断层规模小，延伸长约7km，主断带不明显，宽约0.5m。距坝前约10km处有水磨沟断层顺河展布，走向N50°~90°E（与河流走向平行），倾NW，倾角60°~70°，长约5km，主断带不明显，宽约0.5m。

除上述断层外，顺层挤压带的规模较小。裂隙主要以层面裂隙为主，其他节理、裂隙发育有多组方向，以陡倾角为主，其发育程度与岩性、层厚及构造部位相关，具有一定区段性。一般延伸3~10m，多被千枚岩限制。

　　唐家山位于龙门山断裂带和四川盆地弱升区两个新构造单元交接部位的龙门山断裂带内，地质构造运动剧烈（图2-9）。龙门山断裂带南西起于泸定，向北东延伸经灌县、江油、广元进入陕西勉县一带，全长约500km。该断裂带作为松潘-甘孜地槽褶皱系和扬子准地台一级大地构造单元的分界线，历经多次构造变动，断裂形迹比较复杂，主要由龙门山前山断裂、龙门山中央断裂和龙门山后山断裂组成。

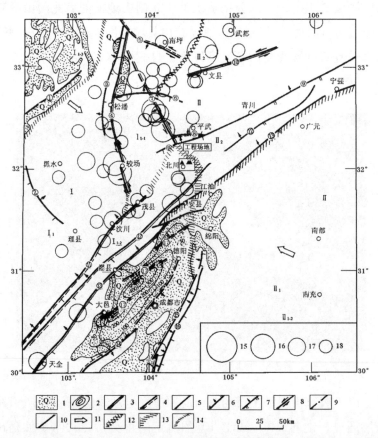

图2-9　唐家山位于两个新构造单元交接部分的地质构造（据国家地震局）

1—第四系；2—第四系等厚线；3—全新世活动断裂；4—晚更新世活动断裂；5—第四纪一般活动断裂；6—正断层；7—逆断层；8—走滑断层；9—推测或隐伏断裂；10—主要断裂及编号：①龙日坝断裂；②米亚罗断裂；③牟泥沟-羊洞河断裂；④岷江断裂；⑤塔藏断裂；⑥雪山断裂；⑦虎牙断裂；⑧老营坪断裂；⑨青川断裂；⑩文县-康县断裂；⑪茂汶-汶川断裂；⑫北川-映秀断裂；⑬彭县-灌县断裂；⑭蒲江-新津-成都-德阳断裂；⑮龙泉山西坡断裂；⑯龙泉山东坡断裂；⑰龙门山山前断裂；11—区域主压应力方向；12——级新构造单元分界线；13—二级新构造单元分界线；14—三级新构造单元分界；15—$Ms \geq 8.0$；16—$Ms=7.0\sim7.9$；17—$Ms=6.0\sim6.9$；18—$Ms=5.0\sim5.9$

（1）龙门山前山断裂。北起陕西宁强、勉县一带，向南西经广元、江油、灌县至天全，断裂总体产状N35°~45°E/NW∠50°~70°，显压性特征。该断裂的大川天全段为晚更新世以来的强活动断裂。

（2）龙门山中央断裂。西南始于泸定附近，向北东经映秀、北川、南坝、茶坝与勉县-阳平关断裂相交，斜贯整个龙门山，长500余千米，唐家山区域附近称为北川映秀断裂。断裂总体产状N45°E/NW∠60°，断层破碎带宽数米至数十米不等，显压性特征。断裂的第四纪活动性可分为北段、中段和南段，北川以北为北段，北川-安县太平场为中段，太平场以南为南段。在2008年"5·12"汶川地震前，从该断裂各断点的测龄资料得知，断裂北段和南段最新活动年龄为11万~100万年，中段最新活动年龄为1.34（±0.11）万年[6,8,9,216,256-260]。北川-太平场段（中段）以黏滑为主，估计该段晚更新世以来的平均垂直滑动速率为0.91mm/a，且兼具一定的右旋滑动分量；由跨断层的短水准形变资料可知，从1985年以来，断裂北段的陈家坝场地以蠕滑为主，北西盘以0.1mm/a的速率相对上升，显压性活动；南段的映秀场地断裂以蠕滑为主，北西盘以0.2mm/a的速率相对下降，显张性活动。表明龙门山主中央断裂的中段为晚更新世以来的强活动段，北段和南段为第四纪一般活动性断裂。

（3）龙门山后山断裂。西起于泸定冷碛附近，向北东经陇东、渔子溪、汶川、平武、青川进入陕西境内，唐家山区域附近称为茂汶断裂。断裂总体产状N30°~50°E/NW∠50°~70°，破碎带宽数十米，显压性特征。该断裂茂汶草坡段测得的年龄值为3.61（±0.29）万年，而其余各段测得的年龄为15万~48万年。由此表明，龙门山后山断裂的茂汶-草坡为活动性相对较强的地段，并发生过6.5级地震，有可能为全更新世活动断裂。其余断裂段为第四纪一般性活动断裂。

唐家山区域位于北部雪山断裂、虎牙断裂、西部的岷江断裂和东南部的龙门山断裂带所围限的块体之南缘，并夹于龙门山中央断裂和龙门山后山断裂之间。龙门山前山断裂位于该区以南约17km处，龙门山中央断裂位于该区以南约2.3km处，龙门山后山断裂位于该区以北约20~30km处。

唐家山斜坡位于青林口倒转复背斜的核部及附近，青林口倒转复背斜轴线北东45°延伸，轴面倾向北西，倾角70°左右。受北川冲断层影响，褶皱断裂很多，地层比较零乱。岩层总体产状N70°~80°E/NW∠50°~85°，层间挤压错动带较发育，由黑色片岩、糜棱岩等组成，挤压紧密，性状软弱，遇水泥化、软化。原生结构面主要为层面，构造性节理裂隙发育，具一定区段性，多密集短小，导致岩体完整性一般（图2-10）。

唐家山所在部位的寒武系下统清平组基岩地层产状N60°E/NW∠60°，表现为左岸逆向坡，右岸为中陡倾顺向坡的岸坡结构特点。

图2-10 唐家山附近山体中的褶皱

唐家山区域受龙门山地震带的影响较明显，清乾隆年间的《石泉县志》和清道光年间的《石泉县志》（现北川县）以及新中国成立前的《北川县志》均有地震文字记录。

龙门山地震带中部共发生$Ms \geq 4.7$级地震88次（不计汶川地震余震），其中$Ms=5.0 \sim 5.9$级地震41次，$Ms=6.0 \sim 6.9$级地震11次，$Ms=7.0 \sim 7.9$级4次，$Ms=8$级地震2次。其中几次重要的地震事件见表2-1[6,8,9,216,256,261,262]。

表2-1 唐家山区域内历史地震事件表

发震时间	震中位置	震级	震中烈度	距场地距离/km	影响烈度
1879.07.01	甘肃文县	8	XI	约120	< VI
1933.08.25	四川茂县叠溪	7.5	X	约60	VI
1957.04.21	四川汶川	6.5	VIII	约90	< VI
1958.02.08	四川北川县西南	6.2	VII	约7~20	VI
1976.08.16~23	四川松潘县、平武县间	6.7~7.2	VIII~IX	约70~100	VI
2008.5.12	四川汶川	8.0	XI	约90	VI

1879年7月1日4时左右，在甘肃省文县武都一带发生的8级强震是研究区内最强的一次地震，震中烈度达XI度。震中位于唐家山北侧约120km处，根据

该次地震的烈度等震线图，波及唐家山的影响烈度小于Ⅵ度。

1933年8月25日15时15分30秒，在茂汶县叠溪发生7.5级地震，震中（北纬31°54′、东经103°24′）烈度为Ⅹ度。震中位于唐家山北西侧约60km处，对唐家山的波及影响烈度为Ⅵ度。

1957年4月21日，在四川汶川县发生6.5级地震。震中烈度为Ⅷ度，震中位于唐家山南西侧约90km处，对唐家山的波及影响烈度小于Ⅵ度。

1958年2月8日7时23分36秒，在北川县西南发生6.2级地震。震中（北纬31°31′、东经104°00′）烈度为Ⅶ度。震中位于唐家山南西侧约5km处，对唐家山的波及影响烈度Ⅵ度。

1976年8月16日、22日、23日，在松潘、平武间连续发生了3次震级分别为7.2级、6.7级和7.2级强震。单次地震震中烈度为Ⅷ度，多次地震叠加震中综合烈度达Ⅸ度。震中位于唐家山北西侧约70~100km处，对唐家山的影响烈度为Ⅵ度。

2008年5月12日，由于青藏高原巴颜喀拉地块以较高的速率向东北方向运动，在四川盆地受到华南地块强烈阻挡，以至沿北川映秀断裂突然发生错动，产生8.0级强烈地震，形成龙门山断裂带中段主中央断裂185km和前山断裂68km的地表破裂带，对北川县造成了巨大的破坏。其中唐家山半边山坡滑下，造成滑坡堵江，形成唐家山堰塞坝。可见唐家山地区地震自古频发，而且偶有强震发生。

2.2.3 地形地貌

唐家山位于原苦竹坝水电站大坝上游约1~2km河段处。属于中高山峡谷区，为不对称的"V"型河谷，河谷两岸山体雄厚，山岭海拔高程处于1500~2389m，相对高差400~1000m，山体分水岭高出水面约650m。唐家山斜坡位于河谷右岸，坡顶地形平缓，坡度10°~20°，覆盖5~15m厚的残坡积碎石土层，植被茂盛；中部地形较缓，坡度20°~30°，下部地形相对较陡，坡度35°~45°，在坡脚部位基岩出露。斜坡上下游各分布一条小型浅冲沟，上游为大水沟，下游为小水沟。原北川至茂县302省级公路沿右岸展布（图2-1）。左岸为元河坝，地形较缓，坡度一般为25°~30°，分布较厚的残坡积碎石土层，由坡脚向坡顶厚度增大，钻孔揭示其厚度为13.2~29.6m，临河坡脚有基岩出露。斜坡顶部为20~50m长条形的宽缓平台（图2-11）。通口河由西向东展布，区内河道弯曲，以S70°E~N40°E流经该区，谷底宽约50~180m，枯水期水面高程为 664.8~664.7m，水面宽 100~130m，水深 0.5~4m。沿河发育Ⅰ、Ⅱ级阶地，局部可见Ⅲ、Ⅳ级阶地，多为基座阶地。Ⅰ级阶地距河面 5~10m，Ⅱ级阶地距河面 15~30m，Ⅲ、Ⅳ级阶地距河面 50~100m。河谷两岸冲沟发育，多为常年性流水。

图 2-11　唐家山对岸斜坡地形地貌（面向上游）

2.2.4 地层岩性及岸坡结构

唐家山斜坡地层岩性为寒武系下统清平组上部（$\in_{1c}$）灰黑色薄~中厚层长石云母粉砂岩、硅质岩和泥岩，岩层软硬相间，倾向左岸，岩层总体产状N60°~70°E/NW∠50°~70°。第四系堆积物主要有冲积、残坡积，分布于河床、两岸坡体顶部、坡脚、小型冲沟及局部地形较缓部位。斜坡堆积物主要为残坡积黄色碎石土，由粉质黏土、岩屑和块石组成。其中以粉质壤土为主，含量超过60%，块石零星分布，下部岩屑和块石含量增高。左岸碎石土层推测厚5~15m，右岸碎石土层推测厚5~20m。河床堆积物主要为苦竹坝库区厚约21m的含泥粉细砂。

2.2.5 物理地质现象

在地震以前，唐家山所在区域（北川-禹里）两岸地形陡峻，基岩多裸露，局部谷坡受层面、构造和自重应力影响，存在小规模的表层倾倒变形、崩塌等不良地质现象。浅表部岩体卸荷强烈，推测岩体强卸荷水平深度20~40m，弱卸荷水平深度50~70m。在原漩坪坝址下游侧左岸分布的马铃岩巨型古滑坡，是地震前此河段内规模最大的滑坡；而漩坪水电站库区内未见大型崩塌、滑坡分布，仅发现5处中小型滑坡和48处一定规模的各种成因堆积体。另外，库区虽然冲沟众多，但各冲沟内松散堆积物较少，且植被茂盛，沟口未见大规模泥石流堆积物，泥石流不发育。

地震后，受地震及后期唐家山堰塞湖泄水水位骤降的影响，北川禹里一带岸坡变形破坏强烈，尤其是北川县县城-唐家山附近的曹山沟，受地震影响山坡崩塌、滑坡极为发育、且规模巨大，造成如唐家山、苦竹坝、东溪沟沟口等3处滑坡堵江，另外在山脊附近崩塌破坏非常普遍。而曹山沟沟口漩坪乡段则受地震影响相对稍弱一些，崩塌仍较发育，但大规模滑坡明显减少，就是马铃岩巨型滑坡在地震后仍整体稳定，只是靠上游侧前缘发生蠕滑变形并局部滑坍。漩坪乡禹里乡受地震影响主要表现为山脊附近崩塌较发育，而滑坡则主要与堰塞湖泄水水位骤降有关，总体受地震影响明显减弱。与此形成鲜明对比的是，禹里乡以上河段则受地震和堰塞湖泄水影响较小，岸坡变形破坏与震前基本一致。

2.3 唐家山堰塞坝形态特征及地质结构

2.3.1 形态特征

唐家山堰塞坝平面形态为长条形，顺河向最大长度为803.4m，横河向最大宽度为611.8m，与原河床高程相比，堰塞坝高（厚）82~124m不等，堵塞河道面积约为30.72万平方米，推测坝体体积为2037万立方米（图2-4及图2-12~图2-14）。坝体的基本形状为宽顶堰，由于下滑最大滑距达800m，堰塞坝总体起伏差较大，约30~130m。由于滑坡体前缘撞击后，塑性区岩土体受滑坡体后部推挤，沿左岸斜坡面爬高至高程最高（最高点高程793.9m），而后缘座落体则相对平缓且高程较低（负地形最低高程752.2m），故横河方向的形态为两岸高、中央低，而堰塞坝体中部的负地形在平面上形成贯通上下游的凹槽（图2-4）。而顺河方向，堰塞坝中部高、上下游低，因下滑过程中的碰撞作用使其上下游两侧岩体破裂完全而表现出堆积体结构较差。具体表现为堰塞坝上游侧坡长约200m，坡较缓，坡度约20°（坡比约1∶4）；顶部宽约300m，平缓，坡度0°~5°；下游侧坡长300m，坡脚高程669.5m，上部陡坡长约50m，坡度约55°（坡比约1∶0.7），中部缓坡长约230m，坡度约32°（坡比约1∶2.5），下部陡坡长约20m，坡度约64°（坡比约1∶0.5）。

坝体顺河向分布3条沟槽。其中右侧沟槽为右弓形，贯通上下游，沟槽底宽20~40m，中部最高点高程752.2m。中部和左侧沟槽分布于下游坝坡，长约400m，底宽10~20m，未贯通上下游。

另外在滑坡高速下滑过程中，靠上、下游侧也明显因能量释放完全而表现出堆积体结构更破碎一些（图2-15、图2-16），因此具有上、下游侧坝坡坡度有所差异。具体表现为堰塞坝上游侧坡长约200m，坡较缓，坡度约20°（坡比约1∶4）；下游侧坡长300m，坡脚高程669.5m，上部陡坡长50m，坡度约55°，中部缓坡长约230m，坡度约32°，下部陡坡长约20m，坡度约64°，平均坡比1∶2.4。

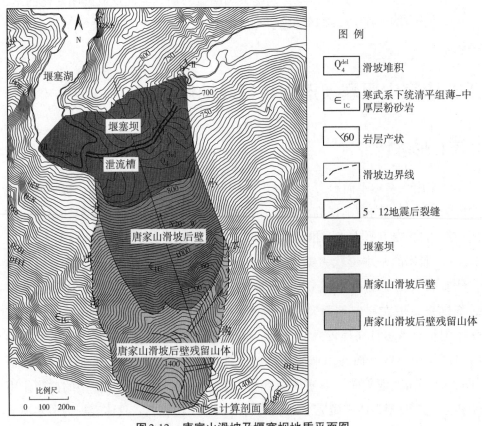

图2-12　唐家山滑坡及堰塞坝地质平面图

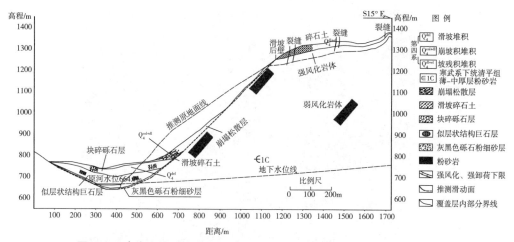

图2-13　唐家山滑坡及堵江堰塞坝工程地质横剖面图（横河方向）

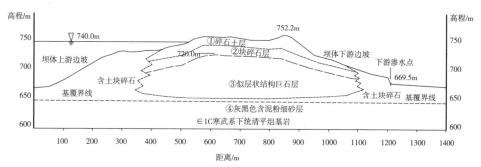

图2-14　唐家山堰塞坝地质纵剖面示意图（顺河方向）

图2-15　唐家山滑坡（堰塞坝）上游侧表现为碎石土结构且坡度缓

图2-16　唐家山滑坡（堰塞坝）下游侧表现为块碎石土结构且坡度陡缓相间

2.3.2 堰塞坝地质结构特点

根据现场勘察，堰塞坝体平面上除在后缘及上游侧表层明显分布黄褐色坡残积碎石土外，其余部位基本上均为块碎石，尤其在前缘部位因对岸受阻而分布与原产状倾向相反的似层状结构的巨石和大块石（图2-17和图2-18）。而似层状结构的巨石作为堰塞坝的主体，岩性为长石石英粉砂岩和硅质岩，保存了原始坡体结构，结构稳定，力学性质较好，抗冲刷破坏能力强（图2-19和图2-20）。坝体后缘表面和上下游侧表面岩体破碎强烈，主要为坡残积碎石土（图2-21和图2-22）。同时在坝体前缘表层和上、下游侧表层还广泛分布有河床含泥粉细砂，说明滑坡体强烈地冲击河床泥砂层，"铲刨"效应显著，滑坡体运动路径边缘的泥砂被向上、下游推挤开来，正面冲击的泥砂沿对岸元和坝斜坡爬高后又反转覆盖于坝体表面。

通过对高速滑坡形成的地质环境条件分析，在滑坡相对高差540m、斜坡滑移800m、所在湔江河宽约100m的临空条件下，在短短的0.5min内快速下滑并堵江，滑坡体原始坡体结构完全解体并破碎的可能性不大，因此分析认为除堰塞坝体前缘及上、下游侧解体破碎强烈外，其余部位在很大程度上仍将保持原坡体地质结构特点，即堰塞体剖面垂直方向上，从地表到底部依次为原黄褐色坡残积碎石土（推测5~15m）、原强风化岩体破碎后的块碎石层

（推测10~15m）和原弱风化岩体解体后的似层状结构岩体（图2-13和图2-14）。2008年6月10日成功泄洪溢流后淘刷出的断面也验证了上述分析是合理正确的（图2-23和图2-24）。

图2-17　坝体前缘巨大块石

图2-18　坝体前缘破碎大块石

图2-19　坝体前缘反倾似层状结构岩体

图2-20　坝体泄流后底部似层状结构巨石层

图2-21　堰塞坝体下游边坡块碎石土层

图2-22　堰塞坝体靠上游边坡碎石土层

图2-23　泄流槽底部似层状结构岩体　　　图2-24　泄流槽左岸侧壁似层状结构岩体

2.4　堰塞坝物质组成及物理力学特性

2.4.1　堰塞体物质组成

堰塞坝体由斜坡基岩碎裂解体或挤压变形的巨石和孤块碎石、原斜坡坡残积碎石土和苦竹坝库区沉积的含泥粉细砂组成，原河床含泥粉细砂散布于靠左侧一带。根据堰塞坝体物质组成的特点，平面上将堰塞坝分为Ⅰ（滑坡坐落区）和Ⅱ（滑坡冲高爬坡区）两个区（图2-25）。

图2-25　唐家山堰塞坝物质平面分区

（1）平面Ⅰ区：Ⅰ区位于堰塞坝的后缘（顺河右岸），相对于滑坡冲高爬坡区，下部岩体解体不强烈。横河向中间低两头高，最低点高程747m，与Ⅱ区之间的沟槽贯通堰塞坝上下游。原主河床位于该区，河床原高程664.7m。根据勘探揭露，堰塞体上部为碎石土，厚度约15m，呈土黄色，由粉质壤土、块碎石组成，其中粉质壤土占60%左右，碎石占30%~35%，块石占5%~10%（图2-26）；下部为似层状结构巨石层，厚度约90m。由于滑坡体下滑力的冲击，原苦竹坝库区沉积的20m厚的含泥粉细砂大部被冲开，厚度减小为8.0m。下伏基岩面高程735~738m。

（2）平面Ⅱ区：Ⅱ区位于堰塞坝中前缘（顺河左岸），相对于滑坡坐落区，下部岩体解体显著。由于河床堆积物受到滑坡碰撞冲击，沿对岸山体斜坡爬高后反向抛撒于堰塞坝体表面，因此Ⅱ区坝体表部广泛分布含泥粉细砂，厚度为1~5m不等；该区上、下游侧坡含泥粉细砂厚度较厚，上游达到10~35m；下游达到10~20m。坝体地形较高，最高点高程793.9m。Ⅱ区坝体主要由巨石、孤块碎石组成，厚度35~107m（图2-27）；局部上覆碎石土，厚度2~4m。堰塞坝体下为原通口河左岸元河坝山坡，原山坡坡度约20°，坡体为残坡积碎石土和基岩。

图2-26 Ⅰ区表层分布碎石土　　　　　图2-27 Ⅱ区下伏含似层状结构的巨石

通过对堰塞体地表调查及5个钻孔揭示分层情况（见表2-2），堰塞坝体物质组成自上而下具有明显的分层特点，可将堰塞坝体分成四层：碎石土层、块碎石层、似层状结构巨石层、含泥粉细砂（图2-14、图2-28）。

表2-2　唐家山堰塞坝钻孔揭露地质结构分层情况

位置	孔号	孔口高程/m	钻孔深度/m	堰塞体厚度/m	分层（$\frac{底板高程}{底板深度}$ 厚度）/m			
					④层	③层	②层	①层
泄洪槽	ZK01	718.0	84.08	71.5	—	—	$\frac{651.65}{66.35}$ 66.35	$\frac{646.5}{71.5}$ 5.15
	ZK05	714.0	73.2	67.1	—	—	$\frac{656.9}{57.1}$ 57.1	$\frac{646.9}{67.1}$ 10.0
Ⅱ区堰塞体	ZK04	742.0	106.82	87.5	$\frac{735.7}{6.3}$ 6.3	$\frac{729.06}{12.94}$ 6.64	$\frac{670.21}{71.79}$ 58.85	$\frac{654.5}{87.5}$ 5.71
	ZK02	780.0	83.58	47.1	—	$\frac{756.5}{23.5}$ 23.5	$\frac{739.8}{40.2}$ 16.7	$\frac{732.9}{47.1}$ 6.9
	ZK03	782.87	105.8	85.8	$\frac{781.02}{1.85}$ 1.85	$\frac{754.02}{28.85}$ 27.0	$\frac{703.02}{79.8}$ 50.95	$\frac{697.07}{85.8}$ 6.0

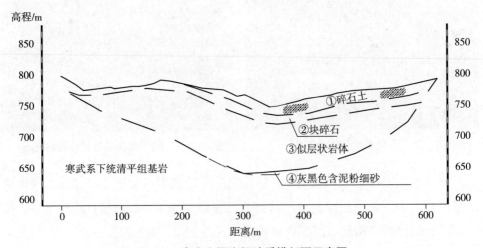

图2-28　唐家山堰塞坝地质横剖面示意图

ⅰ.第①层：碎石土层。

分布于现堰塞坝后缘（Ⅰ区）地表及上游侧坡一带。为原唐家山斜坡表部残坡积层，碎石土由粉质壤土、岩屑和块石组成，其中粉质壤土占60%左右，岩屑占30%~35%，碎石占5%~10%，粒径以小于5cm为主，碎石多强风化（图2-29）。该层厚度约为5~15m，结构松散。

ⅱ.第②层：块碎石层。

覆盖于第①层以下，在靠堰塞体中前缘（Ⅱ区）地表一带广泛分布。主要由块碎砾石、少量孤石及含少量碎石土组成。块碎砾石粒粒径以6~40cm为主，孤石粒径为1~2m。块碎砾石多强风化、部分弱风化，岩块强度较高（图2-30）。该层地表见架空现象，钻孔过程未见掉钻现象。厚度一般为10~30m，结构较松散，有一定的抗冲能力。

ⅲ.第③层：似层状结构巨石层。

覆盖于第②层以下，在泄洪槽一带（Ⅰ区）较连续分布，该层在泄洪槽靠左岸坡脚从进口至出口连续分布。地表调查该层总体保留了似层状结构（照片2-31），解体不完全，有明显的压裂缝，多为0.2~1cm。层厚以5~15cm为主，在泄洪槽上游段已解体形成的孤石最大块径达8m，岩性以粉砂岩为主，多弱风化，岩块强度高。似层面产状N30°~90°E/NW∠10°~45°，表现为从通口河右岸至左岸（相当于堰塞坝后缘至前缘）及中部向上游倾角逐渐变小。地表地质测绘显示，该层顶部高程呈左岸部位低右岸部位高，泄洪槽左岸顶部高程718~735m，在左岸中部段出露高程715m。

钻孔揭示该层厚50~67m，大于6cm的短柱状岩芯比例占该层总厚的20%~60%（图2-32）。该层结构较密实，抗冲能力和抗渗透破坏能力较强。

ⅳ.第④层：灰黑色含泥粉细砂层。

该层为堰塞体底部物质，为堰塞体快速下滑之滑床部分，颗粒较细，混杂原河床粉细砂或岸坡的碎砾石土（图2-33）。钻孔揭示该层厚6~15.7m，砾石以小于2cm为主，含量约为60%，其余为砂及粉土，见少量中粗砂。该层底部高程646.5m，下部直接与原河床基岩接触。

图2-29　第①层碎石土层

图2-30　第②层块碎石层

图2-31　第③层似层状结构巨石层

图2-32　第③层钻孔岩芯

图2-33　第④层堰塞体底层含泥粉细砂层

2.4.2 堰塞体物理力学特性及参数选取

2.4.2.1 物理力学特性

为充分掌握堰塞体各层土体物理力学特性，共进行 15 组物性试验、3 组室内力学性质试验。15 组物性试验中，第①层 3 组；第②层 1 组，为地表样；第③层 6 组，为钻孔样；第④层 4 组，为钻孔样。3 组室内力学全项试验均位于第④层，为钻孔样。各层土体物理力学特性分述如下（表 2-3 和表 2-4）。

①层：碎石土层，进行了 3 组室内物性试验。该层以碎砾石为主，累积曲线平均线特征值为：> 0.075mm 颗粒含量 84.93%，> 20mm 颗粒含量 46.16%，> 2mm 颗粒含量 72.25%，< 5mm 颗粒含量 38.5%。

②层：块碎石层，进行了 1 组室内物性试验。该层以块碎石为主，累积曲线平均线特征值为：> 0.075mm 颗粒含量 96.88%，> 200mm 颗粒含量 19.22%，> 20mm 颗粒含量 71.39%，> 2mm 颗粒含量 91.06%，< 5mm 颗粒含量 12.84%。

③层：似层状结构巨石层，进行了 6 组室内物性试验，取样选取段多为薄层状下细颗粒较集中段，因此仅代表薄层状较集中带的特点。该层钻孔总体以块碎石为主，试验累积曲线平均线特征值为：> 0.075mm 颗粒含量 81.95%，> 20mm 颗粒含量 20.75%，> 2mm 颗粒含量 62.53%，< 5mm 颗粒含量 55.05%。

④层：灰黑色含泥粉细砂层，进行了 4 组室内物性试验，为钻孔样。累积曲线平均线特征值为：> 0.075mm 颗粒含量 76.48%，> 20mm 颗粒含量 17.15%，> 2mm 颗粒含量 50.59%，< 5mm 颗粒含量 65.74%。3 组室内力学全项试验成果显示：压缩系数 $a_{0.1-0.2}=0.079\sim0.166$MPa^{-1}，压缩模量 $Es_{0.1-0.2}=9.33\sim18.43$MPa，属低压缩性土层；凝聚力 $C=0.013\sim0.025$MPa，内摩擦角为 $27°\sim30°$，说明该层具有较高强度；渗透系数 $K=7.42\times10^{-4}\sim1.0\times10^{-3}$cm/s，属较弱透水性土层。

2.4.2.2 堰塞坝岩土体物理力学参数选取

堰塞坝各层岩土体物理力学参数选取的原则为：以室内物性试验为基础，结合相关规范中的建议值，进行地质工程经验类比分析，提出堰塞体各层物理力学参数建议值，见表 2-5。

表2-3 唐家山堰塞坝物理性试验成果表

分类	层位	土样编号	取样深度 h	天然状态土的物理性指标							分类	相对密度 G_s	>200	200~100	100~60
				湿密度 ρ	干密度 ρ_d	孔隙比 e	含水率 W	液限 W_L	塑限 W_P	塑性指数 I_P					
			m	(g/cm³)	(g/cm³)		%	%	%				%	%	%
地表样	④	T1	0.5~2.0	2.07	1.98	0.333	4.3	33.7	20.5	13.2	CL	2.64	—	25.46	16.93
		T3	0.5~2.0	2.03	1.95	0.354	4.1	27.0	18.0	9.0	ML	2.64	—	—	29.54
		T4	0.5~2.0	2.06	1.89	0.397	9.2	35.6	21.2	14.4	CL	2.64	—	—	32.75
		T-平	—	2.05	1.94	0.361	5.9	32.1	19.9	12.2	CL	2.64	—	8.49	26.40
	③	T2*	0.5~2.0	1.96	1.92	0.370	2.0	25.0	15.5	9.5	ML	2.63	19.22	17.39	25.17
钻孔样	②	TZK01-1	36.3~37.1	—	—	—	3.5	29.0	17.2	11.8	CL	2.66	—	—	—
		TZK01-2	64.8~65.5	—	—	—	8.1	20.0	13.0	7.0	ML	2.66	—	—	—
		TZK02-1	29.1~29.6	—	—	—	10.4	21.8	13.2	8.6	ML	2.69	—	—	—
		TZK03-1	76.1~76.9	—	—	—	2.0	19.2	12.5	6.7	ML	2.70	—	—	—
		TZK04-1	74.2~75.0	—	—	—	9.4	27.0	14.5	12.5	CL	2.67	—	—	—
		TZK05-1	36.2~36.9	—	—	—	4.7	28.3	17.1	11.2	CL	2.69	—	—	—
		平均					6.35	24.14	14.58	9.63		2.67			
	①	TZK01-3	70.3~71.1	1.97	1.73	0.549	14.1	22.2	13.6	8.6	ML	2.68	—	—	—
		TZK04-2	85.6~86.2	—	—	—	9.8	23.1	14.0	9.1	ML	2.69	—	—	—
		TZK04-3	86.7~87.0	1.84	1.67	0.605	10.4	23.0	13.5	9.5	ML	2.68	—	—	—
		TZK05-2	62.8~63.5	2.12	2.06	0.301	3.1	23.0	15.0	8.0	ML	2.68	—	—	—
		平均		1.98	1.82	0.49	9.35	22.83	14.03	8.8		2.68			
原样坡残积		TZK02-2	53.8~54.4	—	—	—	13.9	33.0	18.2	14.8	CL	2.66	—	—	—

颗粒级配组成 (颗粒粒径：mm)										小于5mm含量	小于0.075mm含量	不均匀系数	曲率系数	典型土名
60~40	40~20	20~10	10~5	5~2	2~0.5	0.5~0.25	0.25~0.075	0.075~0.005	<0.005	<5	<0.075	C_u	C_c	
%	%	%	%	%	%	%	%	%	%	%	%			
5.71	8.20	8.40	6.23	6.64	4.00	0.96	2.79	8.78	5.90	29.07	14.68			
2.58	7.93	10.33	10.90	12.86	8.15	1.88	5.21	7.07	3.55	38.72	10.62			
4.37	5.02	5.90	4.26	12.76	7.18	1.84	6.03	13.21	6.68	47.70	19.89			
4.22	7.05	8.21	7.13	10.75	6.44	1.56	4.68	9.69	5.38	38.50	15.07	1950.0	10.05	碎石土
1.37	8.24	9.61	6.18	3.88	2.37	0.64	2.81	2.18	0.94	12.82	3.12	31.0	1.69	碎石
13.99	22.02	15.48	12.50	12.71	6.50	1.35	3.42	8.21	3.82	36.01	12.03	450.0	17.01	粉土
3.59	10.26	5.90	10.26	13.93	14.52	3.36	8.82	18.51	10.85	69.99	29.36	644.4	0.55	粉土
—	10.42	18.75	17.36	14.44	13.37	2.14	6.42	14.81	2.29	53.47	17.10	345.0	5.24	粉土
4.18	10.88	6.28	7.53	18.07	19.03	4.84	9.42	13.16	6.61	71.13	19.77	290.0	3.10	粉土
9.97	18.01	13.83	14.79	13.65	8.53	1.84	4.90	9.18	5.30	43.40	14.48	550.0	18.18	粉土
—	5.42	20.00	18.31	16.88	13.53	3.52	6.81	11.37	4.16	56.27	15.53	272.7	4.85	黏土
7.91	12.84	13.37	13.46	14.95	12.58	2.84	6.63	12.54	5.51	55.05	18.05	425.3	8.16	
—	4.62	9.74	6.15	15.34	31.32	4.89	8.03	11.96	7.95	79.49	19.91	225.0	11.11	粉土
—	8.68	12.83	9.81	12.95	20.78	5.90	7.90	13.70	7.96	68.68	21.66	362.5	2.69	粉土
—	4.86	8.33	13.89	5.83	13.85	4.38	12.40	28.51	7.95	72.92	36.46	166.7	0.27	粉土
7.40	20.82	18.63	13.97	6.27	9.01	1.96	5.88	13.60	2.46	39.18	16.06	636.4	6.36	粉土
7.4	9.75	12.38	10.96	10.10	18.74	4.16	8.55	16.94	6.58	65.74	23.52	347.6	5.11	
6.98	3.99	11.63	5.65	7.71	4.41	1.08	2.69	32.32	23.54	71.75	55.86	352.9	0.07	黏土

表 2-4 唐家山滑坡（堰塞体）室内力学性试验成果表

试验编号	制样控制条件		压缩试验（0.1~0.2MPa）		渗透试验	直剪试验（饱和快剪）		直剪试验（天然快剪）	
	干密度 ρ_d /(g/cm³)	含水率 W /%	压缩系数 a_v /MPa	压缩模量 E_s /MPa	渗透系数 k_{20} /(cm/s)	黏聚力 c /kPa	内摩擦角 φ /(°)	黏聚力 c /kPa	内摩擦角 φ /(°)
TZK01-3	1.73	14.1	0.150	10.33	7.42×10^{-4}	13	28.0	24	29.0
TZK04-2	1.67	10.4	0.166	9.33	1.04×10^{-3}	25	27.0	27	28.0
TZK05-2	2.06	3.1	0.079	18.43	3.15×10^{-4}	16	30.0	16	32.0

表 2-5 唐家山堰塞体物理力学参数建议值表

层位	湿密度 ρ /(g/cm³)	允许承载力 $[R]$ /MPa	抗剪强度		压缩模量 E_s /MPa	渗透系数 k /(cm/s)	允许坡降 J
			φ/(°)	c/MPa			
①层碎石土层（Q_4^{dl-del}）	2.0~2.2	0.25~0.35	30~35	0.02~0.05	25~35	$10^{-5}\sim10^{-4}$	0.35~0.5
②层块碎石层（Q_4^{del}）	2.1~2.3	0.4~0.5	30~35	0.1~0.2	80~100	$10^{-2}\sim10^{-1}$	0.4~0.6
③层似层状结构巨石层（Q_4^{del}）	2.4~2.55	0.6~0.8	38~40	0.15~0.25	400~600	$10^{-3}\sim10^{-2}$	0.6~0.8
④层灰黑色含泥粉细砂层（Q_4^{al}）	1.8~1.9	0.2~0.3	12~17	0.01~0.02	15~25	$3\times10^{-4}\sim10^{-3}$	0.2~0.3

2.5 唐家山高速滑坡堵江形成地质条件分析

地震滑坡的形成及滑动方向除了受控于地形地貌、地层岩性、岸坡结构和河流走向以外，还受到临近构造断裂以及地震波等多种外在因素的影响，因此应当综合分析各方面的条件，为以后地震多发区域进行滑坡预测提供更好的判断依据。就唐家山顺层岩质高速滑坡而言，其形成的地质条件主要归结于以下四点。

2.5.1 区域地质构造

唐家山在区域构造上位于北部雪山断裂、虎牙断裂，西部的岷江断裂和东南部的龙门山断裂带所围限的块体之南缘，并夹持在龙门山中央断裂和后山断裂之间。其中龙门山前山断裂距唐家山以南约17km，龙门山中央断裂（北川附近，又称"北川-映秀断裂"）距该部位以南直线约2.3km（图2-8）。从汶川大型地震滑坡数目与离发震断裂的距离关系统计中可以发现，超过70%的滑坡位于距离中央断裂3km以内，且处于断层的上盘，存在明显的"上下盘效应"。另外滑坡空间的方向性展布以及滑动方向与地震动力传播方向存在密切的相关性，主要表现为"背坡面效应"和"断层错动效应"[260,268-270]。

背坡面效应即在与发震断裂带近于垂直的沟谷斜坡中，在地震波传播的背坡面一侧的滑坡发育密度大于迎坡面一侧（图2-34），称为背坡面效应。唐春安等（2008）根据应力波理论，认为背坡面效应可能与压缩波在遇到斜坡自由面时生成倍增的反射拉伸波而导致的散裂或层裂现象有关[269-270]。

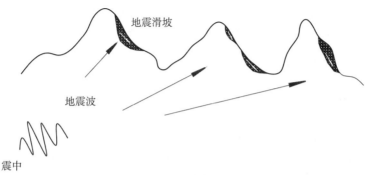

图2-34 地震波传播的背坡面更容易发生滑坡（据许强，2008，修编）

而断层错动效应一般沿河流和沟谷展布，绝大多数区域滑坡的滑动和运动方向基本与发震断裂垂直。

从图2-8中可知，唐家山主滑方向与断层走向近乎垂直，且位于地震波传播的背坡面，因此这些宏观构造关系是造成唐家山滑坡的重要外因。

2.5.2 地形地貌

众所周知，在高山峡谷区完全堵江一般由高速滑坡或崩塌所形成。其基本特征是滑面剪出口出露于河床堆积层之上或稍偏下，河床堆积层无法阻挡滑坡体下滑，滑坡体剪出后以巨大的速度冲过河道，由于受摩擦阻力和对岸斜坡的阻挡而停积于河道上。因此滑坡完全堵江从能量方面考虑需要一定的地形地貌条件，主要表现在河谷和支沟切割深度、地形坡度、河谷宽度、河水流量和滑坡入江体积等方面[271]。

河谷和支沟切割强烈程度对斜坡的稳定性和堵江类型都有影响。沟谷深切，斜坡岩土体势能大，失稳滑动的速度也可能大，形成所谓高位势能滑坡，强烈冲击河床，并遇到对岸斜坡阻挡后沿斜坡有一定的爬高，形成完全堵江。

根据我国众多滑坡资料统计发现，在我国滑坡完全堵江事件中，20%的滑坡有一个临空面，25%的有两个临空面，55%的有三个临空面，而这些临空面主要为河谷及其支沟，少量为断层面或人工开挖面。

震前唐家山地形坡度为30°~40°，为突兀的山脊，坡脚高程665m，坡顶分水岭部位高程近1500m，相对高差达835m（图2-13），斜坡岩土体重力势能大；另外通口河河谷、大水沟和小水沟在地形上造就唐家山斜坡三面临空的地貌条件，为唐家山斜坡高速滑动提供了有效的运动空间；高出通口河水面7~10m的S302省道公路在修建时，开挖过唐家山坡脚，加上唐家山所在河段为通口河凹岸部位，水流长期冲刷坡脚，使得斜坡在受到强烈外力作用时，极易发生失稳破坏。所以这些地形地貌也是唐家山滑坡堵江不可或缺的条件之一。

2.5.3 地层岩性

唐家山斜坡岩体主要为寒武系下统清平组（$\in_{1c}$）灰黑色薄-中厚层硅质岩和长石石英粉砂岩，岩层倾角50°~60°，倾向左岸，为典型的中陡倾顺向坡。在对唐家山堰塞坝中的似层状结构巨石层进行调查后发现：寒武系清平组长石石英粉砂岩及硅质板岩中分布有较多顺层挤压破碎带，厚度5~20cm，主要由挤压构造片岩组成，普遍锈染，遇水易泥化和软化。

这种软硬相间的岩层由于岩石模量和结构面刚度不同，在强震作用下表现出"软硬互层差异式剪切破坏效应"，即在地震力作用下，软弱层表现出迅速的塑性变形和累进式剪切破坏，而结构面张拉剪切后强度也急剧降低，坚硬的岩石仍然可以处于弹塑性范围内，表现为弹性变形而未破坏[272]。于是结构面和软弱层以及嵌入其间的岩块岩屑构成滑带，它们成为唐家山滑坡堵江的内在物质结构条件。而坚硬岩层赋存于这些软弱滑带上，滑动过程中受到良好的保护，使得短程停积后仍能保持较好的完整性。这就是为什么唐家山堰塞坝出现似层状结构岩体的原因。

2.5.4 岸坡坡体结构

坡体结构对斜坡稳定性有直接影响。一般滑坡在顺向坡较斜向坡、反向坡发育。因为顺向坡坡脚岩层容易被侵蚀切割失去支撑，沿层面形成剪切滑移面。因此，在顺向坡一岸，往往发育更多的堵江滑坡，构成堵江滑坡在同一河谷两侧的不对称性。

唐家山斜坡坡度30°~40°，而寒武系下统清平组基岩产状为N60°E/NW∠50°~60°，岩层倾向左岸，表现为左岸逆向坡、右岸中陡倾顺向坡的岸坡结构特点（图2-35）。此外唐家山位于青林口倒转复背斜的核部一带，受北川-映秀逆冲断层影响，坡体中褶皱断裂较多，地层产状变化大。虽然原生结构面主要为层面，但地层褶曲、断层切割和构造裂隙发育，构成层面和构造裂隙的不利组合，使得斜坡岩土体在地震力作用下极易震裂松动，进而失稳下滑。因此陡倾顺层岸坡结构是唐家山滑坡堵江的另一内在因素。

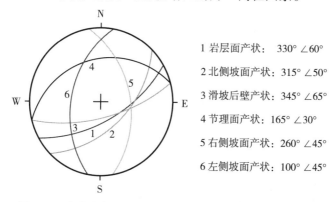

1 岩层面产状：330°∠60°

2 北侧坡面产状：315°∠50°

3 滑坡后壁产状：345°∠65°

4 节理面产状：165°∠30°

5 右侧坡面产状：260°∠45°

6 左侧坡面产状：100°∠45°

图2-35 唐家山斜坡坡体中岩层面与节理组赤平投影

2.5.5 水文条件

由于滑坡发生时通口河处于枯水期，水面宽度仅为100~130m，水深不足4m，河水流速缓慢，河床虽为厚约21m的含泥粉细砂，然而滑坡体入江体积达到了2037万立方米，冲击力巨大，河床泥砂根本无法对滑坡体起到有效阻挡和减速作用，于是滑坡堵江形成。滑坡坝形成后，在短时间内，河水上涨产生的水动力远远小于坝体内岩土体间的摩擦力，更谈不上堰塞坝的坝底摩擦力，水流无法冲破雄厚堰塞坝的阻拦，从而堰塞湖规模不断扩大，泄洪前，坝前水位为739.75m，回水长度为20km，相应蓄水量为2.4亿立方米。

第3章　唐家山滑坡失稳机理研究

大量的震害调查表明，地震滑坡是主要的地震地质灾害类型之一。例如，1964年3月28日，美国阿拉斯加8.4级大地震仅在安科雷奇市就造成4处大滑坡，最大的一个滑坡由20m高的悬崖上滑落，滑行150m，前缘直抵海中，堆积体长2400m，宽1800m，至少有70栋房屋毁于此滑坡。1966年3月8日，河北邢台隆尧县发生6.8级地震，仅邢台、石家庄、邯郸、保定4个地区，发生滑坡崩塌361处，山崩飞石撞击引起火灾22处，烧山3000余亩。1976年7月28日，河北唐山发生7.8级地震，使得位于北京市密云县密云水库的白河主坝受到重创，出现局部滑塌，如果白河主坝发生整体滑坡或决口，那么整个北京乃至天津市、宝坻、河北的蓟县等地区都将陷入一片汪洋之中。为抢险修复水库大坝，经过研究决定，把走马庄附近的一座山炸开，取石补坝才稳定住了大坝。1994年美国Northridge 6.5级地震，触发了面积超过10000km²的11000处滑坡，经济损失达300亿美元[272,273]。2008年5月12日，四川汶川8级大地震，诱发大型、特大型滑坡数百处，直接造成2万人死亡。2010年2月27日，智利8.8级大地震，两座小山不翼而飞。2010年4月14日，青海玉树7.1级地震，地震造成山体滑坡，州府结古镇通往机场的道路被阻断。而顺层岩质滑坡以及基覆界面外倾的土质斜坡在地震滑坡中所占比例远远高于其他结构类型的斜坡，其中地震诱发的顺岩质滑坡灾害性更大。

唐家山作为典型的地震顺层岩质斜坡，在地震力作用下最容易产生"后缘拉裂—平面滑动—前缘剪断"失稳，该破坏模式主要取决于斜坡破坏岩体的空间组合方式和结构面的地震动力响应。

3.1 斜坡岩体结构特征和破坏模式

以斜坡体作为一个单元来研究，可以将斜坡看作多个岩块的集合，岩块的大小、形态及稳定性取决于结构面的密度、连续性及组合关系，其中每个岩块都有自身的强度曲线（如图3-1所示）。地震荷载作为一种特殊的循环荷载，其大小由场地烈度决定，且其大小随坡体内部应力和应变的改变而调整。若地震荷载峰值超过了各单个岩块的残余强度，且震动持续时间足够长，则势必导致岩体整体破坏。岩质边坡因内部结构面的不同组合表现出差异性，这种差异性决定了边坡局部或整体失稳，且不同部位的破坏形式不同。

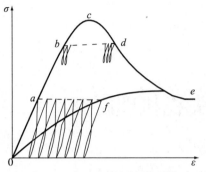

图3-1 岩块（石）在循环载荷作用下应力-应变曲线

3.1.1 斜坡岩体结构特征

岩体结构是指岩体中结构面与结构体的排列组合特征。大量的工程失稳实例表明：工程岩体的失稳破坏往往主要不是岩石材料本身的破坏，而是岩体结构失稳引起的，尤其是其中的控制性结构面。所以，不同结构类型的岩体，其物理力学性质、力学效应及其稳定性均各异[274]。

结构体是指岩体中被结构面切割围限的岩石块体。结构体的形状不同，其稳定性也不同。常见的形状有：柱状、板状、楔形及菱形等（图3-2）。在强烈破碎部位，还有片状、鳞片状、碎块状及碎屑状等形状。一般来说，板状结构体比柱状、菱形状的更容易滑动，而楔形结构体比锥形结构体的稳定性差。

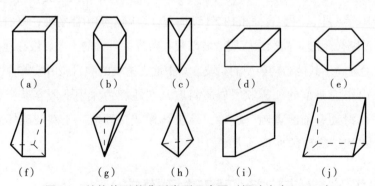

图3-2 结构体形状典型类型示意图（据孙广忠，1983）

（a）、（b）柱形结构体；（c）、（f）、（g）、（h）、（j）楔、锥形结构体；

（d）、（e）菱形或板形结构体；（i）板形结构体

　　组成岩体的岩性、遭受的构造变动及次生变化的不均一性，导致了岩体结构的复杂性。已有经验表明，可将岩体结构划分为5大类，各类结构基本特征见表3-1，可见不向结构类型的岩体，其岩石性质、结构体和结构面的特征不同，岩体的工程地质性质与变形破坏机理也都不同。但其根本的区别还在于结构面的性质及发育程度，如层状结构岩体中发育的结构面主要是层面、层间错动；整体状结构岩体中的结构面呈断续分布，规模小且稀疏等。

表3-1　岩体结构类型划分（引自《岩土工程勘察规范》GB50021—2009）

岩体结构类型	岩体地质类型	结构体形状	结构面发育情况	岩土工程特性	可能发生的岩土工程问题
整体状结构	巨块状岩浆岩、变质岩，巨厚层沉积岩	巨块状	以层面和原生、构造节理为主，多呈闭合型，间距大于1.5m，一般为1~2组，断续分布	岩体稳定，可视为均质弹性各向同性体	局部滑动或坍塌，深埋洞室的岩爆
块状结构	厚层状沉积岩、块状岩浆岩和变质岩	块状柱状	有少量贯穿性节理裂隙，结构面间距0.7~1.5m。一般为2~3组，有少量分离体	结构面互相牵制，岩体基本稳定，接近弹性各向同性体	可沿结构面滑塌，软岩可产生塑性变形
层状结构	多韵律薄层、中厚层状沉积岩，副变质岩	层状板状	有层理、片理、节理，常有层间错动	变形及强度受层面控制，可视为各向异性弹塑性体，稳定性较差	
碎裂状结构	构造影响严重的破碎岩层	碎块状	断层、节理、片理、层理发育，裂隙结构面间距0.25~0.5m，一般3组以上，有许多分离体	整体强度很低，并受软弱结构面控制，呈弹塑性体，稳定性很差	易发生规模较大的岩体失稳，地下水加剧失稳
散体状结构	断层破碎带，强风化及全风化带	碎屑状	构造和风化裂隙密集，结构面错综复杂，并多充填黏性土，形成无序小块和碎屑	完整性遭极大破坏，稳定性极差，岩体属性接近松散体介质	

　　唐家山斜坡结构体主要为层状和碎块状，由于岩层面倾向坡外，地震力传播方向也指向坡外，兼具良好的临空面，所以在地震作用下其斜坡结构的稳定性往往较差。

3.1.2 斜坡岩体破坏机制

大量实践与理论研究表明，岩体的应力传播、变形破坏以及岩体力学介质属性主要受岩体结构的控制。岩体中的结构面是抵抗外力的薄弱环节[274]。因此岩体变形受控于结构面发育程度，其不但控制结构面变形量的大小，而且控制岩体变形性质、方式和过程。块状结构岩体变形主要沿贯通结构面滑移；碎裂状结构岩体变形则由Ⅲ、Ⅳ级结构面滑移及部分岩块变形构成，如表3-2所示。

表3-2　岩体变形机制

岩体结构	整体状结构	层状和块状结构	碎裂状结构
主要变形	岩块压缩变形	结构面滑移及压缩变形	结构面滑移变形
次要变形	微结构错动	岩块压缩及形状改变	岩块和结构面压缩及岩块形状改变
侧胀系数	小于0.5	极微小	常大于0.5
变形方式	结构压缩及形态改变	沿结构面滑移	压密
控制岩体变形的主要因素	岩石特征及Ⅴ级结构面特征	贯通的Ⅰ、Ⅱ级结构面，主要为软弱结构面	开裂的不连续的Ⅲ、Ⅳ级结构面

岩体的破坏机制（岩体破坏的力学过程）也受控于岩体结构，其影响着岩体变形破坏的难易程度、规模、过程及主要方式等。岩体变形破坏机制如表3-3所示。

表3-3　岩体破坏机制类型

整体状结构岩体	层状和块状结构岩体	碎裂状结构岩体	散体状结构岩体
①张破裂；②剪破坏；③流动变形	岩块沿结构面滑移	①岩块张破裂；②岩块剪破裂；③岩块流动变形；④岩块沿结构面滑移；⑤岩块转动；⑥岩块组合体倾倒；⑦岩块组合体溃屈	①剪破坏；②流动变形

可见岩体结构对岩质斜坡稳定性的控制作用十分显著。整体状结构岩体坚硬完整，呈稳定状态。块状结构岩体较为完整坚硬，结构面抗剪强度高，在一般工程条件下也是稳定的。若Ⅱ、Ⅲ级结构面与临空面构成不利组合，则可能出现块体失稳，此时软弱结构面的抗剪强度往往起控制作用。层状结构岩体的变形破坏由层-岩组合和结构面力学特性所决定，尤其是层面和软弱夹层，在一

般工程条件下较稳定。但由于层间结合力差，软弱岩层或夹层多使岩体的整体强度低，塑性变形，弯折破坏易于发生，顺层滑动由软弱面特性所确定。碎裂状结构岩体有一定强度，不易剪坏，但不抗拉，在风化和振动条件下易于松动，这类岩体的变形根据工程部位不同而异，其中骨架岩层对岩体稳定性有利。散体状结构岩体强度极低，易于变形破坏，时间效应显著，在工程荷载作用下不稳定。根据岩石变形破坏的力学机制，斜坡破坏也可概括为下列几种基本的地质力学模型，即蠕滑-拉裂式滑坡、滑移-拉裂式滑坡、弯曲-拉裂式崩塌、塑流-拉裂式滑坡和塑流-拉裂式扩离。在同一斜坡变形体中，也可能包含两种或者多种变形模式，它们可以不同方式组合，同时，一种变形模式也可以演化为另一种变形模式[275,276]。实践证明，斜坡变形破坏地质力学模型与斜坡岩土体结构类型之间关系密切（表3-4）。

表3-4　斜坡岩体结构类型与变形破坏方式对照表（据刘佑荣，2001）

类型	主要特征		主要变形模式	主要破坏模式
	结构与产状	外形		
Ⅰ均质或似均质体斜坡	均质的土质或半岩质斜坡，包括碎裂状或块状体斜坡	取决于土石性质或天然休止角	蠕滑-拉裂	转动型滑坡或滑塌
Ⅱ层状体斜坡	平缓层状，$\alpha=0\sim\pm\varphi_r$	$\alpha<\beta$	滑移-压致拉裂	平推式滑坡，转动式滑坡
	缓倾外层状，$\alpha=\varphi_r\sim\varphi_p$	$\alpha=\beta$	滑移-拉裂	顺层滑坡或块状滑坡
	中倾外层状，$\alpha=\varphi_p\sim40°$	$\alpha\geqslant\beta$	滑移-弯曲	顺层-切层滑坡
	陡倾外层状，$\alpha=40°\sim60°$	$\alpha\geqslant\beta$	弯曲-拉裂	崩塌或切层转动型滑坡
	陡立-倾内层状，$\alpha=>60°\sim$倾内	—	弯曲拉裂（浅部）蠕滑拉裂（深部）	崩塌，深部切层转动型滑坡
	变角倾外层状上陡，下缓（$\alpha<\varphi_r$）	$\alpha\leqslant\beta$	滑移-弯曲	—
Ⅲ块状体斜坡	根据结构面交线产状按Ⅱ类方案细分		滑移-拉裂	
Ⅳ软弱基座体斜坡	平缓软弱基座缓倾内软弱基座	上陡下缓（软弱基座）	塑流-拉裂	扩离，块状滑坡崩塌，转动型滑坡（深部）

注：φ_r，φ_p 为软弱面的残余（或启动）和基本摩擦角；α 为软弱面倾角；β 为斜坡倾角。

由于唐家山斜坡的岩体结构为陡倾外层状和块状结构，且岩层倾角大于斜坡倾角，岩体变形和破坏的主要方式为沿层面和结构面滑移以及局部位置（如岩桥、切层锁固段等）岩块压缩变形，斜坡地震失稳力学模型为拉裂-顺层滑移-剪断式滑坡。

3.2 强震作用下顺层岩质斜坡动力失稳机理研究

强震触发的大多数滑坡，后缘破裂面往往表现为陡倾、呈锯齿状的张性粗糙裂面，这与重力作用下滑坡体滑面形态呈较为光滑、弧形的后缘断壁明显不同。在地震的强大水平惯性力作用下，首先在坡体后缘产生与坡面平行且陡倾的深大拉裂面。随即在地震力持续作用下，拉裂岩体再根据不同的坡体结构特征，在底部（拉裂体的根部）产生潜在的剪切滑移面，并最终沿此面滑出，形成滑坡[143,268,277,278]。因此在强震作用下，斜坡岩体最基本的破坏失稳方式就是拉裂和剪切滑移。由图3-3可见，唐家山滑坡壁高为540余米，顶部呈现出明显拉裂的特点，滑床原为光滑的基岩面，现被新的崩塌物覆盖。

图3-3　唐家山滑坡后壁

通过野外地质调查，唐家山斜坡地震作用下拉裂-剪切滑移破坏全过程主要包括以下几个阶段：斜坡顶部拉裂面的产生；破碎岩块的嵌入，拉裂面的扩张；岩层面或者结构面的张拉和剪切滑移；斜坡深部锁骨段突发剪断，滑坡体骤发启动；滑坡体坡脚切层剪出，启程飞跃这四个阶段（图3-4）。以下就拉裂和剪切滑移阶段的破坏机理分别进行探讨和分析。

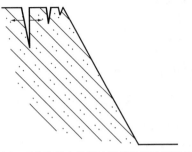

（a）强大地震力使斜坡顶部后缘拉裂缝出现

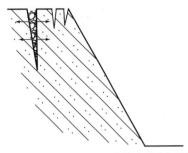

（b）斜坡拉裂面扩展，坡顶岩块碎屑滚落其间

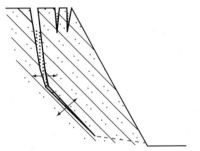

（c）拉裂面深入，层面张拉，锁固段聚集形变能

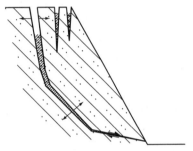

（d）锁固段被剪断，滑坡骤然失稳启动

图3-4　唐家山拉裂-剪切滑移型滑坡变形破坏过程示意图

3.2.1 拉裂面形成机理

3.2.1.1 坡顶岩体的拉裂

斜坡岩石材料所处的应力状态和应力水平对其力学行为有着重要影响[279,280]，也决定了岩体的破坏行为模式。斜坡坡顶浅表层岩体主要受到重力应力场 σ_1 和构造应力场 σ_3 的作用，随着斜坡向临空面方向卸荷，斜坡坡顶产生许多与重力方向接近的竖向张裂隙[281]。

在天然状态下，斜坡坡顶浅表层岩体单元主要受到重力应力场和构造应力场的作用，处于压剪应力状态。试验证明，在压剪应力状态下，尤其是当围压较小时，脆性岩石的微观破坏机制是轴向劈裂，即微裂纹沿最大主应力的方向扩展[282,283]。实质上，裂纹扩展路径和外荷载有关，当剪应力分量很大时，裂纹扩展的方向将偏离椭圆的长轴。即使两个主应力都是压应力，只要它们不相等，在裂纹顶端仍会出现很大的局部拉应力。

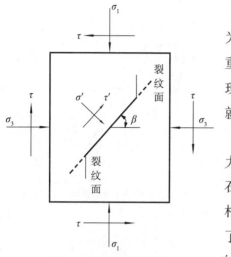

图3-5　压剪应力状态下
裂纹尖端应力场

如图3-5所示，假设顺层斜坡层面倾角为 β，在坡顶的岩体单元受到相互垂直的重力 σ_1 和构造应力 σ_3 的作用，于是就会出现与重力方向相同的次生微小裂纹，这也就是拉裂面的初始形态。

随着斜坡浅表层岩体风化，岩体向应力减小方向（即临空面方向）卸荷。从岩石受力状态的转换来看，卸除最小主应力相当于岩石在初始应力状态下沿 σ_3 向叠加了反向的拉应力，岩石从高围压受力状态向低围压受力状态转变，从塑性状态向脆性状态转变，岩石内部发生脆性破坏，产生与斜坡坡顶近于垂直的张裂隙[281,284]。风化卸荷作用由表及里进一步发展，张裂隙被拉开，而拉开后的裂隙又为风化提供了更好的通道，风化和卸荷逐步往里推进，从而形成卸荷松弛带[285,286]。对于西南地区地壳快速隆起，河流强烈下切的高山峡谷区斜坡，斜坡卸荷松弛现象更为明显[287,288]。而且对于卸荷速率较大的斜坡，岩体的强度降低得越快，浅表层越容易失稳破坏[289,290]。

于是在宏观上，斜坡表现为岩体微元的破坏应变有随其埋深减小而减小的趋势，即位于坡肩部位的斜坡岩体优先发生破坏；此外斜坡体微元的破坏应变有随施加的应变速率增加而减小的趋势。在汶川地震中，有些地区测到的斜坡表面水平峰值加速度PGA甚至超过了 $1g$，这说明地震波的确具有垂直和临空面放大效应[209,291-294]。地震波的这种放大作用导致坡肩的应变速率增加，从而使其破坏应变减小，导致斜坡坡肩部位岩体优先发生脆性破坏。

采用岩体强度理论进行分析，在地震P波和S波共同作用下，斜坡浅表岩体单元随着地震节律变换表现为压剪应力状态和拉剪应力状态交替变换，由于岩体抗拉强度很低，因此岩体内迅速出现拉裂缝。使用莫尔应力圆和岩体库伦强度曲线，可以给出状态改变时岩石破坏的准则并求出最危险的情况。结合图3-6所示的岩体抗剪强度曲线，在天然状态下，岩石单元处于压剪应力状态，地震作用下的岩体处于四种变换应力状态。

第1种情况，地震力使得岩石单元处于压剪状态，与天然状态相比，σ_1 和 σ_3 都增大。

第2种情况，地震力使得岩石单元处于压剪状态，与天然状态相比，σ_1 减小，σ_3 增大。

第3种情况，地震力使得岩石单元处于拉剪状态，与天然状态相比，σ_1 增大，σ_3 变为负值（受拉）。

第4种情况，地震力使得岩石单元处于拉剪状态，与天然状态相比，σ_1 减小，σ_3 变为负值（受拉）。

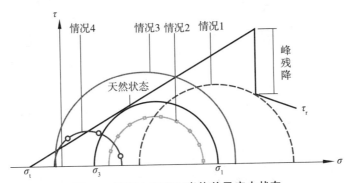

图3-6 地震力作用下岩体单元应力状态

由图3-6可知，情况3最危险，也就是岩体单元受到P波竖向上的压缩作用，又受到S波水平方向上的拉伸和剪切作用，使其处于拉剪应力状态（图3-7），这时岩体更加容易破坏。在极端情况下，当 $\sigma_3 \leq \sigma_t$，即水平拉应力超过岩石的抗拉强度，岩石立即破坏。地震时，岩石快速在四种应力状态中变换，一旦超过岩石强度极限，岩石内的裂纹就开始扩展，并出现宏观破坏。随着振动的不断加剧，裂纹相互贯通形成坡顶拉裂面，并且不断地拉开、闭合、再拉开。若是存在陡倾的结构面，那么拉裂面将沿着结构面快速向下发展。

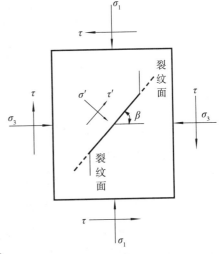

图3-7 拉剪应力状态下
裂纹尖端应力场

3.2.1.2 坡顶结构面的拉裂

以上讨论了斜坡坡顶在无明显结构面情况下，岩体产生拉裂面的机理，下面讨论坡体含有大量原生结构面的情况。

岩体所含结构面本身是地质历史时期岩体变形破坏（断裂）的产物。这些结构面在条件改变或荷载作用下，还可能发生新的破坏（断裂）。以下是几种不同倾角结构面出现拉裂的情况。

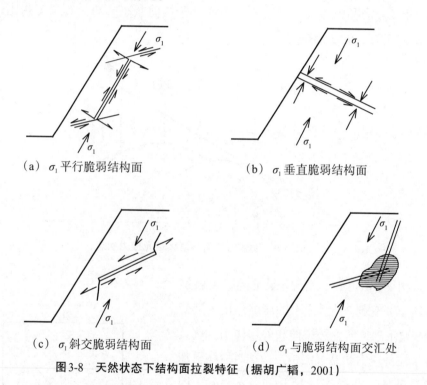

（a）σ_1 平行脆弱结构面　　　　（b）σ_1 垂直脆弱结构面

（c）σ_1 斜交脆弱结构面　　　　（d）σ_1 与脆弱结构面交汇处

图3-8　天然状态下结构面拉裂特征（据胡广韬，2001）

由图3-8可知，在天然状态下，对于含有陡倾结构面的顺层斜坡而言，当主压应力与结构面平行时，结构面表现为张拉扩容和端部剪切滑移的趋势。对于含有缓倾结构面的顺层斜坡而言，当主压应力与结构面斜交，结构面表现为剪切的趋势和端部拉裂，拉裂方向与 σ_1 相同。在极震区，当应力波在结构面上反射，应力波幅值及持续时间满足一定的联合条件时，会出现剥离（也称层裂）现象[295]。因此，对于顺层岩质斜坡，首先到达的 P 波形成强大竖向作用力，可使山体后缘产生长大竖向裂缝。S 波到达后，后缘竖向裂缝进一步拉开并向深部扩展，从而将滑坡体与滑坡后壁割裂开来。可见在地震作用下，拉裂是滑坡形成的先决条件。唐家山属于中陡倾顺层斜坡，地震波到达后，斜坡坡顶岩体内迅速出现拉裂缝，岩层面也被拉张扩容，岩体内破裂的拉裂缝与张开的岩层面一起形成滑坡后缘拉裂面。

3.2.2 岩块"楔劈"效应

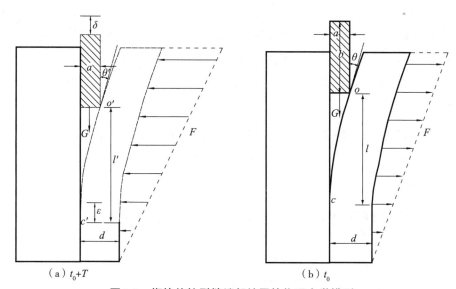

（a）t_0+T　　　　　　　　　　　　（b）t_0

图3-9　楔块使拉裂缝端部扩展的物理力学模型

如图3-9所示，斜坡坡顶岩体和结构面在地震重复拉剪作用下发生分离，由于斜坡振动，坡顶松动岩块滚落到拉裂面之间。当水平地震力指向坡内，嵌入其间的岩块就像"楔子"一样在拉裂岩层之间被反压时，一方面，裂缝前端产生拉应力集中区[296]，拉裂面进一步向下扩展；另一方面，由于地震波的竖向放大效应[52, 209, 293, 294]，坡顶水平加速度一般大于坡体下部，当地震力指向坡内时，斜坡受到一定程度的杠杆作用。嵌入的岩块作为支点，使裂缝端部向下扩展的同时产生向临空面的一个剪切作用，从而使裂缝向坡下弯转，形成潜在滑移面[268]。该效应与地震重复拉-剪作用相互配合，将使斜坡稳定性不断恶化。而充填其间的震裂岩块及碎石沿拉裂面不断向下运动，并且不断被压碎转化成岩屑，这些岩屑起到润滑剂的作用，致使层状滑坡体加速向临空主滑方向变形。

3.2.3 顺层剪切滑移机理

对于顺层岩质斜坡，地震作用下动力失稳主要是沿着岩层面发生的，即岩层面地震动力响应控制着斜坡稳定性。地震时，地震波在层面处发生透射、反射，会产生拉伸剪切附加应力，当层面受到的剪应力超过其抗剪强度时，斜坡将失稳破坏[272,297]。

由于地震形成的P波（压缩波）比S波（剪切波）传播速率快，与介质的作用方式不同，两者引起斜坡的地震动力响应各异，因此，分别研究两种波作用下斜坡层面处的应力状态，进而确定顺层斜坡失稳机理，首先做如下基本假设[272,298-300]：

（1）斜坡岩层面两侧岩体为均匀、各向同性的理想弹塑性体；

（2）地震波在地表一般为平面脉冲波，而在深部岩体中传播时，可以假定为平面波。

3.2.3.1 P波作用下的动力响应

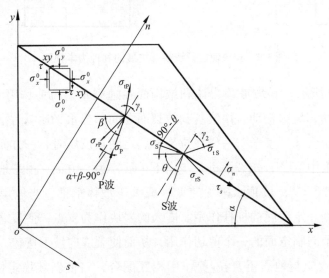

图 3-10　P波在斜坡岩体中的传播

如图3-10所示，将坡体简化为上下两层岩体的组合，岩体为理想弹塑性体，层面倾角为 α，天然状态下坡体岩体应力为 σ_x^0，σ_y^0 和 τ_{xy}^0。P波与水平面成 β 角入射层面，发生反射和透射，此时入射波与层面法向的交角为 $\alpha+\beta-90°$，透射

角设为 γ_1。入射波和透射波之间满足斯奈尔定律：

$$\frac{\sin(\alpha+\beta-90°)}{C_P}=\frac{\sin\gamma_1}{C_P'} \tag{3-1}$$

式中，C_P 和 C_P' 分别为 P 波在层面下部和上部岩体中的传播速率；$C_P=\sqrt{\dfrac{K+4G/3}{\rho}}$，$K$ 和 G 分别为层面下部岩体的体积模量和剪切模量；ρ 为岩体密度[272,298-300]。

反射波在层面处产生的应力 σ_{rP} 和透射波在层面处产生的应力 σ_{tP} 分别为

$$\sigma_{rP}=\sigma_P(1-\lambda)/(1+\lambda) \tag{3-2a}$$

$$\sigma_{tP}=2\sigma_P/(1+\lambda) \tag{3-2b}$$

式中，$\sigma_P=2\rho_1 C_P v_P$；$\lambda=\rho_1 E_1/(\rho_2 E_2)=\rho_1 v_P/(\rho_2 v_P')$，$\rho_1$ 和 ρ_2 分别为层面下部和上部岩体的密度；E_1 和 E_2 分别为层面下部和上部岩体的弹性模量，v_P 和 v_P' 为 P 波作用下层面下部和上部岩体介质质点速度[29]。

在层面处建立法向坐标系 nos（图3-10），将应力张量进行坐标变换，得出层面上法向应力 σ_n 和切向应力 τ_s：

$$\sigma_n=\sigma_n^0+\sigma_{rP}\sin(\alpha+\beta)-\sigma_{tP}\cos\gamma_1 \tag{3-3a}$$

$$\tau_s=\tau_s^0+\sigma_{rP}\cos(\alpha+\beta)-\sigma_{tP}\sin\gamma_1 \tag{3-3b}$$

式中，σ_n^0，τ_s^0 为天然状态下层面的正应力和剪应力。

层面要发生失稳滑移，需满足库伦摩尔判据：

$$\tau_s\geq\sigma_n\tan\varphi+c \tag{3-4}$$

由于坡体在天然状态下稳定（设斜坡地震前处于临界失稳状态），斜坡失稳滑移主要是由地震引起的，忽略 σ_n^0 和 τ_s^0 的影响。在地震荷载下，层面矿物分子不断振荡，矿物的分子键被破坏，黏聚力大幅度降低，忽略 c 的影响[272]，则式（3-4）变为

$$\sigma_{rP}\cos(\alpha+\beta)-\sigma_{tP}\sin\gamma_1\geq\left[\sigma_{rP}\sin(\alpha+\beta)-\sigma_{tP}\cos\gamma_1\right]\tan\varphi \tag{3-5}$$

式（3-5）两边对 β 求导，化简得

$$\tan\varphi\leq\frac{\sin(\alpha+\beta)\left(\lambda-2\dfrac{C_P'}{C_P}-1\right)}{\cos(\alpha+\beta)\left[\lambda-\dfrac{2C_P'}{\sqrt{C_P^2-C_P'^2\cos^2(\alpha+\beta)}}\sin(\alpha+\beta)-1\right]}=K_1 \tag{3-6}$$

由式（3-6）可见，在 P 波作用下，顺层岩质斜坡失稳由层面的倾角和内摩擦角、层面两侧岩体的波阻抗和地震波入射角之间的数值关系所决定。P 波传播时，介质的振动方向与波的传播方向相同，因此 P 波基本呈竖直向到达层面。在地震前期，P 波产生较大的竖向地震加速度及相应的地震竖向力，使得结构面拉张扩容，强度参数大幅降低，黏聚力消失，最终使得斜坡岩体震裂松动乃至溃屈破坏，为地震滑坡提供了基础条件[272,278,301]。

3.2.3.2 S 波作用下的动力响应

如图 3-10 所示，S 波以与水平面成 θ 入射到层面，发生反射和透射，入射角为 $\alpha + \theta - 90°$，反射角设为 γ_2。入射波和透射波之间满足斯奈尔定律：

$$\frac{\sin(\alpha + \theta - 90°)}{C_s} = \frac{\sin\gamma_2}{C_s{}'} \tag{3-7}$$

式中，C_s 和 $C_s{}'$ 分别为 S 波在层面下部和上部岩体中的传播速率；$C_s = \sqrt{G\rho}$。反射波在层面处产生的应力 σ_{rs} 和透射波在层面处产生的应力 σ_{ts}

$$\sigma_{rs} = \sigma_s(1-\lambda)/(1+\lambda) \tag{3-8a}$$

$$\sigma_{ts} = 2\sigma_s/(1+\lambda) \tag{3-8b}$$

式中，$\sigma_s = 2\rho_1 C_s v_s$；$\lambda = \rho_1 E_1/(\rho_2 E_2) = \rho_1 v_s/(\rho_2 v_s{}')$；$\rho_1$ 和 ρ_2 分别为层面下部和上部岩体的密度，E_1 和 E_2 分别为层面下部和上部岩体的弹性模量；v_s 和 $v_s{}'$ 为 S 波作用下层面下部和上部岩体介质质点速率[29]。将地震波简化为正弦剪切波，其速度-时程为 $V_s = \dfrac{A_1}{\pi\lambda}\sin(\omega t)$（$A_1$，$\lambda$ 和 ω 分别为剪切波振幅、频率和角速度），则 $\sigma_s = \dfrac{2\sqrt{G\rho}\,A_1}{\omega}\sin(\omega t)$。

在 S 波作用下，层面处的应力：

$$\sigma_n = \sigma_n^0 + \sigma_{rs}\cos(\alpha+\theta) - \sigma_{ts}\cos\gamma_2 \tag{3-9a}$$

$$\tau_s = \tau_s^0 + \sigma_{rs}\sin(\alpha+\theta) + \sigma_{ts}\sin\gamma_2 \tag{3-9b}$$

同样，忽略 σ_n^0，τ_s^0 和 c 的影响，则破坏判据变为

$$\sigma_{rs}\sin(\alpha+\theta) + \sigma_{ts}\sin\gamma_2 \geq [\sigma_{rs}\cos(\alpha+\theta) - \sigma_{ts}\cos\gamma_2]\tan\varphi \tag{3-10}$$

两边对 θ 求导，化简得

$$\tan\varphi \leqslant \frac{(1-\lambda)\cos(\alpha+\theta)+2\dfrac{C_{\mathrm{S}}'}{C_{\mathrm{S}}}\sin(\alpha+\theta)}{\sin(\alpha+\theta)\left[\lambda-1+2\dfrac{C_{\mathrm{S}}'}{\sqrt{C_{\mathrm{S}}^2-C_{\mathrm{S}}'^2\cos^2(\alpha+\theta)}}\cos(\alpha+\theta)\right]}=K_2 \quad (3\text{-}11)$$

由式（3-11）可见，在S波作用下，层面的倾角和内摩擦角、层面两侧岩体的波阻抗和地震波入射角之间的相互关系决定了顺层岩质边坡失稳与否。与P波不同，S波产生剪切而不是挤压，当S波传播时，介质的振动方向与波的传播方向正交。S波在坡体内产生较大的水平向地震加速度及相应的地震水平作用力，当S波到达时，已被P波震裂松动的斜坡岩体进一步受到水平剪切作用，层面强度急剧降低，进一步扭剪、压碎破裂，而层面处的岩屑、填充物起到很好的润滑效应，一旦斜坡失稳滑动且层面倾角较大时，滑坡体将沿层面高速滑动，并呈现出高速远程、抛射洒落运动的特点[272,278,301]。因此S波是引起顺层岩质边坡平面滑动的最主要因素。

无论是P波还是S波，都会在地质界面处折射和反射，从而在岩层面处产生地震应力；并且反复振动又会导致层面强度降低，产生累进位移。上述两方面的效应持续作用，使得斜坡岩层面拉张扩容，快速形成贯通的滑面，并形成高速滑坡。

3.2.3.3 P波和S波共同作用下的地震动力响应

一般而言，P波在地壳中的传播速率为7~8.5km/s，最先到达震中，使地面上下振动，破坏性较弱。S波在地壳中的传播速率为3.2~4.5km/s，稍后到达震中，使地面前后、左右抖动，破坏性较强。斜坡距震源的距离越远，P波和S波到达的时差就越大。在S波到达前，P波已经在斜坡内岩层中发生了多次反射与折射，P波的能量一部分转化为岩体的应变能，还有一部分通过内摩擦耗散。时差越久，P波对斜坡山体的影响就越小，其产生的应力大幅度降低，采用折减系数ξ反映当S波到达时P波的影响程度，此时层面上部岩体受到的合力为

$$F_0 = F_1 - F_2 \quad (3\text{-}12)$$

$$F_1 = BL\left[\sigma_{\mathrm{rS}}\sin(\alpha+\theta)+\sigma_{\mathrm{tS}}\sin\gamma_2+\xi\sigma_{\mathrm{rP}}\cos(\alpha+\beta)+\xi\sigma_{\mathrm{tP}}\sin\gamma_1\right] \quad (3\text{-}13)$$

$$F_2 = BL\left[\sigma_{\mathrm{rS}}\cos(\alpha+\theta)-\sigma_{\mathrm{tS}}\cos\gamma_2+\xi\sigma_{\mathrm{rP}}\sin(\alpha+\beta)-\xi\sigma_{\mathrm{tP}}\cos\gamma_1\right]\tan\varphi \quad (3\text{-}14)$$

式中，F_0 为滑坡体合力；F_1 为滑坡体下滑力；F_2 为滑坡体抗滑力；B 为滑坡体底滑面的平均宽度；L 为滑坡体底滑面的平均长度。

合并相关系数，式（3-12）可表示为

$$F_0 = a\sigma_\mathrm{S} + b\sigma_\mathrm{P} = \frac{2a\sqrt{G\rho_1}}{\omega} A_1 \sin(\omega t) + 2b\sqrt{(K + 4G/3)\rho_1}\, V_\mathrm{P} \qquad (3\text{-}15)$$

式中，a 和 b 为计算参数：

$$a = \frac{(1-\lambda)\left[\sin(\alpha+\theta) - \cos(\alpha+\theta)\tan\varphi\right] + 2(\sin\gamma_2 + \cos\gamma_2 \tan\varphi)}{1+\lambda} BL$$

$$b = \frac{\xi(1-\lambda)\left[\cos(\alpha+\beta) - \sin(\alpha+\beta)\tan\varphi\right] + 2\xi\lambda(\sin\gamma_1 + \cos\gamma_1 \tan\varphi)}{1+\lambda} BL$$

若 $F_0 \geqslant 0$，则层面上部岩体将发生平面滑动破坏，层面成为滑面，弹性力正比于位移，而耗散力正比于速率，对于滑坡体来说的运动方程为

$$F_0 = mu + \eta u + Eu \qquad (3\text{-}16)$$

式中，u 为滑坡体位移；m 为滑坡体质量；η 为阻尼系数；E 为弹性模量。等式右边第一项是惯性力，第二项是阻尼项，第三项是弹性项。求解方程（3-16），得通解：

$$u = A_0 \mathrm{e}^{-\frac{\eta}{2M}t} \sin(\omega_0 t + \phi) \qquad (3\text{-}17)$$

式中，A_0 为振幅；ω_0 为角速度；t 为时间；ϕ 为相位角。

$$\omega_0 = \frac{\sqrt{4ME - \eta^2}}{2M}$$

$$A_0 = \sqrt{u_0^2 + \left(\frac{v_0 + \dfrac{\eta}{2M}u_0}{\omega_0}\right)^2}$$

$$\tan\phi = \frac{u_0 \omega_0}{v_0 + \dfrac{\eta}{2M}u_0}$$

式中，u_0 和 v_0 分别为滑坡体在 $t=0$ 时刻的初始位移和速度。

对应于 P 波作用的特解为

$$u_1 = \frac{2b\sqrt{K + 4G/3}\,\rho v_\mathrm{P}}{E} \qquad (3\text{-}18)$$

对应于 S 波作用的特解为[258]

$$u_2 = \frac{2a\sqrt{G\rho}\,A_1}{\omega^2 Z}\sin(\omega t - \delta) \tag{3-19}$$

式中，$Z^2 = \left(\dfrac{E}{\omega} - M\omega\right)^2 + \eta^2$，$\delta$ 为初始相位。

滑坡体位移 u 为通解与特解之和，由式（3-17）~式（3-19）可见，当地震波停止时，u_1 和 u_2 为 0，但 u 不为 0，滑坡体仍在运动，当时间足够长（运动过程中系统自身能量衰减）或者遇到前方的阻碍时，滑坡体才会最终停下来。

3.2.3.4 唐家山斜坡顺层剪切滑动分析

根据震前地质资料，唐家山原始地形坡度为 40°，岩层倾角为 50°，地层主要为上覆坡残积碎石土，下伏强风化和弱风化长石石英粉砂岩，震前斜坡稳定性良好。据目击者称，当地震发生时，斜坡高速下滑堵江而形成的堰塞坝，整个下滑时间约为半分钟。震后调查研究发现，滑坡底滑面的中部位置光滑平直，由岩层面构成。唐家山斜坡岩体和顺倾岩层面的物理力学参数见表3-5。

表3-5　岩体和层面的物理力学参数

材料名称	密度 ρ / (kg/cm³)	内摩擦角 ϕ /(°)	内聚力 c / MPa	体积模量 K / GPa	剪切模量 G / GPa
碎石土	1500	38	0.02	1.25	0.58
强风化岩体	2650	40	0.3	5.56	4.17
弱风化岩体	2750	42	0.4	6.67	5.0
岩层面	—	40	0.1	—	—

由于北川唐家山滑坡距离汶川地震震中（映秀镇）约 125km，震源深度约 14km，唐家山坡脚高程为 665m，故唐家山斜坡体的震源距为 125.86km，地震波以 83.31°（与竖向的夹角）入射斜坡底面。取地壳中纵波传播速率 $V_P \approx 7\text{km/s}$，横波传播速率 $V_S \approx 3.8\text{km/s}$，P 波和 S 波到达唐家山斜坡的时间差约为 15.13s[302]。

以强风化与弱风化岩体接触带的岩层面为研究对象，地震波以 6.69°（β，θ）入射岩层面，将相关参数代入式（3-6）和式（3-11），相关参数见表3-6，结算结果见表3-7和表3-8。

表3-6 计算参数

α / (°)	β / (°)	θ / (°)	λ	$\tan\varphi$	C_P / (m/s)	C_P' / (m/s)	C_S / (m/s)	C_S' / (m/s)
50	6.69	6.69	0.8	0.84	2202	2048	1348	1253

表3-7 P波作用时的计算结果

α / (°)	β / (°)	$\|\alpha+\beta-90°\|$ / (°)	$\tan\varphi$	K_1
50	6.69	33.31	0.84	1.56

表3-8 S波作用时的计算结果

α / (°)	θ / (°)	$\|\alpha+\theta-90°\|$ / (°)	$\tan\varphi$	K_2
50	6.69	33.31	0.84	2.01

由表3-7、表3-8的计算结果可知，当P波到达岩层面，入射角 $\beta=6.69°$ 时，式（3-6）满足，即在地震作用下，层面上部岩体沿层面的下滑力大于抗滑力，斜坡中上部失稳破坏。当S波到达岩层面，入射角 $\theta=6.69°$ 时，式（3-11）满足，滑坡体沿层面进一步剪切滑动。

3.2.3.5 转动摩擦和滚动摩擦效应

岩层面被地震力张拉扩容，原来拉裂面间破碎的岩块或者岩屑就能够进入层面之间。于是层面或破裂面之间的这些微小碎块体的转动、滚动甚至塑性流动开始控制斜坡的失稳机制。与此相关的转动摩擦模式最早被纳西曼托（Nascimento，1971）提出，他假定碎块是一些规则的平行六边形。

1. 分离"碎块"的转动摩擦

由图3-11（a）可见，剪切过程中六面体碎块将以其与滑床的接触点作为转动轴（该轴线在图面上投影点为 O 点）。这样上滑面的运动轨迹由碎块上轴点 O 的对角点 A 的运动轨迹所决定。A 点的运动轨迹是以 O 为圆心，斜边 OA 长为半径的圆弧线。因此滑块相当于在一个圆弧面上运动，该圆弧上任一点的切线与剪切方向线的夹角即为滑块爬升或者下降的坡角。如果不考虑滑块间的面摩擦，则该角即为转动时的摩擦角 ϕ，它应与处于极限平衡状态时作用力的倾斜角 ω 一致。启动时 ϕ 角为

$$\phi = \omega = \delta = \arctan \frac{a}{b} \tag{3-20}$$

式中，δ 为翻转角，如正四面体 $\delta = 45°$，正六面体为 $30°$，正八面体为 $22.5°$；a、b 分别为碎块的宽和高。摩擦角 ϕ 随转动角 γ 的增大呈线性降低，即

$$\phi = \delta - \gamma \tag{3-21}$$

当对角线 OA 直立（$\omega = 0$）时：$\delta = \gamma \, \phi = 0$

此时上滑面被抬升至最高点，继续滑动将使碎块"翻转"（故称 δ 称为翻转角），上下滑面的间距开始缩短，剪胀角变为负值，ϕ 也转为负值，滑面将承受平行于滑动方向的拉应力。

2. 紧贴碎块的转动摩擦

当碎块相互贴紧时，如仍以碎块转动方式启动，则尚需客服以下附加摩阻力。

（1）碎块紧贴面的摩擦阻力（S_c）。假定碎块为图中所示正六面体，启动瞬间接触面 b 的单位摩擦阻力为

$$\tau_c = \sigma_{cn} \cdot \tan \phi_s \tag{3-22}$$

式中，σ_{cn} 为接触面法向应力；ϕ_s 为接触面摩擦角（不考虑内聚力）；$\tau_c \cdot b$ 为相对于 O 点的力矩，则阻止碎块转动的附加阻力为

$$\tau_c \cdot b \cdot a = \sigma_{cn} \tan \phi_s \cdot b \cdot a \tag{3-23}$$

单位附加阻力：

$$S_c = \tau_c \cdot b = \sigma_{cn} \tan \phi_s \cdot b \tag{3-24}$$

随碎块转动，S_c 为 γ 的减函数，（假定 σ_{cn} 无明显变化）：

$$S_c = \tau_c \cdot \left(b - \frac{2a}{\tan \gamma} \right) \frac{\cos \gamma}{a} \tag{3-25}$$

（2）碎块与主滑面接触端错位摩擦阻力（S_c^2）。由图 3-11 可见，紧密排列的碎块要向一侧倾倒，必将发生沿剪切方向的侧向扩张，接触点间距由原始的 a 随转动角 γ 的增大而增大。因而转动的实现尚需要克服接触端与主滑面相互错位的摩擦阻力，它相当于刻痕的阻力。

据式（3-25）可见，转动一旦启动，摩擦阻力也将随之降低。

由以上分析可以发现：

（1）转动摩擦将以结构面所夹碎块的翻转角 δ 小于该面的静摩擦角为其发

生的前提条件；

（2）分割碎块的结构面越密集（δ 越小），转动摩擦也就越容易发生，正是由于这个缘故，所以薄层状的岩体中容易造成与层面近于正交的剪切带；

（3）紧贴碎块只有在碎块间接触面的 ϕ_s 值明显偏低或碎块因侧向松弛导致接触面抗剪强度显著降低的情况下才有可能发生转动，并且通常总是发生在碎块的原始倾角 γ 比较接近翻转角 δ 的情况下；

（4）转动剪切一旦启动，摩擦角将随之降低，甚至降低为零，因而剪切位移的跃变（黏滑）现象十分明显，并且造成突发性的破坏；

（5）碎块的边角越多，越趋于圆球形，则其翻转角 δ 也愈小，乃至接近于零，此时转动摩擦将变为滚动摩擦。后者为前者的一种极端形式，滚动摩擦角 ϕ 变得极小。碎块也会在剪切过程中由于相互碰撞、摩擦、破碎而使"棱角"破坏，从而降低了转动摩擦角，这种效应可导致剪切位移速度迅速增大。

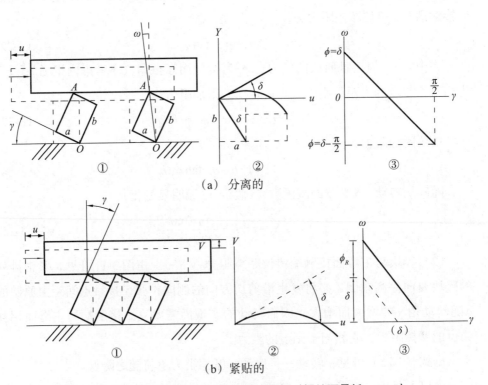

图3-11 平行六面体碎块转动摩擦模式图解（据纳西曼托，1977）

①模式图；②法向位移 V（剪胀）与剪切位移 u 随转动角（剪应变）γ 的变化；

③滑坡体底部摩擦角 ϕ 随转动角 γ 的变化

综上所述，由于岩块和岩屑不断在拉裂面和层面间滚动滑移，使得斜坡破裂面扩展速度增大，最终成为滑面。同时，这些在滑面上滚动的混合物减缓了地震波的透射作用，使滑坡体像漂浮在黏稠液体上一样，在一定程度上保护着平面滑动型滑坡体的完整性，当底部锁固段岩层被突然剪断后，高速滑坡形成并以极快的速度飞跃出去。当滑坡体堵塞河道形成堰塞坝的时候，坝体中部岩体能够保持原生层面构造并具有较好的整体性。该理论模型很好地解释了唐家山堰塞坝坝体的结构特征。

3.3 顺层斜坡临滑形变能释放与滑坡体启程速度

20世纪80年代以来，以胡广韬为代表的国内外学者通过对众多高速滑坡的研究，提出剧动式滑坡的概念，这类滑坡骤然爆发，迅猛崩滑，同时还伴随巨大的响声以及火光出现。前人研究得出大型岩质滑坡高速启动的根本原因是坡体滑动面上"锁固段"的突发脆性断裂，储存其中的弹性变形能突然释放，转换为滑坡体的动能，造成滑坡体启程速度急增[31,45,143,277,303-305]。于是"锁固段"的研究成为岩质斜坡变形控制和稳定性机理研究的热点。然而，高速滑坡在启程阶段经历了突发启动-滑离加速的过程，斜体锁固段岩体瞬间剪断，滑坡启动，有个启动速度，然后才加速至滑坡体尾部，完全离开剪出口，完成启程阶段，离开时的速度才为启程速度。已有文献中提出的启程速度实际上是启动速度，而峰残强降效应应该是在启动后的启程阶段才得以出现的。因此锁固段岩体的突发剪断时，滑坡体获得的动能主要来自岩体形变的瞬间恢复，即指存在临床弹冲效应。

此外在已有的研究中，大多将锁固段岩体处理为垂直基岩面的六面体单元体，简化为沿滑动方向受到均布荷载 q 作用的弯曲梁。计算滑坡体启动速度时，将储存于锁固段的弯曲应变能转换为滑坡体动能。这种计算方法对于结构面反倾斜坡以及处于弯曲变形状态的缓滑层状斜坡是适用的。但是对于受到突发因素，发生锁固段脆性剪断的顺层斜坡，这类计算方法不再适用。此时锁固段临滑前形变能主要为压缩形变能和剪切形变能，切向压缩和剪切变形的突然释放才是滑坡启动速度大于零的关键。以下就对顺层斜坡锁固段的临滑形变能作细致探讨。

3.3.1 斜坡滑动简化模型

斜坡简化为如图 3-12 所示的地质力学模型，设锁固段处岩体长度为 L，岩层厚度相等为 S，坡顶分水岭距锁固段起点高度为 H，层面倾角为 α，张开度忽略不计，剪切破裂面的倾角为 θ。锁固段岩块在未剪断前视为各向同性均匀弹性介质，根据岩石室内物理试验及相关文献资料，可得岩块在相同围压应力下的动压缩模量为 E_d，动泊松比为 μ_d，层面的动力变形模量为 K_n、K_s。

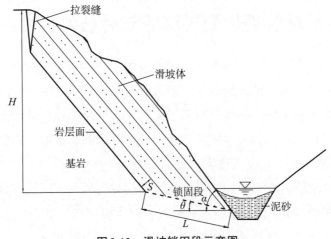

图 3-12　滑坡锁固段示意图

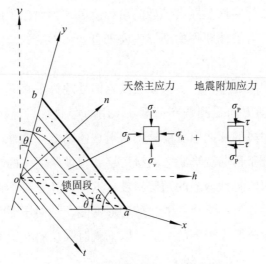

图 3-13　斜坡锁固段受力分析模型

建立如图3-13所示的三组正交坐标系 h-v、x-y 和 n-t，h 的方向与重力方向一致，x 方向与剪切破裂面法向垂直，n 方向为岩层面法向。由于造成斜坡失稳滑动的形变能主要来自于锁固段上部岩体，因此只考虑 x-y 坐标系第一象限部分。坡面简化为直线，其在 x 轴的截距为 a，其在 y 轴的截距为 b。

3.3.2 锁固段形变能计算

由于天然状态下锁固段岩体应力主要受重力影响，设水平应力系数为 k，$k=\mu_d/(1-\mu_d)$，据图3-12，坐标原点（锁固段起始点）与坡顶高差为 H，以 x-y 坐标系为标准参考系，$v=y\cos\theta-x\sin\theta$，$h$-$v$ 坐标系中的竖向的自重应力和自重引起水平向的构造应力 σ_h 和 σ_v 分别为

$$\begin{cases}\sigma_v=\rho g[H-(y\cos\theta-x\sin\theta)]\\ \sigma_h=k\sigma_v\end{cases} \tag{3-26}$$

地震波在地表一般为平面脉冲波，而在深部岩体中传播时，可以假定为平面波。因唐家山滑坡剪出口较深，锁固段岩体受到上部岩体自重压力和河床堆积物侧边压力的双重作用，而处于压密状态，地震波放大效应微弱，可忽略其影响。在考虑P波和S波垂直入射斜坡底边界，即P波引起斜坡岩体竖向振动，S波引起岩体水平振动，P波引起地震附加应力 σ_P 方向与 v 方向一致，S波引起地震附加应力 τ 方向与 h 方向一致，则对于 h-v 坐标系，地震附加应力 σ_P 和 τ 分别为[29,306]

$$\begin{cases}\sigma_P=2\rho C_P v_P\\ \sigma_S=2\rho C_S v_S\end{cases} \tag{3-27}$$

式中，ρ 为岩石密度；v_P、v_S 分别为P波和S波作用下岩石介质质点振动速度，由场地地震速度时程曲线得到；C_P、C_S 分别为P波和S波在岩体内的传播速率，$C_S=\sqrt{G_d/\rho}$，$C_P=\sqrt{(K_d+4G_d/3)/\rho}$，$K_d$ 为动体积模量，G_d 为动剪切模量。一旦获得场地地震监测速度曲线，σ_P 和 τ 便成为一个常数，不会因为坐标系不同而改变。

将天然重力场和地震附加应力场叠加，得到 σ'_{hv}：

$$\begin{cases}\sigma'_{hh}=k\rho g[H-(y\cos\theta-x\sin\theta)]\\ \sigma'_{vv}=\rho g[H-(y\cos\theta-x\sin\theta)]+2\rho C_P v_P\\ \tau'_{hv}=\sigma_S=2\rho C_S v_S\end{cases} \tag{3-28}$$

将应力变换到 n-t 坐标系下，得到 σ_{nt}：

$$\sigma_{nt}=\beta\sigma_{hv}'\beta^{\mathrm{T}}=\begin{pmatrix}\cos\alpha & -\sin\alpha\\ \sin\alpha & \cos\alpha\end{pmatrix}\sigma_{hv}'\begin{pmatrix}\cos\alpha & \sin\alpha\\ -\sin\alpha & \cos\alpha\end{pmatrix} \tag{3-29}$$

式中，σ_{hv}' 和 σ_{nt} 分别为 h-v 和 n-t 坐标系下应力二阶张量，$[\beta]$ 为坐标方向余弦矩阵。式（3-29）展开得

$$\begin{cases}\sigma_{tt}'=\sigma_{hh}'\cos^2\alpha+\sigma_{vv}'\sin^2\alpha-\tau_{hv}'\sin 2\alpha\\ \sigma_{nn}'=\sigma_{hh}'\sin^2\alpha+\sigma_{vv}'\cos^2\alpha+\tau_{hv}'\sin 2\alpha\\ \tau_{nt}'=\dfrac{1}{2}\sin 2\alpha\left(\sigma_{hh}'-\sigma_{vv}'\right)+\tau_{hv}'\cos 2\alpha\end{cases} \tag{3-30}$$

如图3-14所示，在 n-t 坐标系中，取由完整岩块和下部层面组成的微小单元体来考察岩体变形[307]，锁固段岩体受到应力为 σ_{nn}、σ_{tt} 和 τ_{nt}。

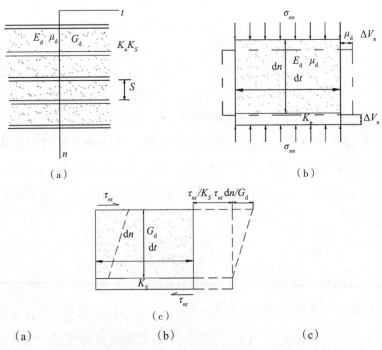

（a）　　　　　　（b）　　　　　　（c）

图3-14　层状岩体地质力学模型及变形示意图（据刘佑荣，2001）

3.3.2.1 法向应力 σ_{nn} 作用和切向 σ_{tt} 应力作用下的岩体压缩形变能

（1）如图3-14（b）所示，当 σ_{nn} 作用时，对于长度为 $\mathrm{d}t$ 的岩块，其上下表面的压应力大小为 $\sigma_{nn}\mathrm{d}t$。当岩块厚度为 $\mathrm{d}n$ 时，岩块本身产生的法向变形为

$\dfrac{\sigma_{nn}}{E_d}\mathrm{d}n\mathrm{d}t$，层面产生的法向变形为 $\dfrac{\sigma_{nn}}{K_n}\mathrm{d}t$，则岩块和层面产生的法向总变形 ΔV_n 为

$$\Delta V_n = \left(\frac{\sigma_{nn}}{E_d}\mathrm{d}n + \frac{\sigma_{nn}}{K_n} \right)\mathrm{d}t \tag{3-31}$$

当 n 方向加载时，将引起 t 方向应变为 $\mu_d \Delta V_n$，但是纵向荷载对于同时产生的横向变形不做功，意味着后者对于岩体的应变能无贡献[27]。则岩体法向压缩形变能为 $\sigma_{nn}\Delta V_n$。

（2）同理，当 σ_u 作用时，切向形变全部来自于岩块，切向变形 ΔV_t 为

$$\Delta V_t = \frac{\sigma_{tt}}{E_d}\mathrm{d}t\,\mathrm{d}n \tag{3-32}$$

则岩体切向压缩形变能为 $\sigma_u \Delta V_t$。

3.3.2.2 剪应力 τ_{nt} 作用下的岩体形变能

如图3-14（c）所示，当 τ_{nt} 作用时，岩体总剪切变形 Δu 由沿层面滑动变形 Δu_t 和岩块的扭转变形 Δu_r 组成，关系式为

$$\Delta u = \Delta u_t + \Delta u_r = \frac{\tau_{nt}}{K_s}\mathrm{d}t + \frac{\tau_{nt}}{G_d}\mathrm{d}n\mathrm{d}t \tag{3-33}$$

此时岩体切向剪切形变能为 $\tau_{nt}\Delta u$，式中，$\cos^2(\alpha-\theta)\,\mathrm{d}n\mathrm{d}t = \mathrm{d}x\mathrm{d}y$。

这样就得到了单元体岩体法向和切向的形变能，当岩体被突然剪断时，岩体储存的能量在剪切破裂面上瞬间释放，造成岩体启动速度大于零。然而能量沿层面方向传播要比沿垂直层面传播高出很多，即垂直层面传播的能量相对较小[297]。此外由于坡面受到河床堆积层的侧压力作用，岩层法向约束在启动的瞬间并未解除，不存在岩层法向形变恢复。计算滑坡动能时忽略岩体法向压缩形变能的贡献，只考虑切向形变。所以对于顺层岩体滑坡其锁固段形变能释放优势方向主要为岩层切向。

3.3.3 启动速度计算

要使锁固段岩体剪断，锁固段任何一个岩石微元都必须满足库伦-摩尔准则。利用哥西公式（斜面应力公式），获得锁固段破裂面上的正应力 σ_N 和剪应力 τ_S 分别为

$$\begin{cases} \sigma_N = \sigma'_{hh}\sin^2\theta + \sigma'_{vv}\cos^2\theta + \tau'_{hv}\sin 2\theta \\ \tau_S = \left[\dfrac{\sin^2 2\theta}{4}(\sigma'_{hh}-\sigma'_{vv})^2 + \tau'^2_{hv}\cos^2 2\theta + \tau'_{hv}\sin 2\theta\cos 2\theta(\sigma'_{hh}-\sigma'_{vv})\right]^{\frac{1}{2}} \\ \tau_S - (\sigma_N\tan\varphi + c) \geqslant 0 \end{cases} \tag{3-34}$$

对于锁固段破裂面有 $y=0$，$x\in(0, a)$；由式（3-34）可以获得随锁固段潜在剪断破裂面的倾角 θ 变化及剩余下滑力的大小，一旦剩余下滑力大于零，锁固段将被剪断；反之，根据锁固段潜在剪断破裂面剩余下滑力是否大于零，可以确定满足锁固段剪断面倾角的最小值。

当锁固段剪断，切向形变能瞬间释放时，能量释放方向与滑面法向夹角为 $90°+\alpha$（图3-13）。因此整个滑坡体瞬间获得动能为

$$\frac{1}{2}Mv_{启动}^2 = (\tau_{nt}\Delta u + \sigma_{tt}\Delta V_t)\cos\alpha \tag{3-35}$$

式中，M 为整个滑坡体的质量；$v_{启动}$ 为整个滑坡体的平均启动速度。

由于应力是 x、y 的函数，在 x-y 坐标系第一象限中对 $\sigma_{tt}\Delta V_t$ 和 $\tau_{nt}\Delta u$ 分别积分，得到

$$\sigma_{tt}\Delta V_t = \frac{1}{\cos^2(\alpha-\theta)E_d}\int_0^a\int_0^{\frac{b}{a}(a-x)}\sigma_{tt}^2\mathrm{d}y\mathrm{d}x \tag{3-36}$$

$$\begin{cases} \tau_{nt}\Delta u = A + \dfrac{1}{\cos(\alpha-\theta)K_s}\sum_{i=1}^n\left(\int_0^{\frac{nS}{\cos(\alpha-\theta)}}\tau_{nt}^2\mathrm{d}x\bigg|_{y=\frac{nS}{\cos(\alpha-\theta)}-x\tan(\alpha-\theta)}\right) \\ A = \dfrac{1}{\cos^2(\alpha-\theta)G_d}\int_0^a\int_0^{\frac{b}{a}(a-x)}\tau_{nt}^2\mathrm{d}y\mathrm{d}x \end{cases} \tag{3-37}$$

式中，积分项为岩石块体储存的剪切形变能；加权积分项为结构面储存的剪切形变能；n 为锁固段岩层数量，范围在 1 到 $\dfrac{b\cos(\alpha-\theta)}{S}-1$ 之间。

锁固段突发破裂后，滑坡体速度或加速度则完全由重力势能-动能转化效应提供，其他文献有详细介绍，不再赘述。

3.3.4 唐家山滑坡体启动速度

根据上述分析，可对唐家山顺层岩质滑坡的启动速度进行计算，唐家山滑坡工程地质剖面如图3-15所示，岩体物理力学参数见表3-9，相关计算参数见表3-10，表中各代号含义与前文叙述一致。

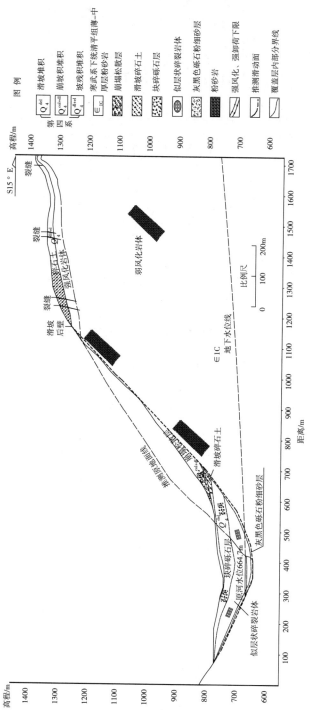

图 3-15　唐家山滑坡及堵江堰塞坝工程地质横剖面图（横河方向）

表3-9　岩体物理力学性质参数

名称	ρ / (kg/m³)	E_d / GPa	K_d / GPa	G_d/ GPa	μ_d	K_n/ GPa	K_s/ GPa	c /MPa	φ / (°)
岩石	2650	12	6.7	5	0.2			0.4	42
层面	—	—	—	—		2.32	1.73	0.1	40

表3-10　模型其余计算参数

a/m	b/m	S/m	H/m	α /(°)	θ /(°)	k	C_P/ (m/s)	C_S/ (m/s)	v_P/ (m/s)	v_S/ (m/s)
400	110	4	550	50	20	0.25	2202	1348	0.6	0.5

代入表3-9和表3-10的数据，式（3-34）变为：

$$\begin{cases} \sigma_N = B + 21577360\cos^2\theta + 3572200\sin 2\theta + 3643750\sin^2\theta \\ B = \left(6625\sin^2\theta + 26500\cos^2\theta\right)\sin\theta x \\ \tau_S = \left[\dfrac{\sin^2 2\theta}{4}\cdot C^2 + \left(3572200\cos 2\theta\right)^2 - 3572200\sin 2\theta\cos 2\theta\cdot C\right]^{\frac{1}{2}} \\ C = 19875\sin\theta x + 17933610 \end{cases}$$

$$(3\text{-}38)$$

由式（3-38）计算得到，不同倾角剪断面的剩余下滑力大小如表3-11所示。

表3-11　锁固段剪断面剩余下滑力计算结果

倾角	x/m	剩余下滑力/kPa	x/m	剩余下滑力/kPa	x/m	剩余下滑力/kPa	x/m	剩余下滑力/kPa
0	0	7.51953E+8	211	2.0422E+6	300	−3.1427E+8	400	−6.69679E+8
1	0	7.9566E+8	211	7.658E+7	300	−2.267E+8	400	−5.67444E+8
2	0	8.38217E+8	211	1.5045E+8	300	−1.3954E+8	400	−4.65296E+8
3	0	8.79487E+8	211	2.234E+8	300	−5.3092E+7	400	−3.63575E+8
4	0	9.19336E+8	211	2.9519E+8	300	3.23641E+7	400	−2.62625E+8
5	0	9.5763E+8	211	3.6557E+8	300	1.16534E+8	400	−1.62795E+8
6	0	9.94243E+8	211	4.3432E+8	300	1.99127E+8	400	−6.44301E+7
7	0	1.02905E+9	211	5.0118E+8	300	2.79856E+8	400	3.21219E+7

　　由表3-11可知，当$x \in [0, 211]$，破裂面倾角要求$\theta \geq 0°$；当$x=400m$时，破裂面倾角要求$\theta \geq 7°$。即对于唐家山滑坡而言，锁固段剪断面只要大于$7°$，就会剪断。根据滑坡后钻探揭示，唐家山斜坡锁固段剪断面倾角为$20°$。这就是众多强震区顺层岩质滑坡的滑面倾角很缓的原因。

　　代入表3-9和表3-10的数据，式（3-28）变为

$$\begin{cases} \sigma'_{hh} = 3643750 + 6625(x\sin 20° - y\cos 20°) \\ \sigma'_{vv} = 21577360 + 26500(x\sin 20° - y\cos 20°) \\ \tau'_{hv} = \sigma_s = 3572200 \end{cases} \tag{3-39}$$

　　则式（3-30）变为

$$\begin{cases} \sigma'_{tt} = 6248.91x - 17178.19y + 10641332.65 \\ \tau'_{nt} = -3346.08x + 9198.35y - 9449146 \end{cases} \tag{3-40}$$

　　由式（3-35）~式（3-37）计算得到，当唐家山滑坡锁固段突发剪断时，$\sigma_{tt}\Delta V_t = 2.69E+07 kN \cdot m$，$\tau_{nt}\Delta u = 1.09E+08 kN \cdot m$，锁固段释放的总能量为$1.36E+08 kN \cdot m$，整个滑坡体启动速度为$1.06m/s$。

　　由计算结果可见，对于顺层岩体斜坡，锁固段岩体和结构面的剪切形变能之和要大于锁固段岩体的切向形变能，即滑坡启动能量的主要能量来自于剪切形变能，启动速度骤增到几米每秒。

第4章　唐家山堰塞坝形成机制研究

4.1 唐家山堰塞坝形成过程分析

　　唐家山堰塞坝是其斜坡高速下滑堵塞通口河而成，堰塞坝的形成过程实质上就是滑坡体逐步停积的过程。由于唐家山滑坡发生时通口河处于枯水期，水面高程约为660m，水面宽度仅为100~130m，水深不足4m，河水流速缓慢，河床堆积物为厚约21m的含泥粉细砂。唐家山滑坡剪出口位置较深，位于泥砂层的底部，滑坡启动到停积的整个过程就一直受到泥砂层阻力作用。加之，滑坡体运行100m后又与对岸山体发生强烈正碰撞而急速停止。于是唐家山堰塞坝得以形成，整个滑动过程中滑坡体表现出"短程"和"紧急刹车"的独特现象。

　　唐家山滑坡体在高速下滑过程中，迅速撞击河水及河床泥砂层，形成强烈的水汽浪和泥砂流，直冲唐家山对岸元河坝斜坡。高速水汽泥砂流致使坡面残积土及植被被铲刮，使得斜坡中部的树木被剥蚀一光（图4-1）。滑坡体前缘由于泥砂层的影响，在短暂减速之后，又受到滑坡体中后部的推动，进入加速运行阶段。滑坡急速掠过河床，最终与元河坝山体发生强烈的正碰撞，形成强大的应力波，前缘少部分滑坡体沿斜坡面爬高，大部分滑坡体急速停止。滑坡体在首尾前缘受阻、后缘高速下滑的作用下，其中前缘被挤压隆起并分别向通口河上下游抛洒，堰塞体就此形成。其中滑坡体前缘在碰撞过程中形成与原斜坡岩层产状倾向相反的"似层状结构"大块石，且解体强烈（图4-2）。而河床的泥砂物质沿元和坝斜坡面上行一段距离后又反转撒落，覆盖于堰塞坝左侧。

　　由于唐家山堰塞坝是高速滑坡"急刹车"形成，与高速远程滑坡堆积体结构不同的是，除堰塞坝体前缘及上下游两侧外，堰塞坝整体基本上仍保持唐家山斜坡的原始坡体结构，组成物质中巨石和块石占据很大比例。因滑坡下滑速度快、行程距离短、体积巨大、河流流量及流速较小，并且滑坡体主体地质结构完整性较好，所以滑坡堆积体完全堵塞河道后无法被河水冲走，其内部也不可能出现泄洪通道，于是随着上游水流的不断汇集，水位不断上涨，高危堰塞湖就此形成。

图4-1 唐家山对岸因高速水汽　　　图4-2 堰塞体左侧岩层
　　　　泥砂流剥蚀现象　　　　　　　　　倾向发生反转

　　如前分析，唐家山堰塞坝形成包括以下三个阶段（图4-3）：①在地震作用下唐家山斜坡后缘拉裂破坏，中部顺层剪切滑移，前缘锁固段剪断破坏，滑面贯通，滑坡形成；②滑坡体高速下滑，推挤刨蚀河床泥砂，滑坡体短暂减速后，受滑坡体后部推动，加速掠过河道；③与元河坝山体发生强烈的正碰撞，滑坡体受阻停止滑动，并堆积形成堰塞坝。

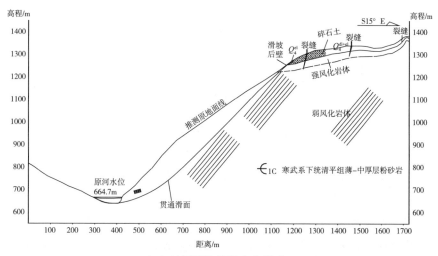

（a）地震诱发斜坡失稳滑动

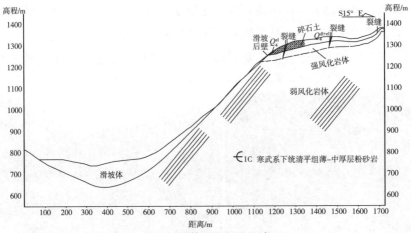

（b）滑坡体下滑刨蚀河床

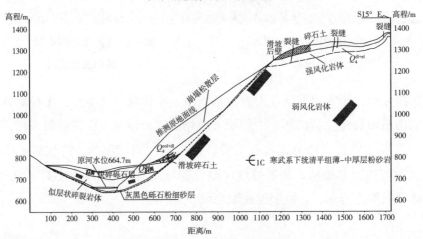

（c）坡体受阻停止形成堰塞坝

图4-3 堰塞坝形成过程示意图

综上所述，堰塞坝的形成机制可以概括为：地震诱发斜坡失稳→滑坡体高速下滑，前缘刨蚀河床形成水汽浪和泥砂流→滑坡前缘碰撞对岸山体，受阻停止→后缘滑坡体坐落下滑→滑坡体堵江→堰塞坝[9,308]。

4.2 唐家山高速滑坡"刹车"制动机制研究

相对于地震触发岩质斜坡失稳机理而言，高速滑坡体与河床堆积层以及对岸山体的碰撞制动机制显得更为重要，因为碰撞制动机制影响着堰塞坝的空间形态和地质结构特征，而不同的空间形态和地质结构特征又控制着堰塞坝的稳定性和溃坝模式。判定滑坡的制动机制，对滑坡防灾减灾和制订堰塞坝快速处治措施，都具有特别重要的意义。但是到目前为止，堰塞坝形成机制仅限于地质经验的现象描述，对碰撞过程中各种复杂的物理化学变化过程研究尚处于空白阶段，有待进一步系统研究。

4.2.1 影响因素分析

4.2.1.1 滑坡体运动过程中内部碰撞解体

滑坡体下滑过程中重力势能逐步转化为动能，动能逐渐增加，同时动能由两种途径耗散：一是滑坡体与滑动路径的摩擦，二是滑坡体内部的崩解碰撞或者滑动摩擦（图4-4）。当滑坡体与对岸山体发生碰撞时，冲击力对滑坡体和山体分别做功，动能逐步转化为滑坡体和山体的变形能，当变形超出弹性变形范围后，将出现不可恢复的塑性变形。

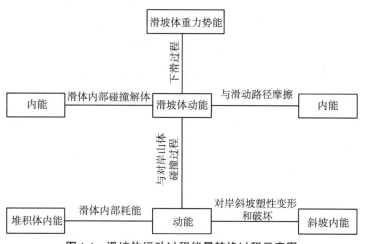

图4-4 滑坡体运动过程能量转换过程示意图

国内学者通过滑坡碰撞模型试验发现，14%~20%的滑坡物质在与刚性地面碰撞后能加速向前运动，33%~38%的岩体得到减速，甚至2%~4%发生反向运动，剩下的38%~51%块体保持启程速度继续向前运动。在碰撞速度、岩体岩性和结构一定时，碰撞能耗率与滑坡体体积基本无关，且其中块体间碰撞所产生的能量损失率约为7.5%~15%。滑坡岩体碰撞速度越大，个别块体经碰撞后获得的加速效应越显著，滑坡的致灾范围就越大[309,310]。

根据第3章分析，唐家山滑坡体在启动阶段中完整性保持较好，但滑坡体中大量不同产状和特征的不连续结构面，使得滑坡体在与河床堆积物和对岸山体碰撞过程中，不断发生着内崩解作用。这种内部的崩解碰撞将会耗散大量的滑坡体动能，致使滑坡体碰撞冲击能小于滑坡的启动动能。

4.2.1.2 滑坡体与河床泥砂的相互作用

如前所述，唐家山滑坡突发启动后，滑坡前缘直接推挤、铲刮河床中厚约20m的含泥粉细砂，在动量传递的过程中使其获得巨大的速度，在沿对岸山体斜坡爬高后，又反堆于堰塞坝体的表部，即河床堆积物的影响贯穿整个滑坡启程-行程过程。对堰塞坝体进行钻探发现，堰塞坝体由残坡积碎石土、块碎石、强风化基岩破裂解体形成的似层状结构岩体和底部含泥粉细砂组成。其中底部含泥粉细砂由堰塞坝后缘的8m厚向中前缘部位逐渐增厚至15.7m，显然底部含泥粉细砂层是原河道覆盖层被高速滑坡铲刮后的残留体，该层底部高程646.5m，与原河床基岩接触。而广泛散布于堰塞坝体表面的粉细砂则是高速滑坡铲刮部分（图4-5，图4-6）。

由于河床泥砂的存在，滑坡体从启动到滑坡加速阶段，其速度相应有所减少，最大减少幅度为10%~15%，即泥砂层对滑坡运动起到减耗消能作用。此外，在滑坡不同位置，泥砂作用时间长短不同。泥砂对滑坡前缘的影响贯穿于滑坡启动和滑坡加速的整个阶段，而对滑坡中部，泥砂影响主要是在滑坡速度达到峰值前后一段时间内。

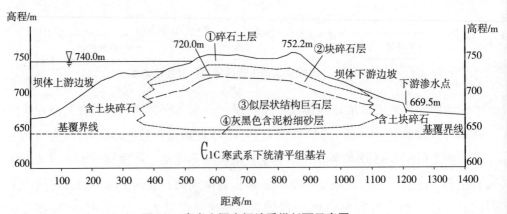

图4-5 唐家山堰塞坝地质纵剖面示意图

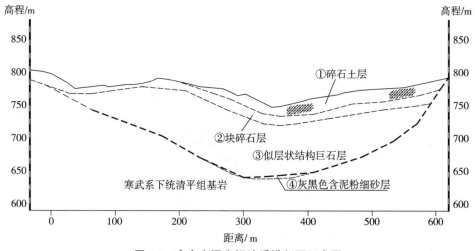

图4-6　唐家山堰塞坝地质横剖面示意图

4.2.1.3 滑坡体与对岸山体的碰撞

　　山区高速滑坡能够在河床或沟底停积形成巨大的天然堰塞坝，其根本原因就是对岸浑厚山体的阻挡。唐家山滑坡体与河床泥砂的滑动摩擦和滑坡体内部碰撞解体等中间过程未能完全消耗滑坡体的动能。由于对岸山体的阻挡，滑坡体与对岸坡体发生强烈的碰撞，大部分物质迅速停积，少部分物质沿受撞岸坡继续爬升。

　　滑坡体在与对岸山体的碰撞过程中，产生了一系列特殊的变形破裂现象，即滑坡碰撞构造，包括碰撞逆断层、碰撞反坡、碰撞隆起和碰撞节理等（图4-7）。滑坡碰撞构造大大改变了斜坡坡体结构，当河谷再次下切后，滑坡碰撞构造才得以暴露[311]。

　　在与对岸山体碰撞过程中，滑坡体由于前缘被阻挡而爬升，尾部滑坡体物质在惯性作用下继续向前推挤，于是造成滑坡体前缘隆起，形成倾向滑坡后缘的地面反坡。此外在前后夹击作用下，滑坡物质还会发生侧向扩展。无论是岩质滑坡碰撞还是松散堆积物滑坡碰撞，都发育这种现象，如岷江上游马脑顶、水沟子等岩质滑坡，较场沟、干海子等古崩塌堆积滑坡等。

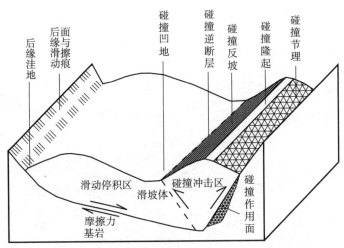

图4-7　滑坡碰撞过程示意图（据卫宏，2000，修编）

经过内部碰撞解体和河床底摩擦作用，剩余的滑坡动能在滑坡碰撞作用与碰撞引发的侧向扩展和爬升中最终消耗殆尽。而碰撞强度与爬升高度主要取决于滑坡运动速度。滑坡速度和体积越大，滑坡体动能越大，碰撞作用就越强烈，隆起规模就越大，反坡坡度也越陡。

综上所述，滑坡体运动过程可分为撞击泥砂层、沿河床滑动和碰撞对岸山体3个阶段。根据能量守恒定律，滑坡体的能量转化关系可以统一用式（4-1）表示：

$$E = E_0 + W_A - W_{f1} - W_{f2} - W_{f3} \qquad (4\text{-}1)$$

式中，E 为滑坡体动能；E_0 为滑坡体初始启动动能；W_A 为滑坡体初始位置的重力势能；W_{f1} 为下滑阶段滑坡体与滑动路径摩擦耗能；W_{f2} 为下滑阶段滑坡体内部耗能；W_{f3} 为撞击碰撞阶段滑坡体内部耗能。

4.2.2　滑坡体内部碰撞解体能耗率研究

滑坡体在下滑过程中内部碰撞解体是个十分复杂的过程，滑坡体的内能和动能不断相互转换，但是随着滑坡体由紧密变得松散，体积不断扩大，滑坡体的动能将不断减小。然而，滑坡体动能的损失量很难确定，为此，引入能耗率的概念，即动能损失量与初始机械能总和的比值，用 η 表示。

能耗率 η 对滑坡体启程运动特征影响巨大，尤其对于滑坡体速度计算，是非常重要的参数。因其影响因素较多，具有模糊性，因此采用模糊综合评判法能够很好地解决这类问题。模糊综合评判法就是从多目标决策中划分出来的一种新的模糊数学方法，当影响事物的因素较多且有很强的模糊性时，其具有明显的优势，能够合理地综合这些因素作出总体评判[312-317]。采用模糊综合评判方法得出能耗率η等级，半定量地确定其大小，使得滑坡体速度计算可以得到相对客观合理的结果。

4.2.2.1 模糊综合评判原理

模糊综合评判方法是应用模糊关系合成的特性，对受多种因素影响的现象或事物进行总的评价，即根据所给的条件，对评判对象的全体都赋予一个评判指标及变化范围，然后根据相互关联性进行综合评价，一般经过以下步骤[312-317]：

（1）评价因素的选择与量化。

（2）评价集的确定。

（3）各类别因素对评价目标的隶属度确定。

（4）因素权重的确定。

（5）选择适当模糊关系合成方法进行评价。

设 $U=\{u_1,u_2,\cdots,u_m\}$ 为评价因素集，$V=\{v_1,v_2,\cdots,v_n\}$ 为评价等级集。评价因素论域和评价等级论域之间的模糊关系用矩阵 $\boldsymbol{R}$ 来表示：

$$\boldsymbol{R}=\begin{pmatrix} r_{11} & r_{12} & \cdots & r_{1n} \\ r_{21} & r_{22} & \cdots & r_{2n} \\ \vdots & \vdots & \ddots & \vdots \\ r_{m1} & r_{m2} & \cdots & r_{mn} \end{pmatrix} \tag{4-2}$$

式中，$r_{ij}=\mu(u_i,\ v_j)(0\leq r_{ij}\leq 1)$，表示就因素 u_i 而言被评为 v_j 的隶属度；矩阵 $\boldsymbol{R}$ 中第 i 行 $R_i=(r_{i1},\ r_{i2},\ \cdots,\ r_{in})$ 为第 i 个评价因素 u_i 的单因素评判，它是 V 上的模糊子集。

假定 α_1，α_2，$\cdots$，α_m 分别是评价因素 $u_1,\cdots,u_m$ 的权重，并满足 $\alpha_1+\alpha_2+\cdots+\alpha_m=1$，令 $A=(\alpha_1,\ \alpha_2,\cdots,\ \alpha_m)$，则 A 为反映了因素权重的模糊集（即权向量）。

由权向量与模糊矩阵进行合成计算可得到综合隶属度 $\boldsymbol{B}$，即通过模糊运算 $\boldsymbol{B}=\boldsymbol{A}\cdot\boldsymbol{R}$，得出模糊集 $\boldsymbol{B}=(b_1,b_2,\cdots,b_n)(0\leq b_j\leq n)$。其中，

$$b_j=\sum_{i=1}^{m}\alpha_i r_{ij}(M(\cdot,\ +)) \tag{4-3}$$

根据最大隶属度原则，若 $b_{j0}=\max(b_j)(1\leq j\leq n)$，所对应的分级即为目标等级 j_0。

4.2.2.2 能耗率的影响因素

滑坡运动能耗率按其大小可以划分为5个等级：Ⅰ级、Ⅱ级、Ⅲ级、Ⅳ级、Ⅴ级。影响其大小的因素众多而复杂，根据已有的研究成果，结合地震滑坡启程运动特点，选取7个主要影响因素，即滑坡体运动距离（不含飞跃距离）、岩体结构类型、结构面性状、岩体完整性系数、岩体抗拉强度、岩体含水程度和岩石坚硬程度。

（1）滑坡体运动距离：滑坡体在运动过程中，因与地面强烈摩擦，以及与突出物碰撞等外力作用，变得更加破碎，破碎块体之间又相互碰撞，能量持续耗散。所以滑动距离越远，受外力影响时间越长，能量损失则越多。

（2）岩体结构类型：滑坡岩体结构特征决定了岩体的宏观强度，也决定了其发生碰撞时解体破碎的难易程度。岩体中节理、裂隙越发育，岩体结构越破碎，其损伤程度也就越大，碰撞时消耗的能量也就越多，岩体的碰撞解体就越充分。所以整体结构相对散体结构的岩体，在滑动过程中，块体间的内摩擦及碰撞作用所损失的能量较小。因此岩体结构越好，能量损失越小。

（3）结构面性状：岩体结构面不连续、闭合和粗糙，在运动过程中，块体破裂需要克服阻力做功越多，摩擦耗能也越大；而充填好的结构面，特别是软夹泥的结构面，填充物起到润滑作用，有效地减小了岩土体之间的"硬摩擦"，摩擦耗能小。所以结构面性状越差，能耗越小。

（4）岩体完整性系数：岩石内部裂隙的存在使得岩体总表面积大，完整性差，在运动过程中，岩石内部裂隙不断发生闭合、张开，相互错动以及宏观破裂，会消耗大量的能量。所以岩体完整性系数越小，能耗越小。

（5）岩石抗拉强度：滑坡体的运动过程也是一个优胜劣汰的筛选过程，物理力学性质差的岩石必然会沿内部裂隙碎裂成更小块体，由于滑坡启程以后，主要与地面发生碰撞和摩擦作用，除了底部岩体会发生压缩破坏和剪切破坏以外，整个滑坡体内部岩石主要的破坏方式为拉裂。所以岩石的抗拉强度越低，其碎裂需要消耗的机械能越少。

（6）岩体含水程度：由于地下水和降雨等因素的影响，滑坡体含水程度不同，在一般情况下，含水量越大，能量损失越小。这是因为水在滑坡运动过程中起着润滑剂的作用，使岩体的摩擦耗能小；对于高速启动的地震滑坡，在特殊情况下，水会被汽化成水蒸气，形成"气垫层"，使得滑坡体脱离地面悬浮前进，大大降低了地面的摩擦等作用。而当水的体积大于岩土的体积时，滑坡就变成泥石流，在运动过程中其能量几乎无损失。所以岩体含水程度越高，能耗越小。

（7）岩石坚硬程度：岩性特征决定了岩石本身的强度，硬岩岩体在运动过程中，主要发生弹性变形，当外力解除后，所储存的变形能可以转换为滑坡体的动能；软岩岩体在运动过程中，除了发生弹性变形外，还会出现塑性变形，外力解除后，变形能不能全部转换为滑坡体的动能。所以坚硬岩和较硬岩在滑动过程中能耗较小。

通过上述分析，结合现有知识结构，采用五级分区法，各评价因子对应于Ⅰ级、Ⅱ级、Ⅲ级、Ⅳ级、Ⅴ级五个级别的分级阈值，详见表4-1。

表4-1　影响因素及评价指标

等级	Ⅰ	Ⅱ	Ⅲ	Ⅳ	Ⅴ
滑坡水平运动距离	<200m	200~400m	400~600m	600~800m	>800m
岩体结构类型	整体结构	块状结构	层状结构	碎裂结构	散体结构
结构面性状	软夹泥，>5mm厚或张开度>10mm	滑面或夹泥，<5mm厚或张开度2.5~10mm	微粗糙，结构面张开度<2.5mm，严重风化	微粗糙，结构面张开度<0.5mm，弱风化	结构面非常粗糙，不连续，闭合
岩体完整性系数	>0.75	0.75~0.55	0.55~0.35	0.35~0.15	<0.15
岩体抗拉强度/MPa	1~10	10~15	15~20	20~25	25~30
岩体含水程度	饱水	湿润	潮湿	稍湿	干燥
岩石坚硬程度	坚硬岩	较硬岩	较软岩	软岩	极软岩

4.2.2.3 隶属函数的确定

针对不同的研究问题，原则上应采用不同形式的隶属函数，但在岩体工程的模糊分析中，各种隶属函数是等效的，无论选取哪一种隶属函数，在通常情况下，分析结果是一致的[318]。

现考察因素集合 $U=\{F_1，F_2，F_3，F_4，F_5，F_6，F_7\}$，评价等级集合 $V=\{$ I，II，III，IV，V$\}$（其中 I，II，III，IV，V表示能耗率评价等级）。

表4-2　能量转化率评价等级

评价等级	I 级	II 级	III 级	IV 级	V 级
能耗率 η	< 0.075	0.075~0.1	0.1~0.125	0.125~0.15	> 0.15
危害程度	极严重	严重	大	较大	中等

由表4-1知，选取的因素有定量指标和定性指标。对于定量指标，隶属函数值的确定原则为：当 x 位于区间（a_1，a_3）正中时，隶属函数值为1，区间外左右两个区域（$x \leq a_1$ 或 $x \geq a_3$）不受影响，隶属度为0。当 x 离开区间中点 a_2 向左或向右移动时，隶属函数值从1开始减少，直至减为0[319]（图4-8）。

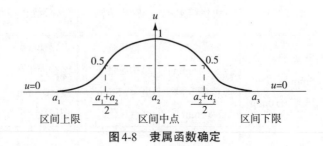

图4-8　隶属函数确定

根据上述原则，对定量指标可采用岭形分布来确定隶属函数公式。如滑坡运动距离 II 级（200~400m）时，a_1=200m，a_2=300m，a_3=400m，依此类推[见公式（4-4）]。

$$\mu(x) = \begin{cases} 0 & (x \leq a_1) \\ \dfrac{1}{2} + \dfrac{1}{2}\sin\dfrac{\pi}{a_2-a_1}\left(x - \dfrac{a_2+a_1}{2}\right) & (a_1 < x \leq a_2) \\ \dfrac{1}{2} - \dfrac{1}{2}\sin\dfrac{\pi}{a_3-a_2}\left(x - \dfrac{a_3+a_2}{2}\right) & (a_2 < x \leq a_3) \\ 0 & (x > a_3) \end{cases} \qquad (4\text{-}4)$$

对定性指标按一定准则做量化处理，可采用分级法来评定它们的模糊矩阵，即将因素分为5个级别：优（0.9）、良（0.7）、中（0.5）、差（0.3）、劣（0.1），并按赋值标准给出评定值，采用梯形分布函数，可取变化范围0.05，构建隶属函数。如描述"差（0.3）"，x位于0.25~0.35时，隶属度取1。故其对应的隶属函数中，$a_1=0.15$，$a_2=0.25$，$a_3=0.35$，$a_4=0.45$。其他隶属函数类推，见公式（4-5）。

$$\mu(x)=\begin{cases} 0 & (x \leq a_1) \\ \dfrac{x-a_1}{a_2-a_1} & (a_1 < x \leq a_2) \\ 1 & (a_2 < x \leq a_3) \\ \dfrac{a_4-x}{a_4-a_3} & (a_3 < x \leq a_4) \\ 0 & (x > a_4) \end{cases} \quad (4\text{-}5)$$

唐家山滑坡体的地层岩性为硅质岩和长石石英粉砂岩，层状结构，岩体较完整，节理较少且间距大。岩层面和节理面微粗糙，张开度 < 0.5mm，弱风化，岩体完整性系数为0.8，单轴抗压强度为60~100MPa，抗拉强度大约为21MPa，岩体处于干燥状态，滑动距离为340m（表4-3）。

表4-3 唐家山滑坡地质特征

评价因子	滑坡水平运动距离	岩体结构类型	结构面性状	岩体完整性系数	岩石抗拉强度	岩体含水程度	岩石坚硬程度
基本数据	Ⅱ	Ⅲ	Ⅳ	Ⅰ	Ⅱ	Ⅴ	Ⅰ

运用模糊综合评判法，通过计算得出模糊综合评判矩阵 $\boldsymbol{R}$。

$$\boldsymbol{R}=\begin{pmatrix} 0 & 0.75 & 0 & 0 & 0 \\ 0 & 0 & 1 & 0 & 0 \\ 0 & 1 & 0 & 0 & 0 \\ 1 & 0 & 0 & 0 & 0 \\ 0 & 0 & 0 & 0.9 & 0.1 \\ 0 & 0 & 0 & 0 & 1 \\ 1 & 0 & 0 & 0 & 0 \end{pmatrix}$$

4.2.2.4 因素权重分配

层次分析法的基本思想是把问题层次化，将一个复杂问题分解为各个组成因素，并将这些因素按支配关系分组，从而形成一个有序的递阶层次结构，并最终把系统分析归结为最底层（如决策方案层）相对于最高层（总目标）的重要性，或相对优劣次序进行权值确定。通过两两比较的方式确定层次中各因素的相对重要程度，然后综合确定决策因素权重的总排序[320-323]。

经过对地震滑坡各种资料、信息的分析和处理后，提取了与能耗率η有关的滑坡运动距离、岩体结构类型等7个因素，并将其作为准则层，与方案层的地质结构及地质作用建立层次结构模型[320-323]，如图4-9所示。

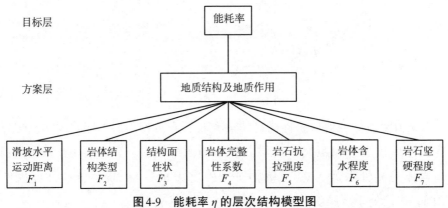

图4-9 能耗率η的层次结构模型图

根据层次结构模型，采用Satty等建议的引用数字1~9及其倒数作为标度[324]，逐项就任意2个评价指标进行比较，构成层次模型判别矩阵（表4-4）。计算判别矩阵每一行元素的乘积M_i：$M_i = \prod_1^n a_{ij}$（$i=1,\cdots,7$），M_i的n次方根$\overline{W}_i = \sqrt[n]{M_i}$，并对向量$\overline{W}$作归一化或正规化处理，即$W_i = \overline{W}_i / \sum_1^n \overline{W}_i$。

其中，a_{ij}表示F_i对F_j相对重要性，a_{ij}可取$1,2,\cdots,9$以及它们的倒数作为标度，含义见表4-5[312-324]。

表4-4 层次模型判别矩阵

A	F_1	F_2	F_3	F_4	F_5	F_6	F_7	W
F_1	1.00	1.50	1.64	1.80	2.25	3.00	3.60	0.257
F_2	0.67	1.00	1.09	1.20	1.50	2.00	2.40	0.171
F_3	0.61	0.92	1.00	1.10	1.38	1.83	2.20	0.157
F_4	0.56	0.83	0.91	1.00	1.25	1.67	2.00	0.143
F_5	0.44	0.67	0.73	0.80	1.00	1.33	1.60	0.114
F_6	0.33	0.50	0.55	0.60	0.75	1.00	1.20	0.086
F_7	0.28	0.42	0.45	0.50	0.63	0.83	1.00	0.071

表4-5 判别矩阵标度及其含义

标度值	含义
1	表示两个元素相比，具有同样重要性
3	表示两个元素相比，一个元素比另一个元素稍微重要
5	表示两个元素相比，一个元素比另一个元素明显重要
7	表示两个元素相比，一个元素比另一个元素强烈重要
9	表示两个元素相比，一个元素比另一个元素极端重要
2/4/6/8	表示上述相邻判断1~3、3~5、5~7、7~9的中值
倒数	表示元素 i 与 j 比较的判断值 a_{ij}，则元素 j 与 i 比较的判断值 $a_{ji}=1/a_{ij}$

对于判断矩阵 A：W=(0.257、0.171、0.157、0.143、0.114、0.086、0.071)^{T}，计算最大特征根 $\lambda_{\max}=\sum_{i=1}^{n}\dfrac{(AW)_i}{nW_i}$，得出 $\lambda_{\max}=7.00$，由 $CI=(\lambda_{\max}-m)/(m-1)=0.005$，$RI=1.32$，$CR=CI/RI=0.004<0.1$，满足一致性检验，故上述的特征向量 W 可作为权向量（表5-5），即权向量集为：$A=\{0.257、0.171、0.157、0.143、0.114、0.086、0.071\}$。

表4-6 评价指标权重值表

指标	滑坡水平运动距离	岩体结构类型	结构面性状	岩体完整性系数	岩石抗拉强度	岩体含水程度	岩石坚硬程度
权重值	0.257	0.171	0.157	0.143	0.114	0.086	0.071

4.2.2.5 模糊综合评判矩阵及模糊关系运算的确定

将评价指标量化取值后，就构造出了模糊综合评判矩阵 R。R 矩阵中每一行元素对应一个指标的单因素评判，每个计算单元对应一个具体的评判矩阵。

针对地震滑坡行程能量转化问题，由前面分析中可知，其影响因素众多，在评价时应该既考虑了主因素的作用，也考虑了次因素的作用，因此模糊关系合成运算 $B=A\cdot R$ 应采用加权平均型，即 $M(\cdot,+)$ 型，评判结果相对较为准确合理。

对能耗率等级综合评判结果为

$$B=A\cdot R \tag{4-6}$$

若 $b_{j_0}=\max\ (b_j)\ (1\leqslant j\leqslant 5)$，则判定综合评判为 j_0 级能耗率。

得出能耗率等级的结论后，提取能耗率 η 值就有了比较客观的依据，根据实际情况，可采取中值法。如Ⅱ级能耗率可采用 0.0875 作为参数值，依此类推。

参考前述因素权向量集 A={0.257，0.171，0.157，0.143，0.114，0.086，0.071}，通过模糊关系合成运算 $\boldsymbol{B}=\boldsymbol{A}\cdot\boldsymbol{R}$，得出模糊评判集 $\boldsymbol{B}$=（0.214，0.350，0.171，0.103，0.097），并根据最大隶属度原则，判定出能耗率为Ⅱ级，即 η 介于 0.075~0.1 之间，与实际情况较为吻合。采用 0.0875（0.075 和 1 的中值）作为能耗率计算值，滑坡体重力势能转化为动能的转换率即为 0.9125。

4.2.3 滑坡体与泥砂层碰撞机制分析

对于高速岩质滑坡体而言，滑坡体的碰撞方式、碰撞强度和能量耗散程度等对整个滑坡体的制动起到最主要的影响。对于唐家山滑坡而言，与河床泥砂层和对岸山体的碰撞是堰塞坝形成的关键因素。

唐家山滑坡体启动后，滑坡体前缘首先与河床泥砂层发生碰撞冲击，使得水体和泥砂物质获得巨大的动能，随着滑坡体的下滑，其重力势能不断转化为动能，使得泥砂层速度不断增大，先于或者与滑坡体前缘一起冲向对岸斜坡并爬高。由于滑坡体与河床泥砂层相互作用时间较长，可以把整个过程当作一个准静态过程（等熵过程）处理，即物体任何一部分受到的作用力相等。此外滑坡体的刚性远远大于泥砂层，整个碰撞过程可以视为一个刚块撞击黏土块，黏土块粘在刚块前部一起向前运动的过程。在滑坡体与对岸山体碰撞前，滑坡体整体发生完全弹性变形。由于唐家山滑坡启动时就直接推挤河床泥砂层（图 4-10），当河床右岸侧泥砂层受到滑坡体推挤压力，而左岸侧又受到对岸山体的横向约束，饱水松散泥砂介质孔隙中的水体向上排出，泥砂颗粒骨架发生压密并接触嵌合。当颗粒骨架不可压缩，河床中的水体、泥砂物质与滑坡体达到共同速度，一起迅速冲向对岸山体，当滑坡体接触到对岸山体的瞬间，被加速形成的水汽浪和泥砂流沿山体表面继续高速向上运动，将斜坡植被一扫而光。由于滑坡体速度较大，掠过河床的时间仅为几秒钟，泥砂层被挤出的水和河床的水未及时地向上下游流动，就被滑坡体裹挟，这一过程可忽略水体的损失。

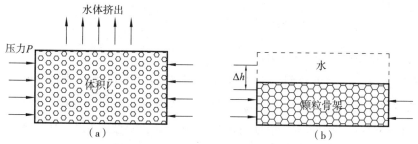

图 4-10 泥砂介质被压密过程示意图

设滑坡体质量为 m_1，滑坡体启动速度为 v_1，滑坡体重心落差为 h，滑坡底滑面长度为 l_1，倾角为 α，摩擦系数为 f_1，滑坡体内部碰撞解体能耗率为 η，饱水泥砂层质量为 m_2，河床水体质量为 m_3，河床底滑面长度为 l_2，摩擦系数为 f_2，滑坡体与泥砂层的共同速度为 v_2，由动能定律可得

$$\frac{1}{2}m_1v_1^2 + (1-\eta)m_1gh - f_1m_1g\cos\alpha l_1 = \frac{1}{2}Mv_2^2 + f_2Mgl_2 + W \tag{4-7}$$

式中，$M=m_1+m_2+m_3$；W 为滑坡体将泥砂层压实所做的功，大致等于泥砂层从饱水状态到硬塑状态所含水量在挤出过程中水体重力势能的增加。

$$W = (w_1 - w_2)m_2g\Delta h \tag{4-8}$$

式中，w_1，w_2 分别为泥砂层受到滑坡体碰撞作用前后的含水量；Δh 为水体上升高度。

根据表 4-7 中的泥砂层的物理试验结果，由土力学公式，泥砂层饱水时含水率 w_1 为

$$w_1 = \frac{S_r}{G_s}e_1 = \frac{S_r}{G_s}\left(\frac{G_s\rho_w}{\rho_d} - 1\right) \tag{4-9}$$

式中，S_r 为饱和度；G_s 为颗粒密度；e_1 为原始孔隙率。由于泥砂层处于饱水状态，$S_r = 1$。

$$e_1 = \frac{G_s\rho_w}{\rho_d} - 1 \tag{4-10}$$

式中，ρ_d 为泥质粉细砂的干密度；ρ_w 为水的密度。

泥砂层被压缩到不可压缩状态后，才会与滑坡体达到共同速度一起运动，即泥砂层处于硬塑或者坚硬状态时，泥砂层才会开始运动，则压缩后含水率 $w_2=w_塑$，$w_塑$ 为泥砂的塑限。

泥砂层饱水质量 m_2 为

$$m_2 = \rho_{sat} V_2 = \frac{\rho_s + e_1 \rho_w}{1 + e_1} V_2 = \frac{\rho_w (G_s + e_1)}{1 + e_1} V_2 \tag{4-11}$$

式中，V_2 为饱水泥砂层的体积。

根据唐家山滑坡前资料（图4-11），河面宽为100~130m，水深4m，河床泥质粉细砂厚度为21m。滑坡形成堰塞坝后，从通口河右岸向左岸，河床泥砂层厚度由8m逐渐变为15.7m。根据滑面峰残降理论，斜坡失稳滑动后，底滑面摩擦系数降为天然摩擦系数的40%~50%[31,325]。由于唐家山滑坡底滑面主要由岩层面构成，考虑到楔入岩块等的顺层滚动和转动摩擦效应，计算时，底滑面摩擦系数取结构面天然摩擦系数的40%。由于滑坡运动时，地震的持续振动有可能造成河床泥砂出现砂土液化，使得其强度大大降低，这里河床底滑面的摩擦系数取泥砂饱和快剪强度参数，相关计算参数见表4-7。

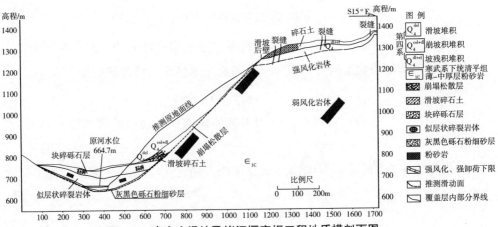

图4-11　唐家山滑坡及堵江堰塞坝工程地质横剖面图

表4-7　模型计算参数

名称	参数	名称	参数	名称	参数
滑坡体密度 / (kg/m³)	2650	单位宽度水体质量 m_3/kg	525000	河床底滑面摩擦系数 f_2	0.21
单位宽度滑坡体积 /m³	59869	滑坡启动速度 v_1 /(m/s)	1.06	河床底滑面长度 l_2/m	138
单位宽度滑坡体质量 m_1/kg	1.587E+08	滑坡体重心落差 h/m	268	泥砂层初始含水量 w_1	17.63%

续表

名称	参数	名称	参数	名称	参数
泥砂层饱水密度 /(kg/m³)	1455	斜坡底滑面摩擦系数 f_1	0.34	泥砂层受到滑坡体碰撞作用后的含水量 w_2	14.03%
单位宽度泥砂层体积 V_2/m³	1953	斜坡底滑面长度 l_1/m	980	水体上升高度 Δh/m	3.37
单位宽度泥砂层饱水质量 m_2/kg	2.842E+06	斜坡底滑面倾角 α /(°)	50	能耗率 η	0.0875

经过计算，当滑坡体与山体碰撞的瞬间，滑坡体与泥砂的共同速度为 v_2=28.0m/s。

当泥砂碰撞山体斜坡后，由于惯性作用还会沿斜坡坡面继续上冲，由动能定律有

$$\frac{1}{2}m_2v_2^2 = \frac{1}{2}m_2gh_{升} + f_3m_2g\cos\beta\frac{h_{升}}{\sin\beta} \tag{4-12}$$

式中，f_3 为泥砂流与对岸山体斜坡面的摩擦系数；$h_{升}$ 为泥砂层上冲最大高度；β 为对岸山体斜坡坡度。由于泥砂流中包裹大量的水汽，在高速运动中表现出近似流体的特性，当其在元和坝斜坡面运动时，其摩擦系数几乎为零（见表4-8）。

由式（4-12）可以得到

$$h_{升} = \frac{v_2^2}{g(1 + 2f_3\,\mathrm{ctg}\,\beta)} \tag{4-13}$$

表4-8 模型计算参数

名称	参数	名称	参数	名称	参数
泥砂流初始速度 v_2/(m/s)	28	山体斜坡面摩擦系数 f_3	0	斜坡底滑面倾角 β/(°)	30

经过计算，可得 $h_{升}$=78.4m，泥砂层实际到达的最高高度为80m，可见计算结果与实际较为吻合。

4.2.4 与对岸山体碰撞冲击机制分析

对于物体的碰撞问题，Love（1952）和 Hunter（1956）分别用不同的方法

证明，只要碰撞作用时间 T 与作用于系统的力脉冲周期 $2t$ 相比很短，在撞击过程中力的变化就主要按准静态方式变化，即只要撞击速度与碰撞体的弹性波速相比很小，则用准静态方法求解弹性撞击过程中的接触应力是合理的。即使当塑性变形发生时，这个条件仍然可行。Johson 认为，$T/(2t) \approx 0.3\,(v/c_0)^{3/5}$，其中 v 为撞击速度，c_0 为弹性波速[1, 325]。

如前所述，唐家山滑坡为一大型高速岩质滑坡，撞击时的瞬时速度为28m/s，而长石石英砂岩的弹性波速约为2202m/s的，经计算，$T/(2t)$ 仅为2.19%，故可用准静态方法研究该碰撞问题。故这里的"高速"仅针对于滑坡领域而言。对于碰撞过程首先做以下基本假设[325-327]：

①由于碰撞力比非碰撞力（重力、摩擦力等）大得多，不计非碰撞力；

②由于碰撞作用时间极短，以致相互碰撞的物体在空间还来不及发生显著的位移，碰撞过程已告终结，所以不考虑碰撞过程中物体的位移；

③滑坡体为一个弹塑性的薄板，端部平直，对岸山体为刚性块体，滑坡与对岸山体发生了正碰撞；

④滑坡体碰撞的变形过程为不可压缩的塑性流动。

根据假设条件，滑坡体与刚性山体的碰撞过程，与杆件单轴压缩的过程极为相似，所以弹塑性波理论能够较好地解释滑坡体与刚性山体的碰撞过程，并给出合理的碰撞应力。

4.2.4.1 冲击碰撞应力波

当岩体突然受到强冲击外力作用时，外力使岩体产生应力和应变，应力或应变在物体中的传播形成了应力波。如图4-12（a）所示，设滑坡体（薄板）初始和撞击变形后的横截面积分别为 A_0 和 A_1，薄板的初始长度为 L。当滑坡体（薄板）以瞬时速度 v_2 垂直地撞上刚性山体，撞击界面上的压力猛增到岩体的弹性极限，于是一个弹性压缩波以速度 C_0 向滑坡体尾部传播，波阵面上的应力幅值为岩体的动屈服极限 $\sigma_{y,D}$。当撞击界面上的压力继续增加超过了岩体的弹性极限进入到塑性范围，滑坡体头部便产生碰撞塑性区，于是一个塑性波以速度 C_P 向滑坡体尾部传播，如图4-12（b）所示。由于塑性波的速度小于弹性波的，所以塑性波处于弹性波后方。根据滑坡体为理想弹塑性的假设条件，塑性区内的应力也是 $\sigma_{y,D}$。

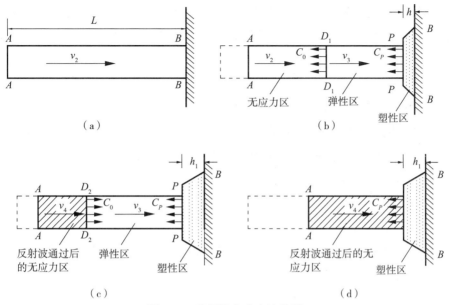

图4-12 薄板撞击应力波传播

在图4-12（b）中，当弹性波阵面到达 D_1—D_1 截面，在弹性区（D_1-P）中，质点运动速度 v_3 为[328,329]

$$v_3 = v_2 - \frac{\sigma_{y,D}}{\rho C_0} \tag{4-14}$$

式中，$C_0 = \sqrt{E_d/\rho}$，E_d 为岩体的动弹性模量；ρ 为岩体的密度。

弹性波阵面前方是无应力区（A-D_1），该区域中的滑坡体仍以 v_2 的速度向刚性山体运动。当 $t=L/C_0$ 时，弹性波到达滑坡体尾端，发生反射拉伸波，波阵面往回传播，如图4-10（c）所示。这时滑坡体分为三个区域：A-D_2，D_2-P，P-B。其中 A-D_2 是反射拉伸波通过的区域，处于无应力状态，质点的运动速度进一步减小为

$$v_4 = v_3 - \frac{\sigma_{y,D}}{\rho C_0} = v_2 - \frac{2\sigma_{y,D}}{\rho C_0} \tag{4-15}$$

D_2-P 是入射弹性波通过的区域，该区域滑坡体的运动速度仍是 v_3。P-B 是静止的塑性变形区，一直等到反射弹性波的波阵面到达弹塑性界面，这一阶段才完全结束。随着塑性区的进一步扩大和滑坡体总长度的进一步缩短，滑坡体此时相当于以 v_4 的速度对弹塑性界面进行了一次新的撞击。新的撞击将产生新的弹性压缩波并反射新的反射拉伸波，弹塑性界面也向左移动，滑坡体长度也

再次缩短。如此反复，在每一次新的撞击后，滑坡体的撞击速度也逐渐降低，依次用 $v_2, v_4, v_6, \cdots, v_{2n}$ 来表示每一次撞击时的瞬时速度，则有

$$v_{2n} = v_2 - \frac{2(n-1)\sigma_{y, D}}{\rho C_0} \qquad (n=1, 2, 3, \cdots) \qquad (4\text{-}16)$$

n 达到一定数量时，$v_{2n}=0$，滑坡体动量为零，撞击停止。滑坡体的中后部仍然是弹性的，而撞击塑性区则发生了永久变形，如图4-10（d）所示。为了确定弹塑性交界面的扩展速度（即塑性波速）以及塑性区的范围，还需要补充撞击过程的基本方程组。

4.2.4.2 冲击碰撞控制方程组

滑坡体与刚性山体的"瞬间撞击-刹车制动"过程实质上是由于撞击产生的弹性压缩波的在滑坡体首尾来回反射，使得滑坡体每次的撞击速度逐渐降低的过程，实际上该过程是不连续的。但由于弹性波速度 C_0 很大，弹性波往返一次所需时间很短，在这样短的时间内塑性区的扩张速度变化很小，滑坡体长度变化也很小，为了方便问题的处理，把分段进行的不连续过程近似看成连续的过程[328,329]。

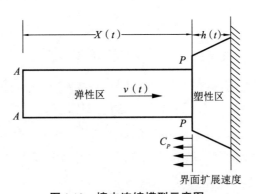

图4-13　撞击连续模型示意图

如图4-13所示，假设 $h(t)$ 是弹塑性交界面和刚性壁面的距离，$X(t)$ 是滑坡体弹性区的长度，C_P 是弹塑性交界面向左扩张的速度，$v(t)$ 是无应力区向前的运动速度。弹性波在 A-P 间往返一次所需要的时间是

$$\Delta t = \frac{2X}{C_0} \qquad (4\text{-}17)$$

在这段时间内，塑性区和弹性区的增量分别为

$$\Delta h = C_P \Delta t \tag{4-18}$$

$$\Delta X = -(v + C_P)\Delta t \tag{4-19}$$

而滑坡体的速度变化是

$$\Delta v = \frac{2\sigma_{y,D}}{\rho C_0} \tag{4-20}$$

由式（4-18）和式（4-19）得

$$\frac{\Delta h}{\Delta t} = C_P \tag{4-21}$$

$$\frac{\Delta X}{\Delta t} = -(v + C_P) \tag{4-22}$$

式中，Δv 为由于弹性波往返一次弹性区的质点速度减小量，由式（4-17）和式（4-20）得

$$\frac{\Delta v}{\Delta t} = -\frac{\sigma_{y,D}}{X\rho} \tag{4-23}$$

因为 Δt 的时间间隔取的极小，可以将弹性波在弹塑性交界面与滑坡体末端之间的往返过程视为连续过程，按导数定义将式（4-21）、式（4-22）和式（4-23）分别变为

$$\frac{\mathrm{d}h}{\mathrm{d}t} = C_P \tag{4-24}$$

$$\frac{\mathrm{d}X}{\mathrm{d}t} = -(v + C_P) \tag{4-25}$$

$$\frac{\mathrm{d}v}{\mathrm{d}t} = -\frac{\sigma_{y,D}}{X\rho} \tag{4-26}$$

式（4-24）~式（4-26）包含 $h(t)$，$C_P(t)$，$v(t)$ 和 $X(t)$ 4个未知数，为了得到确定的解，还必须补充另外的方程如变形连续方程，动量冲量方程等。

在 $\mathrm{d}t$ 时间内，有一段截面为 S_0，长度为 $(C_P + v)\mathrm{d}t$ 的弹性区材料压入了塑性区，变成截面为 S，长度为 $C_P \mathrm{d}t$ 的塑性区材料，根据体积不变得到连续方程

$$S_0(C_P + v) = SC_P \tag{4-27}$$

在 $\mathrm{d}t$ 时间内，有质量 $\rho S_0(C_P + v)\mathrm{d}t$ 的物质以速度 v 进入塑性区域，动量是 $\rho S_0(C_P + v)\mathrm{d}t \cdot v$，这些动量转化为塑性区中压缩应力（$\sigma_{y,D}$）的合力增量。在 $P—P$ 截面上原有的压缩应力合力是 $\sigma_{y,D}S_0$，经过 $\mathrm{d}t$ 时间 $P—P$ 截面上合力变为 $\sigma_{y,D}S$，所以压缩应力的合力增量为 $\sigma_{y,D}(S - S_0)$，它在 $\mathrm{d}t$ 时间内的冲量为

$\sigma_{y,D}(S-S_0)\mathrm{d}t$。因此动量、冲量方程为

$$\rho S_0(C_P+v)v=\sigma_{y,D}(S-S_0) \tag{4-28}$$

根据上面式（4-24）~式（4-28）5个方程可以得到$h(t)$，$C_P(t)$，$v(t)$，$X(t)$和$S(t)$ 5个未知数的解。初始条件为：当$t=0$时，$v=v_2$，$X=L$，$h=0$，$S=A_0$。终止条件为：当$t=t_2$时，$v=0$，$X=L_2$，$h=h_2$，$S=A_1$，$C_P=0$。

4.2.4.3 方程组的解

根据式（4-27）有

$$C_P=\frac{S_0}{S-S_0}v \tag{4-29}$$

将式（4-29）代入式（4-28），消去C_P，得到v和S的关系

$$\frac{\rho v^2}{\sigma_{y,D}}=\frac{(S-S_0)^2}{SS_0}=\frac{S}{S_0}+\frac{S_0}{S}-2 \tag{4-30}$$

代入初始条件，当$v=v_2$时，$S_0=A_0$，式（4-30）变为

$$\frac{\rho v_2^2}{\sigma_{y,D}}=\frac{S}{S_0}+\frac{S_0}{S}-2 \tag{4-31}$$

解出S/A_0得

$$\frac{S}{A_0}=\lambda+1+\sqrt{\lambda^2+2\lambda} \tag{4-32}$$

其中

$$\lambda=\frac{\rho v_2^2}{2\sigma_{y,D}} \tag{4-33}$$

在式（4-29）、式（4-30）中，用S/S_0表示C_P和v，于是有

$$C_P=\frac{v_2\sqrt{S_0/S}}{\sqrt{2\lambda}} \tag{4-34}$$

$$v=\frac{v_2\sqrt{S_0/S}}{\sqrt{2\lambda}}(S/S_0-1)$$

从式（4-25）和式（4-26）中消去$\mathrm{d}t$，得

$$\frac{\mathrm{d}v}{\mathrm{d}X}=-\frac{\sigma_{y,D}}{\rho X(C_P+v)} \tag{4-36}$$

对上式积分，代入初始条件：$t=0$，$v=v_2$，$X=L$，确定积分常数后整理得到

$$\frac{\sigma_{y,D}}{\rho}\ln\frac{X}{L}=\frac{1}{2}(v^2-v_2^2)+C_P(v-v_2) \tag{4-37}$$

再利用终止条件：$t=t_2$，$v=0$，$X=L_2$，由式（4-36）求得

$$\frac{1}{2}v_2^2 + C_P v_2 = \frac{\sigma_{y,D}}{\rho}\ln\frac{L}{L_2} \tag{4-38}$$

塑性区最终长度 h_2，于是得到整个过程所需要的时间 t_2 为

$$t_2 = \frac{h_2}{C_P} \tag{4-39}$$

而滑坡体尾端在同一时间 t_2 内，一共移动了 $(L - L_2 - h_2)$ 的距离，如果将滑坡体运动看成等减速运动，其平均速度是 $v_0/2$，所需时间是

$$t_2 = \frac{L - L_2 - h_2}{v_2/2} \tag{4-40}$$

从上面两式中消去 t_2，得塑性波的平均速度为

$$C_P = \frac{h_2 v_2}{2(L - L_2 - h_2)} \tag{4-41}$$

将此近似值代入，得

$$\frac{2\sigma_{y,D}}{\rho v_2^2} = \frac{L - L_2}{(L - L_2 - h_2)\ln(L/L_2)} \tag{4-42}$$

根据唐家山滑坡前资料和滑坡后地质调查（图4-9），滑坡体撞击到元和坝山体时，急速刹车制动，在 $10^{-3} \sim 10^{-2}$ s 的时间内速度降为零。由于唐家山堰塞坝体以似层状结构岩体为主，完整性较好，若假定滑坡体碰撞时仍然为弹性，则碰撞前滑坡体弹性区的平均长度 L 为 454.6m，平均厚度为 131.7m。碰撞后滑坡体弹性区的平均长度 L_2 为 405.5m，平均厚度 131.7m。由于滑坡体在碰撞以后进一步爬高，使得塑性区岩体爬高后反转覆盖于堰塞体之上，因而碰撞发生后塑性区长度无法测到。设塑性区长度与滑坡体长度的比值为 Q_{cr}，根据断裂力学理论和大量岩石单轴压缩试验资料，滑坡体碰撞断裂稳定扩展和失稳扩展起始点的 Q_{cr} 分别为 6% 和 10%[330]。采用 6%，6.5%，7%，…，10% 作为 Q_{cr} 的值来进行计算，将相关参数代入式（4-42），求滑坡体的动屈服极限强度，计算参数见表4-9，计算结果见表4-10。

表4-9 动屈服强度计算参数

名称	参数	名称	参数
滑坡体密度 ρ /（kg/m³）	2650	碰撞前滑坡体弹性区平均长度 L/m	454.6
滑坡体撞击瞬时速度 v_2/m³	28	碰撞后滑坡体弹性区平均长度 L_2/m	405.5

表 4-10　动屈服极限强度计算结果

塑性区长度与滑坡体长度的比值 Q_{cr}	滑坡体动屈服极限强度/MPa
0.06	39.88
0.065	44.38
0.07	50.05
0.075	57.37
0.08	67.19
0.085	81.07
0.09	102.18
0.095	138.16
0.1	213.24

由前面的假设条件，滑坡体碰撞变形可以近似为岩石试件的单轴压缩，因此可以通过岩石单轴压缩强度来估算滑坡体动屈服极限强度。根据岩石力学相关理论，岩石试件尺寸越大，岩块强度越低，表现出明显的尺寸效应或结构效应。大尺寸试件包含的细微结构面比小尺寸试件多，结构也复杂一些，因此岩石试件的破坏概率也大。另外，试件的高径比对岩块强度也有明显的影响。一般来说，随高径比增大，岩块强度降低。在试件尺寸不标准时，必须采用经验公式来修正室内岩石物理力学试验的结果。美国材料与实验学会提出用式（4-43）修正：

$$\sigma_c = \frac{\sigma_{cr}}{0.778 + \dfrac{0.222}{h_c/D}} \qquad (4\text{-}43)$$

式中，h_c 为试件的高度；D 为试件的直径或者边长；σ_{cr} 为任意尺寸试件的单轴抗压强度；σ_c 为高径比为1的试件的单轴抗压强度。

根据室内岩石试验得到，长石石英砂岩的单轴抗压强度为60~100MPa，滑坡体的高径比为3.45。由式（4-43）计算得到，滑坡体的动屈服极限强度为50.54~101.08MPa。将结果与表4-11中的数据进行比较，可见塑性区长度与滑坡体长度的比值 Q_{cr} 处于7%~9%之间。由式（4-16）可得弹性波在滑坡体中往返运动了2次，才使得滑坡体停止。

4.3 碰撞过程中滑坡体塑性区的热力学状态

滑坡体在高速碰撞过程中，应力波压缩使得材料的热力学状态由撞击前的常温-常压初始状态跃变为撞击后的高压-高温状态。前端塑性区岩体材料的温度由撞击前的几百开尔文变为几千开尔文，致使碰撞塑性区内岩体材料发生相的转变，熔化或汽化等。从同一初始状态出发，经过不同的冲击波压缩达到终态的集合称为冲击绝热线。冲击绝热线反映了冲击波后热力学状态量之间的内在联系，包含了材料受冲击压缩后达到的热力学平衡态的性质。原则上，冲击波后任意两个状态参量之间的关系都可以称为冲击绝热线，如P-V曲线。这些表明冲击波性质的一对参量曲线称为冲击波 Hugoniot 曲线[328]。

冲击绝热线不是一条过程曲线，从图 4-14 的初始状态$A(P=0, V=V_0)$出发，经过不同的冲击波达到的终态是不同的。终态轨迹的集合就是图 4-12 中冲击绝热线ABH。从初态到终态的跃迁是在冲击波阵面内完成的，虽然初态和冲击波阵面后的终态均处于热力学平衡态，但是从初态到终态的中间状态不一定是热力学平衡态。因此从始态A到终态H的冲击压缩过程不是沿着曲线ABH进行的，而是从A跃迁到H。曲线ABH就是 Hugoniot 线，直线AH称为 Releigh 线。

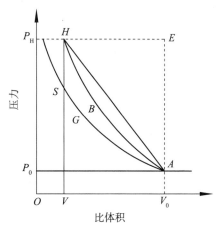

图 4-14 冲击绝热线的初态和终态

热力学状态总是满足以下关系：

$$f_1(P, V, E) = 0 \text{ 或者 } f_2(V, E, T) = 0$$

式中，P、V、E、T分别为固体物质的压力、比体积、内能和温度。一旦确定了函数 f 的具体形式，冲击压缩中的各个状态量即可确定。由于固体分子紧密地排列在晶体中，分子间相互作用力很强，因此外力压缩功一部分转化为晶格振动的热能，一部分转化为分子间的势能。晶格振动的热能依赖于比体积和温度，用E_T表示。在热力学零度时，$E_T=0$；分子间的势能也称为冷能，用E_K表示，它只取决于比体积，在热力学零度时，外力冲击压缩变形功可以全部转化为冷能，也就是弹性应变能。两者的表达式如下：

$$\begin{cases} E_K = E_K(V) \\ E_T = E_T(V, \ T) \end{cases} \tag{4-44}$$

与上面两种内能相对应的压强也可分为冷压与热压两部分，即 P_K 与 P_T，同样，冷压 P_K 只是比体积的函数，热压 P_T 是比体积和温度的函数：

$$\begin{cases} P_K = P_K(V) \\ P_T = P_T(V, \ T) \end{cases} \tag{4-45}$$

而总比能、总压分别等于上述两部分之和，它们分别是

$$E_H = E_K(V) + E_T(V, \ T) \tag{4-46}$$

$$P = P_K(V) + P_T(V, \ T) \tag{4-47}$$

按照 Rankin-Hugoniot 能量关系，有

$$\Delta E = E_H - E_0 = \frac{1}{2}(P + P_0)(V_0 - V) \tag{4-48}$$

若将滑坡体撞击前的热力学状态作为初态，以初态内能作为零势能点，撞击后的热力学状态作为滑坡体的终态，根据上一小节的分析和计算，可确定单位宽度滑坡体初态和终态的热力学物理量，由式（4-48）计算可得单位宽度滑坡体的内能增加量，见表4-11。

表4-11   滑坡体内能增加量

撞击初态容积 V_0/m^3	撞击终态容积 V/m^3	撞击终态压力 P/MPa	滑坡体内能增加量 $\Delta E/J$
59869	52739	50.05	1.64E+11
59869	52739	57.37	1.88E+11
59869	52739	67.19	2.20E+11
59869	52739	81.07	2.65E+11
59869	52739	102.18	3.34E+11

由表4-11可见，滑坡撞击瞬间使得滑坡体内能增加范围为（1.64~1.88）×10^{11}J。滑坡体撞击后，由于滑坡体内部岩体温度的跃升，使得岩石以传导传热和辐射传热两种形式与外界进行热交换。其交换过程中的能量转换与守恒服从热力学原理。热交换导致了岩石力学性质的变化，从而又对应力波的传播以及滑坡体后续运动产生影响[297]。

4.4 各类型高速滑坡制动机制类型与相应的地质结构

斜坡失稳启动后，滑坡体的滑动过程其实就是一个释能过程。滑坡体经过加速达到最大速度后，受摩擦和撞击作用等，持续减速而最终停积，实质上就是一个完整的制动过程。因此，制动机制不仅决定了滑坡体释能的方式和充分程度，并且也决定了滑坡堆积体的停积方式与稳定程度[29,331-334]。

对于层状岩质斜坡，低速滑坡制动机制分为以下两种类型。

（1）缓滑暂稳型。

以滑移-拉裂型的缓倾外层状岩质滑坡最典型。由于滑面倾角与滑面动（残余）摩擦角大小相近，受雨季影响，滑面强度降低而发生蠕滑变形；旱季滑面强度回升制动而处于暂时稳定状态。这类滑坡对环境因素的变化非常敏感，通常滑坡体启动速度较慢，属于慢速滑坡[238,273]。

该制动机制对应的堆积体地质结构为骨架-空隙结构。该结构表现为大块石所占比例大，细粒土和碎块石很少甚至没有，密度较小，大块石互相嵌锁形成骨架，以面-面接触方式为主，但细粒物质过少容易在块石之间形成空隙，该结构内摩擦角较高，但黏聚力较低，稳定性较好。

（2）空间结构约束型。

滑坡启动后，如其滑动方向上受到地形起伏和侧边界凸起的阻挡或滑面尚未贯通部位的约束而受限制动，使滑坡体在未能充分释能的状况下受阻停积。这类滑坡体中存在类似于土拱作用的支撑结构。滑坡体的稳定性取决于这些支撑结构的强度和稳定性，如果支撑结构遭到破坏，则将导致局部或者整体复活形成崩滑[29,331-335]。

该制动机制对应的堆积体地质结构与原始斜坡一致，因为没有经过行程过程中的碰撞和摩擦，岩体完好，处于斜坡变形-蠕滑阶段。

对于层状岩质斜坡，高速滑坡制动机制可以分为以下三种类型。

（1）势能充分释放型。

对于启程高速的滑坡，若山谷地形和滑坡体内部结构均无约束其运动的条件，滑坡体的行程路径将会很远，即所谓的远程滑坡。运动过程中滑坡体减速，释放能量的主要方式为与地面或阻挡物的碰撞和摩擦，以及岩体内碰撞、碎裂解体等。滑坡体在行程阶段转化为干石流，或者遇水转化为碎屑流，是能量充分耗散型的一种特殊形式。

该制动机制对应的滑坡堆积体地质结构为粘结-密实散粒结构。该结构表现为物质颗粒较细，密度大，黏土或者岩屑包裹碎块石，使其无法互相嵌合形成骨架，该结构具有较低的内摩擦角和黏聚力，自身稳定性差。

（2）水压力消散型。

滑坡主要因孔隙水压力或动水压力跃增而失稳，滑坡体也可能高速启动。但随着运动过程中不断地碰撞和摩擦，滑坡体持续解体和增温，空隙水压力或动水压力得以消散，滑坡体抗滑能力回升而使滑坡体制动。该类滑坡若不继续受外力侵扰，则具有较高的整体稳定性。如果重新遭受足够的空隙水压力或动水压力的驱动，则可能再度复活。地下水驱动的平推式和滑移-弯曲型滑坡为该类滑坡的典型代表。

该制动机制对应的堆积体地质结构为悬浮-解体巨块石结构。该结构表现为大块石被次级块体和松散土体所分隔，碎块石不能直接互相嵌合形成骨架或者只能以点接触构架，该结构具有较高的黏聚力，但内摩擦角较小，稳定性较差。

（3）高速强夯型。

以陡倾外层状岩质斜坡中发生大规模的拉裂-滑移型滑坡和反倾坡内层状斜坡的倾倒-崩塌最典型。由于强降雨或者地震作用，岩体内拉裂面迅速形成并扩展，拉裂面与岩层面等结构面连通，岩体锁固段突然剪断后，滑坡体或崩落体高速滑出。在与河床和对岸山体发生强烈碰撞后，极短时间内急速"刹车"制动，势能瞬间转化为堰塞坝的内能，而原始斜坡岩体结构未遭到完全破坏。其特点为：高速启动，强烈碰撞，急速刹车制动，结构较完好。唐家山堰塞坝就是该类型的典型代表。

该制动机制对应的堆积体，表层与内部的地质结构特征存在较大差异。表层一般为松散碎石土物质的悬浮-散粒体结构；而堆积体内部结构为密实型，表现为具有一定原始斜坡结构，较多数量的块石形成空间骨架，相当数量的细粒物质填充骨架间的空隙形成连续级配，这种结构不仅内摩擦角高，黏聚力也较高，呈弱-微透水性，稳定性好。

4.5 唐家山高速滑坡动力学过程数值模拟

通用离散元程序（Universal Distinct Element Code，UDEC）是一个处理不连续介质的二维离散元程序，它将不连续面处理为块体间的边界面，不连续介质通过离散的块体集合体加以表示。UDEC允许各离散块体发生平动、转动，甚至完全脱离，并在计算过程中，自动识别新的接触面，这便弥补了有限元法或边界元法对介质连续和小变形的限制。

UDEC主要用于岩石边坡的渐进破坏研究及评价岩体的节理、裂隙、断层、层面对地下工程和岩石基础的影响，它不仅能方便地模拟静载或动载条件下非连续体（如节理岩体）的运动，还可以模拟地震波在岩体中的传播规律。对于动态计算，用户指定的速度或应力波可作为外部的边界条件或者内部激励直接输入到模型中，具有反映真实地震作用时间和岩块的非连续大变形的优点[306, 336-338]。

4.5.1 输入地震波选取

参考汶川地震主震峰值加速度（PGA）和场地加速度分布图（图4-15，图4-16），唐家山场地加速度区间为287~547g（$1g=1×10^{-2}$ m/s²）。对汶川主震加速度时程曲线进行基线校正，用低通频率过滤法滤去频率大于10Hz的部分，得到持续时间为60s、地震烈度XI度的修正输入时程曲线（图4-17）。在计算前，通过快速拉格朗日法（FFT）对输入加速度时程曲线的功率频谱进行计算（图4-18），该功率频谱可以说明输入地震动的统计频谱特性。在龙门山地区，PGA超过0.2g的地段，地震滑坡灾害极其发育[339]。模拟中最大输入加速度时程曲线为5.47m/s²，远远超过了0.2g的限度，因此输入地震波加速度时程曲线可以真实地模拟唐家山斜坡变形破坏-失稳-运动全过程。

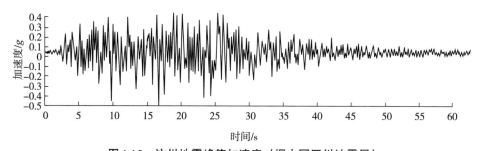

图4-15 汶川地震峰值加速度（据中国四川地震局）

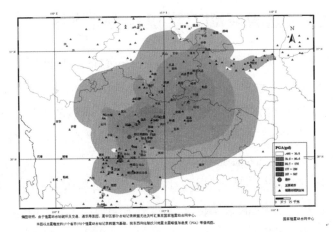

图4-16 汶川地震主震峰值加速度分布图（据中国四川地震局）

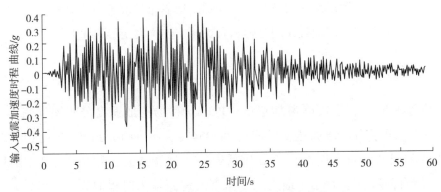

图4-17 模拟输入地震波加速度时程曲线

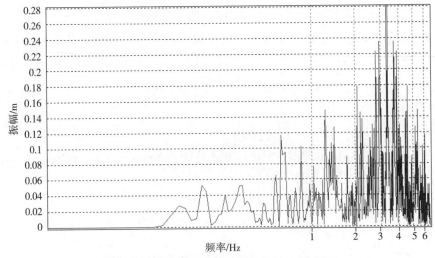

图4-18 加速度频谱特性曲线（用10Hz过滤）

4.5.2　UDEC模型建立及参数取值

以唐家山滑坡原始地面的地质剖面为原型，建立数值计算模型（图4-19）。模型底边长1714m，左侧边界高364m，右侧边界高830m。滑坡体岩性统一概化为强风化砂岩，滑床基岩岩性统一概化为弱风化砂岩，不连续接触面主要是岩层面和节理面。斜坡岩体和结构面岩石物理力学参数由堰塞坝体岩块的室内试验及经验值综合取值，见表4-12和表4-13。在滑坡体内设置6个监测点（编号为1~6），用以监测唐家山滑坡体各部位随地震历时的速度和位移变化情况。

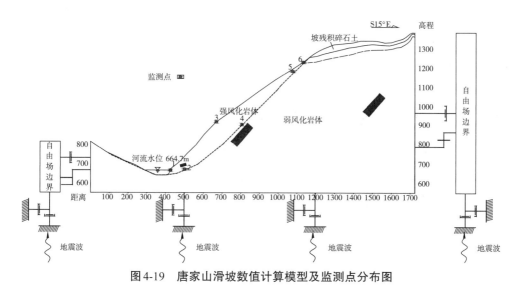

图4-19　唐家山滑坡数值计算模型及监测点分布图

由于结构面的法向刚度K_n和切向刚度K_s无法现场试验获取，根据UDEC手册，取"最硬"接触岩块等效刚度的10倍，即

$$K_n \text{和} K_s \leqslant 10 \left[\max \left(\frac{K + \frac{4G}{3}}{\Delta z_{\min}} \right) \right] \qquad (4\text{-}49)$$

式中，K为"最硬"岩块的体积模量；G为剪切模量；$\Delta z_{\min}$为结构面法向方向上离散岩块的最小尺寸[306]。

表4-12　斜坡岩石物理力学参数

材料名称	天然密度 ρ /(kg/m³)	黏聚力 c /MPa	内摩擦角 φ /(°)	体积模量 K /GPa	剪切模量 G /GPa
坡残积层（碎石土）	1500	0.02	38	1.25	0.58
强风化岩体	2650	0.3	40	5.56	4.17
弱风化岩体	2750	0.4	42	6.67	5.0

表4-13　结构面力学参数

岩性	法向刚度 K_n /(GPa/m)	剪切刚度 K_s /(GPa/m)	内摩擦角 φ /(°)	黏聚力 c /MPa	抗拉强度 t /MPa
岩层面	2.32	1.73	40	0.1	0.05
节理面	1.8	1.2	40	0.08	0.03

4.5.3 数值本构模型及边界条件选取

数值模拟中，岩层面倾角取50°，节理反倾坡内倾角50°，由于计算时间限制和精度要求，节理间距取10m，模型网格划分为139703个离散三角形单元，岩石材料分为坡残积层（碎石土）、强风化岩体和弱风化岩体三层（图4-20），并假定为平面应变状态的理想弹塑性体，计算中屈服准则采用Mohr-Coulomb强度准则。层面和节理面均采用面接触的Coulomb滑动模型，模型底边采用黏滞边界，左、右侧边界采用自由边界来消除辐射阻尼效应。由于局部阻尼的采用不依赖于地震波频率，也不需要评估模型的固有频率，使用局部阻尼比瑞利阻尼更加方便。并且斜坡在动态荷载作用下，结构面的滑动和分离会消耗大量的能量，岩石阻尼参数的选择对于计算结果影响甚微，因此岩石采用局部阻尼，其计算公式如下：

$$\alpha_L = \pi d \tag{4-50}$$

式中，α_L 为局部阻尼系数；d 为阻尼系数。根据离散元程序用户手册[265]，阻尼系数 d 取值为0.05，局部阻尼系数 α_L 就为0.157。

计算中先得到重力作用下的静力平衡状态，然后在模型底部边界输入地震加速度进行动力计算。具体计算步骤如下。

（1）约束模型底部边界竖直位移和两侧边界水平位移，令模型在自重条件下达到平衡。

（2）放松模型位移边界条件，底部边界改为黏滞边界，左、右侧改为自由场边界（图4-19），这样可以减少地震波的反射而损失能量，由模型底部边界输入地震动力荷载。

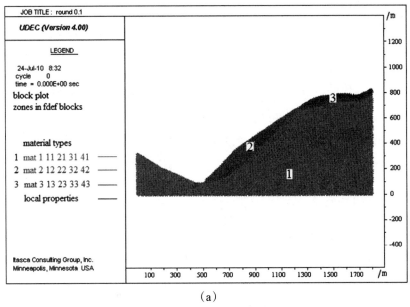

（a）

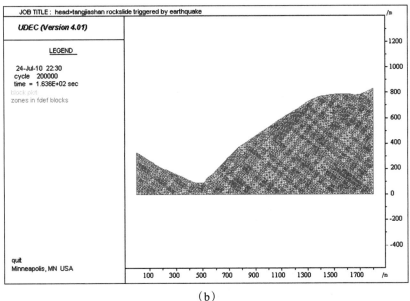

（b）

图4-20 唐家山滑坡离散元模型和网格剖分

4.5.4 地震波输入

根据UDEC软件特点，网格划分大小受到输入应力波的最短波长控制。设网格的最大尺寸为 Δl，输入地震波的最短波长为 λ，则 Δl 必须小于 $(1/10{\sim}1/8)\lambda$ [306,336-338]。设输入应力波的最高频率为 f_{max}，为了不使应力波在传播过程中出现波形失真，有：

$$\left.\begin{aligned} f_{max} &= \frac{c}{\lambda} = \frac{c_S}{10\Delta l} \\ c_S &= \sqrt{G/\rho} \end{aligned}\right\} \tag{4-51}$$

式中，c_S 为横波在斜坡弱风化岩石中的传播速率；G 为岩石的剪切模量；ρ 为岩石密度。由式（4-51）可得本模型的网格尺寸所允许的输入地震波的最高频率为14Hz，从频谱分析结果（图4-18）来看，输入应力波的最大主频为6.6Hz，所以本次数值模拟中，离散单元的网格尺寸能够满足精度要求。

4.5.5 天然状态下斜坡应力分析

由图4-21可知，在天然状态下，斜坡水平应力 σ_{xx} 和竖向应力 σ_{yy} 应力等值线平滑，从底部到顶部均匀过渡，无突变或应力集中现象。其中水平应力范围为0~5MPa，竖向应力范围为0~14MPa，说明在天然状态下，斜坡处于均匀受压状态。同时剪应力 σ_{xy} 仅在坡脚位置出现应力集中，最大剪应力为1.5MPa。以上结果符合经典力学的理论解，说明斜坡在天然状态下整体稳定性好。

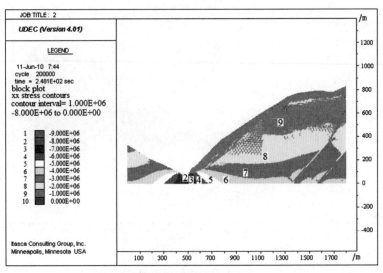

（a）

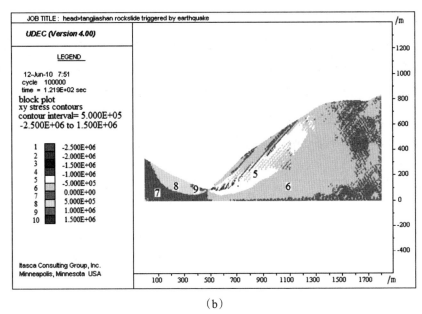

（b）

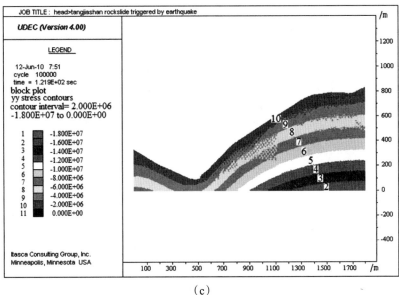

（c）

图4-21　天然状态下斜坡应力云图

4.5.6 地震作用下滑坡运动过程模拟

由图4-22、图4-23可知，在斜坡受到地震作用的前25s，斜坡的表部和后缘的强风化岩体开始滑动，然而由于坡脚切层锁固段存在，滑坡体位移增长缓慢。在 25~35s 的时间段内，锁固段被完全剪断后，斜坡强风化岩体整体滑坡，滑坡位移迅速增大。在 35~45s 的时间段内，滑坡体冲到对岸前缘受阻，头部滑坡物质爬高，尾部滑坡物质仍然继续下挫，但整体位移增加减缓。在 45s 之后，滑坡体停止运动，堆积于河道上形成堰塞坝。根据现场目击者描述，滑坡过程持续了 0.5min 左右。对比数值模拟结果的地形特征，与现场地质调查结果，两者基本吻合。综上所述，数值模拟结果是合理可信的。

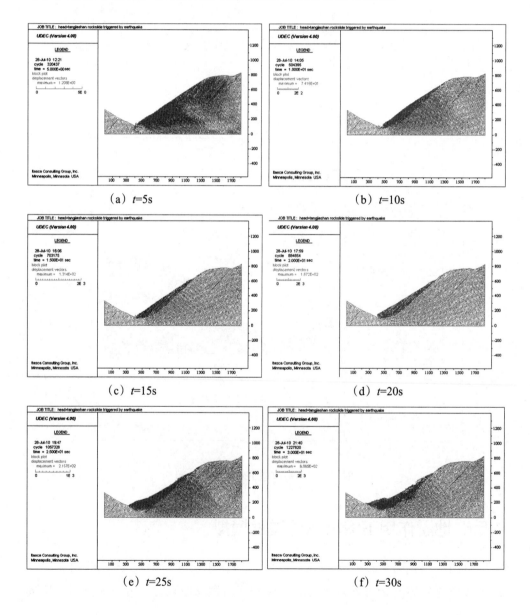

（a）t=5s　　　　　　　　　　　　　　（b）t=10s

（c）t=15s　　　　　　　　　　　　　　（d）t=20s

（e）t=25s　　　　　　　　　　　　　　（f）t=30s

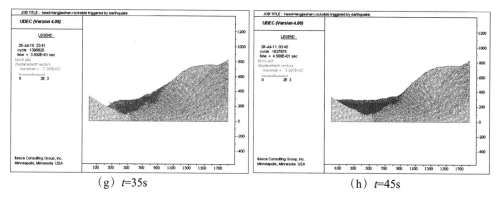

（g）t=35s   （h）t=45s

图4-22 不同运行时间下离散单元的最大位移矢量

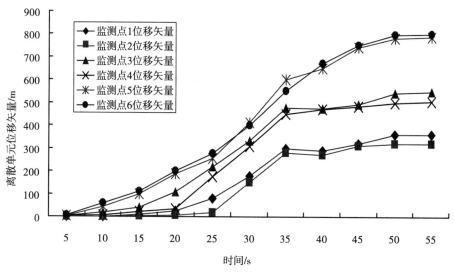

图4-23 监测点位移矢量时间变化曲线

4.5.7 地震滑坡形成机制模拟

对于中陡倾角顺层斜坡，在强大的地震动力作用下，坡体后缘首先沿顺层弱面（岩层层面、软硬岩接触界面、软弱夹层等）产生拉裂破坏。随后在地震力的持续作用下，拉裂面与岩层面形成贯通性滑面，滑坡沿滑面下挫。最终，坡脚部位切层锁固段被剪断，形成拉裂-顺层滑移型滑坡。另外，强震诱发的滑坡在停积阶段还具有"一垮到底"的特征。也就是说，在强震条件下，坡体一旦失稳破坏，其下滑往往很彻底，其堆积区主要位于高程和势能均较低的坡底，堆积物一般具有铺开、展平特征。而滑源区后壁暴露彻底，基本不留滑坡残留物。这一特点与常规重力式滑坡明显不同[33, 143, 238, 273, 277, 301, 333, 3]，如图4-24所示。

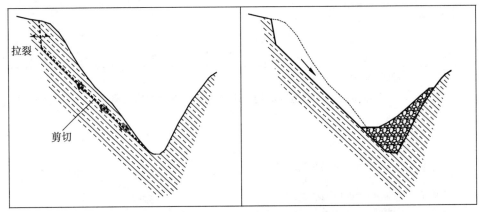

图4-24　强震条件下顺层滑坡一垮到底、爬高到对岸示意图（据黄润秋，2012）

前面的数值模拟结果显示，地震作用25s后，唐家山坡体出现整体失稳滑动。因此为了分析唐家山滑坡形成机制，只需研究地震历时前25s滑带的剪切应变积累情况和边坡的节理滑动扩展模式。

由图4-25、图4-26可知，随着地震力的持续作用，剪切应变同时在斜坡坡顶和坡脚出现，然后剪切应变沿强风化和弱风化岩层接触带快速地从坡顶向坡脚扩展。随着剪切应变量值的不断增大，贯通性滑面形成，整个斜坡体开始高速下滑。该模拟结果与强震触发的顺层岩质滑坡过程相一致。

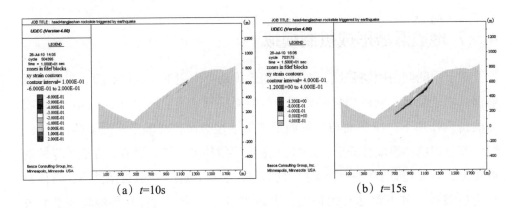

　　　　　（a）t=10s　　　　　　　　　　　（b）t=15s

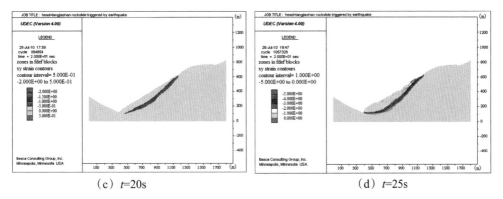

（c）t=20s　　　　　　　　　　（d）t=25s

图4-25　斜坡剪应变云图

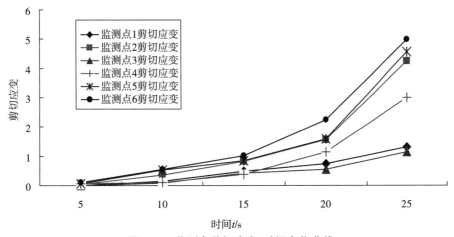

图4-26　监测点剪切应变-时间变化曲线

　　由图4-27、图4-28可见，剪切位移主要发生在靠近坡顶和坡面的节理内，说明在地震作用下节理剪切滑动也表现出地震波竖向放大效应和临空面放大效应。

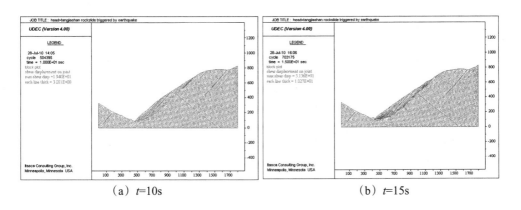

（a）t=10s　　　　　　　　　　（b）t=15s

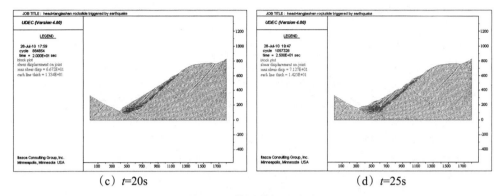

（c）t=20s   （d）t=25s

图4-27　节理剪切位移图

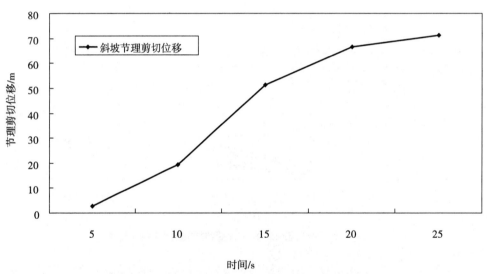

图4-28　斜坡节理最大剪切位移时间变化曲线

4.5.8 地震滑坡监测点速度

目前，国际上将滑动速度超过20m/s的滑坡定义为高速滑坡[72]。根据图4-29显示的各监测点的模拟结果，滑坡监测点最大水平速度达到23.1m/s，最大竖向速度达到16m/s，最大瞬时速度出现在45s左右，合速度为28.1m/s，与理论计算一致，说明数值模拟结果正确。

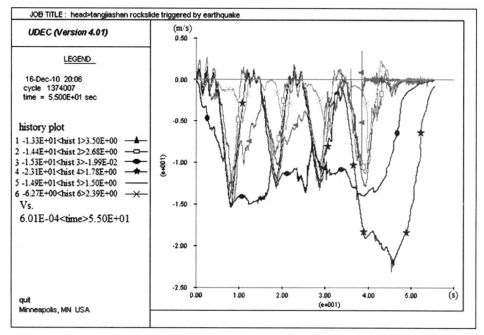

（a） 水平速度-时程曲线

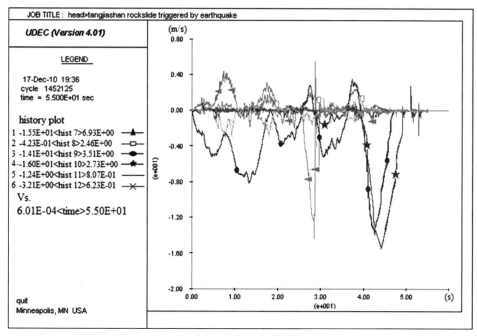

（b） 竖向速度-时程曲线

图4-29 滑坡体内部监测点的水平向和竖向速度-时程曲线

4.5.9 参数敏感性分析

根据以上数值模拟结果，唐家山滑坡的滑动面主要是岩层面，因此岩层面的物理力学参数将对斜坡的动力稳定性有着至关重要的影响。在天然和地震两种状态下，对岩层面的内摩擦角和黏聚力取不同的数值来进行稳定性系数检验。不同物理力学参数下的稳定性系数曲线见图4-30。

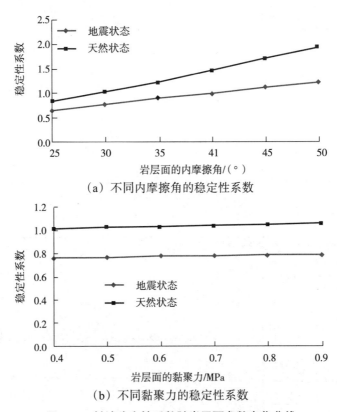

（a）不同内摩擦角的稳定性系数

（b）不同黏聚力的稳定性系数

图4-30　斜坡稳定性系数随岩层面参数变化曲线

由图4-30(a)可以看出，在天然状态下，如果岩层面的内摩擦角从20°增加到50°，其他参数不变，稳定性系数由0.83增加到1.93；在地震状态下，稳定性系数由0.65增加到1.2。由图4-30(b)可以看出，在天然状态和地震状态下，随着黏聚力的增大，稳定性系数变化极其微小。说明岩层面的内摩擦角对于顺层岩质斜坡的稳定性的影响程度远远大于黏聚力的影响，内摩擦角的大小决定滑坡发生的概率。

第5章 唐家山堰塞坝稳定性分析

5.1 坝体渗流破坏分析

截至2008年6月9日14时，唐家山堰塞湖水位为739.97m，相应蓄水量为2.42亿立方米。随着堰塞湖水位逐渐抬升，堰塞坝上、下游水头差不断增大，水流已通过坝体向下游渗透，堰塞坝体是否会因渗透而发生破坏，进而导致整体溃坝成为刻不容缓的问题。为了充分剖析唐家山堰塞坝体渗漏变形破坏特点，在获取唐家山堰塞坝地质结构和各土层性质资料基础上，采用Visual Modflow可视化三维地下水流动模型软件，从堰塞湖不同蓄水位条件下堰塞坝坝体内部的地下水渗流场变化出发，计算分析坝体各介质的渗透坡降，并与相应土层的允许渗透坡降对比，判断堰塞坝体渗流稳定性及相应的溃决模式[267]。

5.1.1 Visual Modflow基本原理

Visual Modflow（简称VM）是目前最流行并被公认的三维地下水水流数值模拟软件。其实质是Modflow的一个三维有限差分地下水流动模型，它基于以下常密度地下水三维流动基本方程[341]：

$$\frac{\partial}{\partial x}\left(k_{xx}\frac{\partial h}{\partial x}\right) + \frac{\partial}{\partial y}\left(k_{yy}\frac{\partial h}{\partial y}\right) + \frac{\partial}{\partial z}\left(k_{zz}\frac{\partial h}{\partial x}\right) - w = S_s\frac{\partial h}{\partial t} \tag{5-1}$$

式中，k_{xx}、k_{yy}、k_{zz}分别为沿x、y、z坐标轴方向上的渗透系数，$m \cdot s^{-1}$；h为测压管水头，m；w为在非平衡状态下通过均质、各向同性土壤介质单位体积的通量，s^{-1}，即地下水的源和汇；S_s为孔隙介质的储水率，m^{-1}；t为时间，s。

对于地下水三维稳定流动，Modpath质量平衡方程可用有效空隙率和渗流流速表达：

$$\frac{\partial(nV_x)}{\partial x} + \frac{\partial(nV_y)}{\partial y} + \frac{\partial(nV_z)}{\partial z} = w \tag{5-2}$$

式中，V_x、V_y、V_z 为线性流动流速矢量在坐标轴方向的分量，$\mathrm{m \cdot s^{-1}}$；n 为含水层有效空隙率，%；w 为由含水层内部单位体积源和汇产生的水量，$\mathrm{s^{-1}}$。

5.1.2 堰塞坝体地质模型建立

在一般情况下，建立堰塞坝体渗流模型的具体步骤为：①对堰塞坝体地质结构进行概化处理；②确定模型的边界条件；③设定材料介质的本构模型；④设置模型水力条件和受力情况。

根据唐家山堰塞坝地质结构特征，模型总共划分为4层，分别为①碎石土层、②块石土层和③似层状结构巨石层（由于含泥粉细砂层很薄且分布面积较小，模拟时将其忽略）。模型所选范围为顺河长804m，横河宽612m，模型平面上被划分成100×100个网格单元，在其各自方向上网格间距离相等。堰塞坝三维模型如图5-1所示。

计算时，堰塞坝与两岸山体的接触界面，以及堰塞坝与基岩的接触界面，均设定为相对隔水界面，顺河向上、下游坝坡作为自由临空面。假设堰塞坝同一层岩土体介质均匀且各向同性（渗透系数保持一致）。在模拟运行时步内，堰塞坝上、下游水位变化幅度微小，将其作为定水头边界处理。

模型中各土层的渗透系数根据钻孔抽水试验获取，见表5-1，从表中可知基岩渗透系数最小，且远小于其上覆似层状结构巨石层的渗透系数，故在模拟中假设基岩为相对隔水层。

表5-1 唐家山堰塞坝各层岩土体介质的渗透系数

材料	渗透系数/(cm/s)		
	K_x/(cm/s)	K_y/(cm/s)	K_z/(cm/s)
①碎石土层	0.00005	0.00005	0.00005
②块石土层	0.05000	0.05000	0.05000
③似层状结构巨石层	0.00500	0.00500	0.00500
④基岩	0.00001	0.00001	0.00001

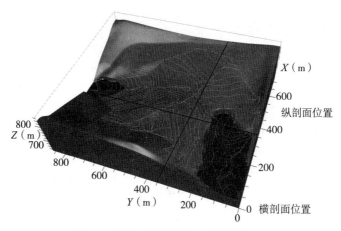

图5-1　唐家山堰塞坝体三维模型

5.1.3 堰塞坝渗流场模拟分析

对堰塞湖水位分别为710m、720m、730m、740m条件下，堰塞坝渗流场变化进行了模拟分析。不同水位条件下堰塞坝渗流场云图如图5-2~图5-5所示。

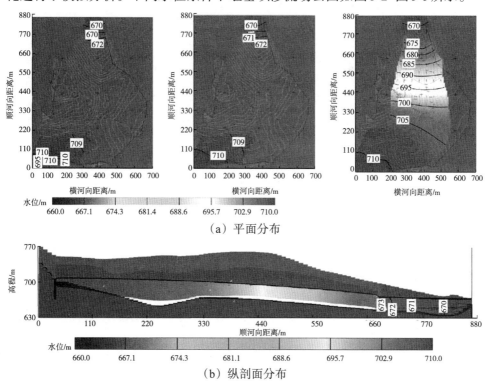

（a）平面分布

（b）纵剖面分布

图5-2　710m水位下堰塞坝体渗流场

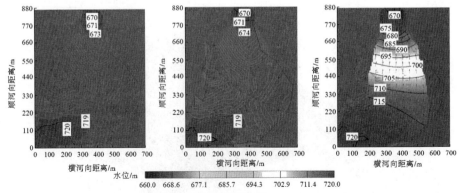

（a）平面分布

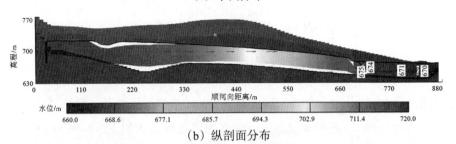

（b）纵剖面分布

图5-3　720m水位下堰塞坝体渗流场

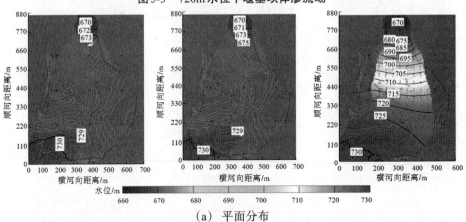

（a）平面分布

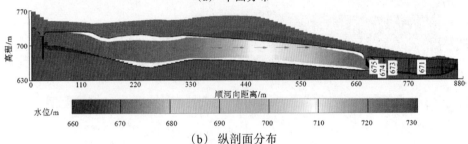

（b）纵剖面分布

图5-4　730m水位下堰塞坝体渗流场

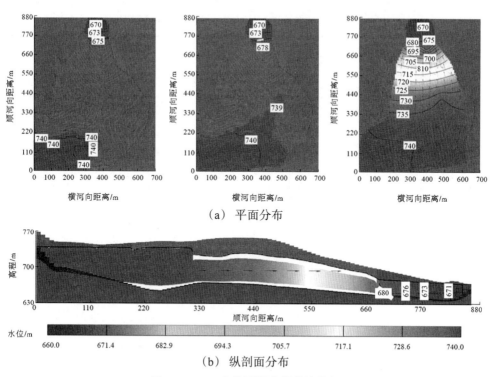

（a）平面分布

（b）纵剖面分布

图5-5 740m水位下堰塞坝体渗流场

由图5-2~图5-5中4种水位条件下堰塞坝体渗流场可见，当水位为710m、720m、730m时，坝体第①、②层（碎石土层和块石土层）内只靠上游侧有水渗入，但未沿此两层贯通至下游形成渗流。渗流主要发生在第③层（似层状结构巨石层）内，并在下游侧穿越第①、②两层渗出。当水位为740m时，第②层（块石土层）渗入面积明显增大，坝体中部出现渗流，但仍未沿此层贯通至下游形成渗流。而第③层形成的贯通性渗流在下游的渗水量明显增大。而随着堰塞湖水位达到740m以上，渗流将贯通块石土层。因该层渗透系数较大，可能会在坝体下游局部地区出现渗流潜蚀破坏。从4种堰塞湖水位下坝体渗流场变化规律看，由于第②、③两层介质颗粒粗大、渗透性好，所以整体坡降变化稳定，表现出稳定流的渗水特点，中间未出现紊流、渗透坡降出现拐点及"管涌"等渗透情况[342-344]。

根据模拟得到的不同堰塞湖水位条件下各土层实际渗透坡降数值见表5-2。

表5-2　不同水位条件下堰塞体各土层渗透坡降计算结果

土层	堰塞湖水位/m											
	740			730			720			710		
	渗透坡降		允许坡降	渗透坡降		允许坡降	渗透坡降		允许坡降	渗透坡降		允许坡降
	平均坡降	最大坡降		平均坡降	最大坡降		平均坡降	最大坡降		平均坡降	最大坡降	
碎石土层	0.128	0.784	0.35~0.5	0.090	0.523	0.35~0.50	0.075	0.396	0.35~0.50	0.037	0.193	0.35~0.50
块石土层	0.116	0.370	0.4~0.6	0.087	0.213	0.40~0.60	0.058	0.138	0.40~0.60	0.041	0.095	0.40~0.60
似层状结构巨石层	0.099	0.250	0.700	0.084	0.200	0.700	0.070	0.160	0.700	0.056	0.138	0.700

从表5-2可以看出，当堰塞湖水位达到710m和720m时，①、②、③层渗透坡降均小于相应的允许坡降，坝体整体和局部均保持稳定；当水位达到730m时，②、③两层渗透坡降仍小于相应的允许坡降，而①层最大渗透坡降大于允许坡降上限，因而会导致下游坝坡局部出现渗流破坏，但不影响坝体整体稳定性。当水位达到740m时，②、③两层渗透坡降同样仍小于相应的允许坡降，而因沿第③层贯通性渗流在下游坝坡穿越①、②两层渗出，且下游坝坡等水位线密集，该处渗流坡降大，坝体下游侧的第①层将发生较大范围的渗透破坏。随着水位继续抬升，第②、①两层将依次形成贯通性渗流，届时坝体下游边坡将出现渗流破坏。

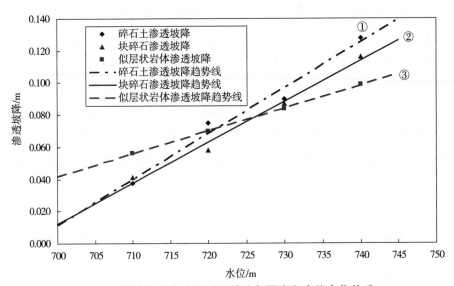

图5-6　堰塞坝体各土层渗透坡降与堰塞湖水位变化关系

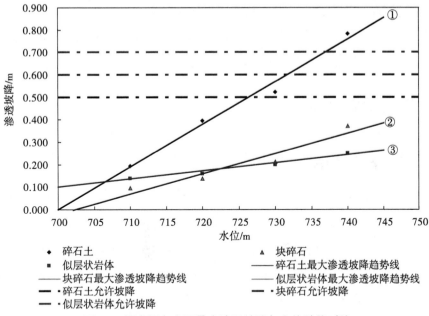

图5-7　堰塞坝各土层最大渗透坡降与允许坡降对比

从图5-6和图5-7中可以看出，随着堰塞湖水位抬升，各层土的渗透坡降均逐渐增大，渗透坡降的增加幅度依次为：③层（似层状结构巨石层）＜②层（块石土层）＜①层（碎石土层）。这表明颗粒越粗、渗透坡降越小、渗流场变化最稳定，颗粒越细、渗透坡降越大、渗流场变化逐渐不稳定。因此堰塞湖水位抬升对表层碎石土层的稳定性影响较大，而对其他两层影响相对较小。②、③两层渗透平均或最大坡降均小于各自的允许坡降上限值，不会发生渗透破坏。但当堰塞湖水位大于726m时，①层的最大渗透坡降超过允许坡降的上限。表明水位超过726m时，下游坝体表层碎石土将发生渗流破坏，这与实际状况相符。

综上所述，堰塞湖从710~740m蓄水位变化条件下，除堰塞体下游侧表层碎石土因结构松散、颗粒较细而表现出局部渗透坡降超过允许坡降，可能会造成局部渗透破坏外，下部块石土层和似层状岩体不论是局部还是整体平均渗透坡降均小于允许坡降值，因此不会出现渗透破坏（管涌），堰塞体不会出现整体溃坝。

因此从因堰塞湖导致的地下水渗流场变化分析，随着堰塞湖水位的抬升，唐家山堰塞坝坝体整体稳定，只有表层碎石土会因下游侧渗透变形而稳定性较差。整个堰塞坝体出现的溃决模式为：下游侧表层碎石土层因渗透破坏和溯源侵蚀，同时因进口段地表水流漫顶淘刷，最终导致上部第①层碎石土被侵蚀、淘刷带走。随着第①层被淘刷、水流速度加大又进而会带动第②块碎石被逐渐冲刷下切，但不会发生整体溃决，而第③层似层状碎裂岩将保持稳定，侵蚀和淘刷的下限深度就是第③层似层状碎裂岩顶部。

5.2 坝体边坡稳定性分析

5.2.1 坝体边坡稳定性计算分析

以堰塞坝体中部负地形位置的典型纵剖面作为计算剖面。计算中采用刚体极限平衡法，潜在滑面按照弧型搜索，坝体浸润线简化为上、下游水位的连线，根据相关规范（中华人民共和国电力行业标准《水工建筑物抗震设计规范》DL5073—2006；中华人民共和国国家标准《铁路工程抗震设计规范》GB50111—2006和中华人民共和国交通部部标准《公路工程抗震设计规范》JTJ004—89），对建筑工程、路基及边坡稳定性计算时，"地震作用的效应折减系数"（水电系统称法）或"水平地震作用修正系数"（铁路系统称法）或"地震综合影响系数"（公路系统称法）均取0.25。计算堰塞湖水位达到740m时坝体上、下游边坡分别在无地震、地震烈度Ⅶ度（地震水平加速度0.1g）和地震烈度Ⅷ度（地震水平加速度0.2g）情况下的稳定性系数。堰塞坝各土层物理力学参数见表5-3。

表5-3　堰塞坝岩土体物理力学参数

材料名称	天然密度 ρ/(kg/m³)		内摩擦角 φ/(°)		内聚力 c/kPa		渗透系数 k/(cm/s)	允许坡降 J
	天然	饱水	天然	饱水	天然	饱水		
含土块碎石层	1800	1900	22	16	50	20	10^{-5}	0.15
碎石土层	2100	2200	35	30	200	100	10^{-3}	0.35~0.5
块石土层	2100	2200	35	30	200	100	10^{-3}	0.4~0.6
似层状结构巨石层	2500	2550	40	38	250	150	10^{-2}	0.70
灰黑色粉细砂层	1500~1700	1600~1800	17	12	20	10	10^{-4}	0.05

当堰塞湖水位达到740m时，在不同地震烈度条件下，坝体上、下游边坡稳定性计算结果见图5-8和图5-9。

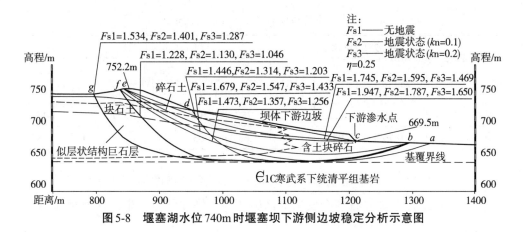

图5-8 堰塞湖水位740m时堰塞坝下游侧边坡稳定分析示意图

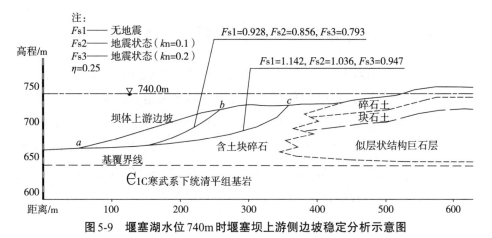

图5-9 堰塞湖水位740m时堰塞坝上游侧边坡稳定分析示意图

由图5-8可见，坝体下游边坡在不同工况下的稳定性系数大于1，整体稳定性较好。仅在Ⅷ度余震下，沿潜在滑面bf的稳定性稍差，但仍处于稳定状态。因此，坝体下游边坡整体稳定性较好，不会发生大范围的塌滑[8,267]。

由图5-9可见，当堰塞湖水位达到740m时，①在无地震情况下，坝体上游边坡沿潜在最危险滑面ab的稳定性系数为0.928；②在Ⅶ度余震情况下，其稳定性系数降为0.856；③在Ⅷ度余震情况下，其稳定性系数变为0.793。而仅在Ⅷ度情况下，沿潜在滑面ac的稳定系数为0.947，边坡可能发生失稳滑动。所以上游坝体边坡整体基本稳定，当遭受余震时，将会发生失稳滑动，但滑动的范围仅局限在含土块碎石层中。当堰塞湖水位达到740m时，坝体上、下游边坡沿各潜在滑面的稳定性系数见表5-4。

表 5-4　堰塞坝上、下游边坡沿潜在滑面的稳定性系数计算结果

工况	上游边坡潜在滑面		下游潜在滑面边坡						
	ab	ac	ce(上)	ce(下)	bd	be	af	bf	bg
无地震	0.928	1.142	1.745	1.947	1.446	1.679	1.473	1.228	1.534
Ⅶ度地震烈度	0.856	1.036	1.595	1.787	1.314	1.547	1.357	1.13	1.401
Ⅷ度地震烈度	0.793	0.947	1.469	1.65	1.203	1.433	1.256	1.046	1.287

由表5-4可见，当堰塞湖水位达到740m，并遭受Ⅷ度地震烈度余震时，除上游边坡前缘含土块碎石层会发生局部破坏外，坝体整体稳定，堰塞坝体不会整体发生溃决。

5.2.2 坝体边坡稳定性数值模拟分析

上节通过刚体极限平衡理论对堰塞湖水位达到740m时，堰塞坝体在不同工况下的稳定性进行了系统计算和分析，显示坝体下游边坡整体稳定，仅上游边坡前缘含土块碎石层会发生局部破坏。为了验证上述计算结果的正确性，本节采用有限元软件GeoStudio对堰塞坝体边坡稳定性进行计算分析[345]。GeoStudio是一套专业、高效而且功能强大的适用于岩土工程和岩土环境模拟计算的仿真软件，作为地质构造模型软件的整体分析工具，它包括以下八种专业分析模块：

SLOPE/W（边坡稳定性分析软件）；

SEEP/W（地下水渗流分析软件）；

SIGMA/W（岩土应力变形分析软件）；

QUAKE/W（地震响应分析软件）；

TEMP/W（地热分析软件）；

CTRAN/W（地下水污染物传输分析软件）；

AIR/W（空气流动分析软件）；

VADOSE/W（综合渗流蒸发区和土壤表层分析软件）。

本项研究采用软件中的SLOPE/W、SEEP/W、SIGMA/W和QUAKE/W四个模块，对堰塞湖水位达到740m时，唐家山堰塞坝在无地震、Ⅶ度地震烈度余

震（水平地震加速度0.1g）和Ⅷ度地震烈度余震（水平地震加速度0.2g）情况下的应力-应变状态进行有限元数值模拟和稳定性计算。

根据堰塞坝体地质结构和浸润线高程，以堰塞坝凹槽典型纵断面为模拟原型，建立长为1400m，高为152m的模型，模型共划分成1013个6节点三角形网格单元。在数值模拟中，将模型分为5层（含土块碎石层、碎石土层、块石土层、似层状结构巨厚（石）层和坝体下伏基岩），10个区域，各层土的物理力学参数见表5-5。简化后的计算模型如图5-10所示，其中x轴正方向朝向下游、y轴正方向与重力方向相反，虚线代表地表和地下水位，箭头表示上游静水压力。模拟时假设同一土层土体均匀且各向同性，为理想弹塑性体，采用库伦-摩尔判据作为土体破坏准则。

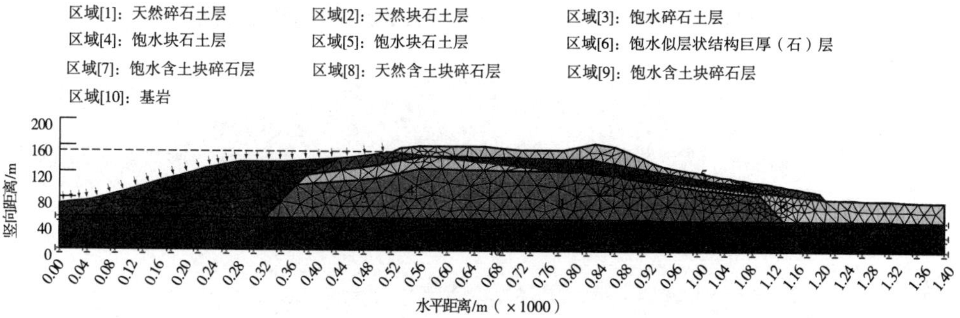

区域[1]：天然碎石土层   区域[2]：天然块石土层   区域[3]：饱水碎石土层
区域[4]：饱水块石土层   区域[5]：饱水块石土层   区域[6]：饱水似层状结构巨厚（石）层
区域[7]：饱水含土块碎石层 区域[8]：天然含土块碎石层 区域[9]：饱水含土块碎石层
区域[10]：基岩

图5-10 计算模型

表5-5 堰塞坝体各层物理力学参数建议值表

材料名称	天然密度 ρ /（kg/m³）		内摩擦角 φ /（°）		内聚力 c/kPa		压缩模量/ MPa	泊松比	阻尼系数	渗透系数 k/ （m/s）
	天然	饱水	天然	饱水	天然	饱水				
含土块碎石层	1800	1900	22	16	50	20	30	0.30	0.157	10^{-5}
碎石土层	2100	2200	35	30	200	100	80	0.25	0.157	10^{-3}
块石土层	2100	2200	35	30	200	100	100	0.20	0.157	10^{-3}
似层状结构巨厚（石）层	2500	2550	40	38	250	150	500	0.20	0.157	10^{-2}
基岩	2700	2750	42	40	400	390	11500	0.15	0.157	10^{-7}

5.2.2.1 740m水位无地震天然状态下坝体应力-应变及渗流分析

当水位达到740m时，在无地震天然状态下堰塞坝体应力-应变状态模拟结果如图5-11~图5-14所示。

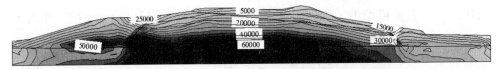

图5-11　740m水位无地震天然状态下坝体水平向应力云图

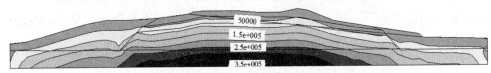

图5-12　740m水位无地震天然状态下坝体竖向应力云图

图5-13　740m水位无地震天然状态下坝体最大剪应变云图

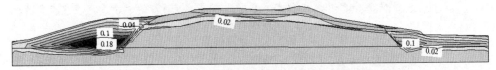

图5-14　740m水位无地震天然状态下坝体最大体应变云图

由图5-11~图5-14可见，当堰塞湖水位达到740m时，在无地震情况下，堰塞坝水平和竖向应力分布较均匀，处于均匀受压状态[346]，块石土层和似层状结构巨厚（石）层的界面处水平方向应力最大值为20MPa，竖向应力最大值为50MPa左右。最大剪切应变和体积应变出现在坝体上游边坡含土块碎石层和基岩的基覆界面处，该位置最大剪切应变为20%，最大体积应变为18%。

当水位达到740m时，在无地震天然状态下，堰塞坝体变形（位移）模拟结果如图5-15~图5-18所示。

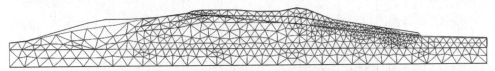

图5-15　740m水位无地震天然状态下坝体网格总变形图

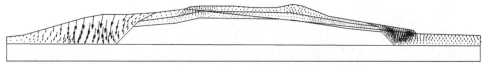

图5-16 740m水位无地震天然状态下坝体总位移矢量图

图5-17 740m水位无地震天然状态下坝体水平向位移云图

图5-18 740m水位无地震天然状态下坝体y方向位移云图

由图5-15~图5-18可见，当堰塞湖水位达到740m时，在坝体无地震天然状态下，因重力和渗流水压力造成坝体上、下游边坡的含土块碎石层出现大变形，上游边坡变形范围和量值较下游边坡更大，上游和下游边坡水平向最大位移分别为-2.5m和0.5m，竖向最大位移分别为-9m和-3m。

当水位达到740m时，在无地震天然状态下，堰塞坝体及渗流稳定性模拟结果如图5-19~图5-24所示。

图5-19 740m水位无地震天然状态下坝体总水头分布云图和渗流矢量

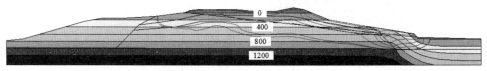

图5-20 740m水位无地震天然状态下坝体水压力分布云图和渗流路径

图5-21 740m水位无地震天然状态下水平向水力梯度

图5-22　740m水位无地震天然状态下竖向水力梯度

由图5-19~图5-22可见，在坝体无地震天然状态下，渗流主要发生在碎石土层和块石土层内部，综合渗透系数为$2.16×10^{-5}$ m/s，水体渗流平稳，仅在下游渗漏点位置水力梯度较大，该位置水平向最大水力梯度为0.8，竖向最大水力梯度为0.4，最大总水头差为145m，向下游逐渐降低为75m。块石土层和似层状结构巨厚（石）层的界面处的水压力为400kPa。

图5-23　740m水位无地震天然状态下坝体水平向速度（lg）

图5-24　740m水位无地震天然状态下坝体竖向速度（lg）

由图5-23、图5-24可见，在坝体无地震天然状态下，渗流形成的水压力造成坝体最大水平运动速度仅为$3.16×10^{-6}$m/s，最大竖向运动速度仅为$1×10^{-6}$ m/s，可见坝体不会在740m水位下出现溃坝或局部渗流破坏。

当水位达到740m时，在无地震天然状态下，堰塞坝体上、下游边坡稳定性模拟结果如图5-25和图5-26所示。

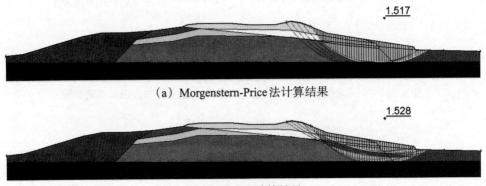

（a）Morgenstern-Price法计算结果

（b）Bishop法计算结果

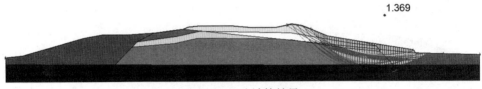

（c）Janbu法计算结果

图5-25　740m水位无地震天然状态下坝体下游边坡最危险潜在滑面及相应稳定性系数

根据GeoSlope软件特点，潜在滑面需人为确定其后缘拉裂边界及前缘剪出口位置，因此图5-25中坡面红色线表示可能潜在滑动面形成后缘拉裂部位及其剪出口的范围。图5-25显示在740m水位、叠加Ⅷ度地震烈度余震作用下，坝体下游边坡最危险潜在滑面位置与极限平衡法计算得出的潜在滑面一致（图5-8中bf），在最危险滑面发生坡顶地形转折端处，滑面底界处于似层状结构巨厚（石）层和含土块碎石层中，根据Morgenstern-Price（摩根斯坦）、Bishop（毕肖普）和Janbu（简布）三种不同方法得出的稳定或安全系数分别为1.517、1.528和1.369，与极限平衡方法结论一致。说明坝体下游边坡稳定，不会出现滑动。三种计算方法的结果如表5-6所示。

表5-6　坝体下游边坡稳定性系数

计算方法	Morgenstern-Price	Bishop	Janbu
安全系数	1.517	1.528	1.369
抗滑力矩/kN·m	2.103e+007	2.129e+007	—
下滑力矩/kN·m	1.386e+007	1.393e+007	—
抗滑力/kN	79242	—	78258
下滑力/kN	52251	—	57177

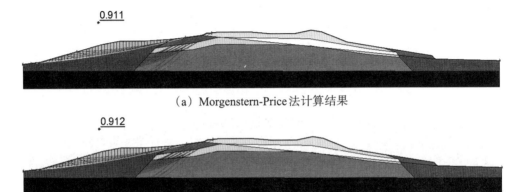

（a）Morgenstern-Price法计算结果

（b）Bishop法计算结果

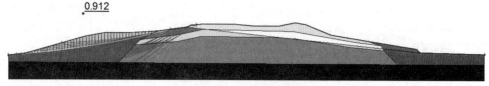

0.912

（c）Janbu 法计算结果

图 5-26　740m 水位无地震天然状态下坝体上游边坡最危险潜在滑面及相应稳定性系数

图 5-26 为在 740m 水位、且无地震天然状态下，坝体上游边坡最危险潜在滑面位置与极限平衡法计算的潜在滑面一致（图 5-9 中 ab），最危险滑面位于坡顶地形转折处，滑面底界处于含土块碎石层，根据 Morgenstern-Price（摩根斯坦）、Bishop（毕肖普）和 Janbu（简布）三种不同方法得出的稳定或安全系数分别为 0.911、0.912 和 0.912，与极限平衡方法结论一致。说明坝体上游边坡含土块碎石层不稳定，在浅表层可能出现大范围滑动。三种计算方法的结果见表 5-7。

表 5-7　坝体上游边坡稳定性系数

计算方法	Morgenstern-Price	Bishop	Janbu
安全系数	0.911	0.912	0.912
抗滑力矩/kN·m	1.0027e+008	1.0032e+008	—
下滑力矩/kN·m	1.1003e+008	1.1003e+008	—
抗滑力/kN	36486	—	36498
下滑力/kN	40019	—	40009

5.2.2.2　740m 水位Ⅶ度地震天然状态下坝体动态响应分析

模拟计算选用等效线弹性本构模型作为材料，主要参数有剪切模量、体积模量以及阻尼系数等，参数取值见表 5-5。底部约束 X、Y 两个方向的位移，左、右边界只约束 Y 方向的位移[346]。且在坝体上游水位线和下游渗漏点位置设置 2 个变形监测点，用来监测该位置单元的应力和位移，编号分别为 Node 453 和 Node 1692。

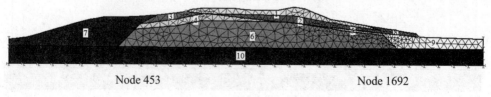

Node 453　　　　　　　　　　　　　　Node 1692

（a）

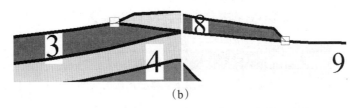

图5-27　Ⅶ度地震烈度坝体监测点位置布置示意图

（a）为宏观示意；（b）为微观放大示意

　　根据地震管理部门汶川地震后最新核定的地震危险性分析成果和有关资料，唐家山区域余震产生的基岩水平峰值加速度为0.1g（Ⅶ度地震烈度）和0.2g（Ⅷ度地震烈度），竖向峰值加速度为水平向峰值加速度的2/3。使用地震部门提供的地震波作为坝体动力响应的输入波（图5-28），Ⅶ度地震烈度下基岩的水平向峰值加速度为0.1g，竖直向峰值加速度为0.067g，地震历时40s。

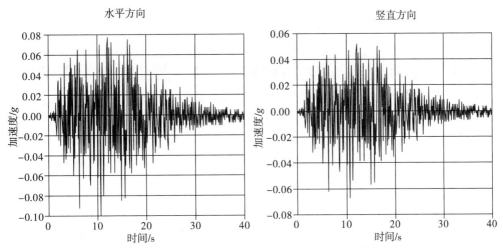

图5-28　输入Ⅶ度地震烈度时地震波曲线（水平方向0.1g，竖直方向0.067g，40s）

　　当水位达到740m时，Ⅶ度地震烈度作用下，40s时堰塞坝体应力-应变状态及上、下游边坡稳定性模拟结果如图5-29~图5-41所示。

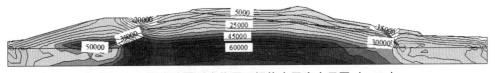

图5-29　Ⅶ度地震烈度作用下坝体水平应力云图（t=40s）

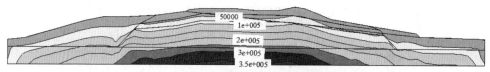

图 5-30　Ⅶ度地震烈度作用下坝体竖向应力云图（t=40s）

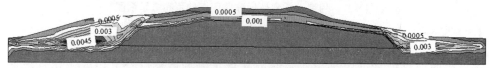

图 5-31　Ⅶ度地震烈度作用下坝体剪应变云图（t=40s）

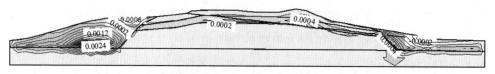

图 5-32　Ⅶ度地震烈度作用下坝体体积应变云图（t=40s）

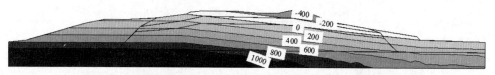

图 5-33　Ⅶ度地震烈度作用下坝体空隙水压力分布云图（t=40s）

由图 5-29~图 5-33 可见，与无地震的天然状态相比，地震时坝体水平应力总体仍表现沿坝体深度呈增大趋势，但碎石土层和块石土层的应力值较天然状态下明显变大，块石土层和似层状结构巨厚（石）层的界面处水平方向应力最大值为25MPa，竖向应力最大值仍为50MPa左右，可见余震导致坡体基覆界面处的水平应力有增大趋势，而竖向应力基本无变化。剪应变主要发生在坝体上游边坡含土块碎石层和基岩接触的基覆界面处，最大应变值为0.45%，最大体积应变值为0.24%，并向前缘坡脚处逐渐减小，而坝体内部几乎无塑性应变。空隙水压力在下游边坡坡顶为−400kPa，向下逐渐增大，在块石土层和似层状结构巨厚（石）层的界面处为零。

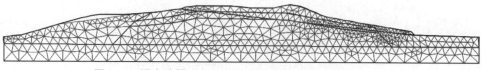

图 5-34　Ⅶ度地震烈度作用下坝体网格总变形图（t=40s）

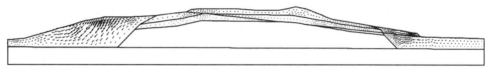

图5-35　Ⅶ度地震烈度作用下坝体总位移矢量图（t=40s）

图5-36　Ⅶ度地震烈度作用下坝体水平位移云图（t=40s）

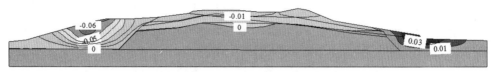

图5-37　Ⅶ度地震烈度作用下坝体水平速度云图（t=40s）

图5-38　Ⅶ度地震烈度作用下坝体竖向位移云图（t=40s）

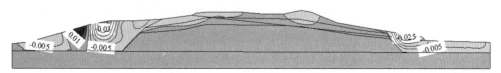

图5-39　Ⅶ度地震烈度作用下坝体竖向速度云图（t=40s）

由图5-34~图5-39可见，在Ⅶ度地震烈度作用下，坝体上游边坡出现较大变形，但变形范围仅局限在含土块碎石层内，该位置最大水平位移为0.1m，最大水平速度为0.06m/s，方向朝向上游，最大竖向位移为0.14m，最大竖向速度为0.03m/s，方向朝下。说明上游边坡含土块碎石层已出现破坏，而坝体内部位移较小，相对稳定，不会出现大范围破坏。下游边坡变形集中在下游坡脚处和坡面局部地区，有可能发生浅表层破坏，但对下游坝坡整体稳定性影响较小。

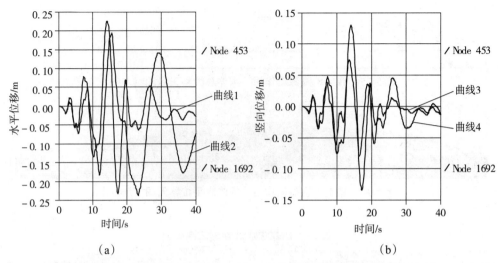

（a） （b）

图5-40 Ⅶ度地震烈度作用下坝体相应监测点水平和竖向位移曲线

由图5-40可见，在Ⅶ度地震作用下，网格单元表现为往返（反复）变形特征，不同地形地貌特点导致的变形效果也不同。在图5-40（a）中，监测点453水平位移见曲线1，位移值为-0.23~0.23m，地震停止后的最终位移值为-0.03m；监测点1692水平位移见曲线2，水平位移值为-0.23~0.19m，地震停止后的最终水平位移值为-0.09m。在图5-40（b）中，监测点453竖向位移见曲线3，竖向位移值为-0.07~0.07m，地震停止后的最终竖向位移值为-0.01m；监测点1692竖向位移见曲线4，竖向位移值为-0.13~0.13m，地震停止后的最终竖向位移值为-0.01m。

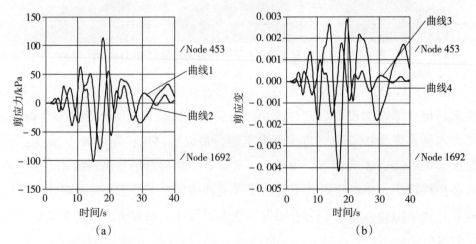

（a） （b）

图5-41 Ⅶ度地震烈度作用下坝体相应监测点剪应力和剪应变曲线

（a）中纵坐标表示应力，单位kPa；（b）中纵坐标表示应变；横坐标表示时间：单位s

由图5-41（a）可见，在Ⅶ度地震烈度作用下，监测点453剪应力见曲线1，应力值处于−101~110kPa之间，地震停止后的最终剪应力值为5kPa；监测点1692剪应力见曲线2，应力值处于−75~52kPa之间，地震停止后的最终剪应力值为10kPa。由图5-41（b）可见，监测点453剪应变见曲线3，位移值处于−0.0015~0.0017之间，地震停止后的最终剪应变值为0；监测点1692剪应变见曲线4，剪应变值处于−0.004~0.003之间，地震停止后的最终剪应变值为0.0005。

当水位达到740m时，在Ⅶ度地震烈度作用下，堰塞坝体上、下游边坡稳定性模拟结果如图5-42和图5-43所示。

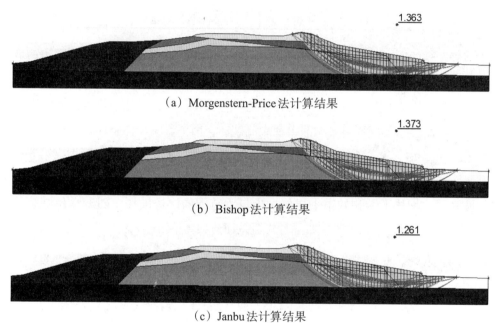

（a）Morgenstern-Price法计算结果

（b）Bishop法计算结果

（c）Janbu法计算结果

图5-42 740m水位Ⅶ度地震作用下坝体下游边坡最危险潜在滑面及相应稳定性系数

图5-42表明在740m水位、叠加Ⅶ度地震烈度作用下，坝体下游边坡最危险潜在滑面位置与极限平衡法计算得出的潜在滑面一致（图5-8中bf），最危险滑面位于坡顶地形转折端处，滑面底界处于似层状结构巨厚（石）层和含土块碎石层中，根据Morgenstern-Price（摩根斯坦）、Bishop（毕肖普）和Janbu（简布）三种不同方法得出的稳定系数分别为1.363、1.373和1.261，与极限平衡方法结论一致。说明坝体下游边坡稳定，不会出现滑动。三种计算方法的结果如表5-8所示。

表 5-8　坝体下游边坡稳定性系数

计算方法	Morgenstern-Price	Bishop	Janbu
安全系数	1.363	1.373	1.261
抗滑力矩/kN·m	3.8415e+007	3.8784e+007	—
下滑力矩/kN·m	2.8177e+007	2.8249e+007	—
抗滑力/kN	1.1491e+005	—	1.143e+005
下滑力/kN	84051	—	90646

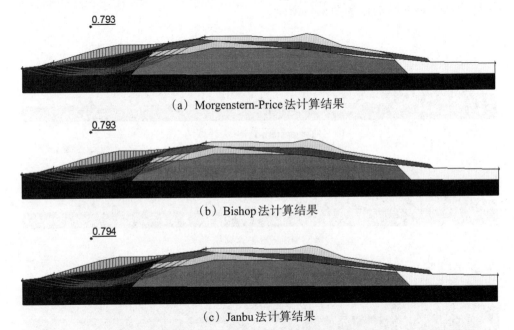

（a）Morgenstern-Price 法计算结果

（b）Bishop 法计算结果

（c）Janbu 法计算结果

图 5-43　740m 水位Ⅶ度地震作用下坝体上游边坡最危险潜在滑面及相应稳定性系数

　　图 5-43 表明在 740m 水位、叠加Ⅶ度地震烈度作用下，坝体上游边坡最危险潜在滑面位置与极限平衡法计算得出的潜在滑面一致（图 5-9 中 ab），最危险滑面位于坡顶地形转折端处，滑面底界处于含土块碎石层，根据 Morgenstern-Price（摩根斯坦）、Bishop（毕肖普）和 Janbu（简布）三种不同方法得出的稳定系数分别为 0.793、0.793 和 0.794，与极限平衡方法结论一致。说明坝体上游边坡含土块碎石层不稳定，在浅表层可能出现大范围滑动。三种计算方法的结果如表 5-9 所示。

表5-9 坝体上游边坡稳定性系数

计算方法	Morgenstern- Price	Bishop	Janbu
安全系数	0.793	0.793	0.794
抗滑力矩/kN·m	8.4381e+007	8.4473e+007	—
下滑力矩/kN·m	1.0647e+008	1.0647e+008	—
抗滑力/kN	32020	—	32048
下滑力/kN	40390	—	40378

综上所述，在740m水位、叠加Ⅶ度地震烈度余震条件下，除上游坝坡、下游坡脚以及局部坡面的含土块碎石层内塑性区集中且连续，位移较大，而发生浅表层滑塌破坏外，坝体边坡内部相对稳定，不会出现整体滑移破坏。

5.2.2.3 740m水位Ⅷ度地震天然状态下坝体动态响应分析

本次模拟中采用地震部门提供的地震波作为坝体动力响应的输入波（图5-44），在Ⅷ度地震烈度下，基岩的水平方向峰值加速度为0.2g，竖直方向峰值加速度为0.133g，地震历时40s。

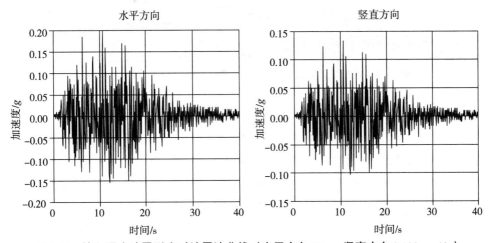

图5-44 输入Ⅷ度地震烈度时地震波曲线（水平方向0.2g，竖直方向0.133g，40s）

当水位达到740m时，在Ⅷ度地震烈度作用下，40s时堰塞坝体应力-应变状态及上、下游边坡稳定性模拟结果如图5-45~图5-57所示。

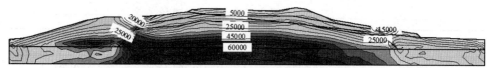

图 5-45　Ⅷ度地震烈度作用下坝体水平应力云图（t=40s）

图 5-46　Ⅷ度地震烈度作用下坝体竖向应力云图（t=40s）

图 5-47　Ⅷ度地震烈度作用下坝体剪应变云图（t=40s）

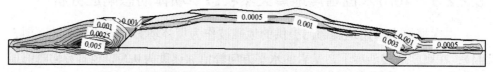

图 5-48　Ⅷ度地震烈度作用下坝体体积应变云图（t=40s）

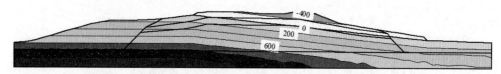

图 5-49　Ⅷ度地震烈度作用下坝体空隙水压力分布云图（t=40s）

　　由图 5-45~图 5-49 可见，与Ⅶ度地震作用时坝体状态相比，水平应力和竖向应力变化不大。剪应变主要发生在坝体上游边坡含土块碎石层和基岩接触界面处，较Ⅶ度地震作用时有所增大，最大应变值为0.9%，最大体积应变量值为0.25%，并向前缘坡脚处逐渐减小，而坝体内部几乎无塑性应变。空隙水压力分布Ⅶ度地震作用时保持一致。

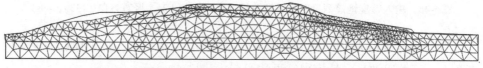

图 5-50　Ⅷ度地震烈度作用下坝体网格总变形图（t=40s）

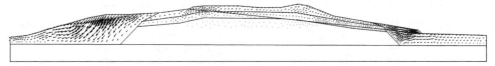

图 5-51　Ⅷ度地震烈度作用下坝体总位移矢量图（*t*=40s）

图 5-52　Ⅷ度地震烈度作用下坝体水平位移云图（*t*=40s）

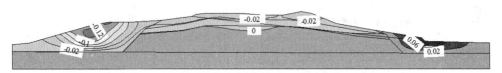

图 5-53　Ⅷ度地震烈度作用下坝体水平速度云图（*t*=40s）

图 5-54　Ⅷ度地震烈度作用下坝体竖向位移云图（*t*=40s）

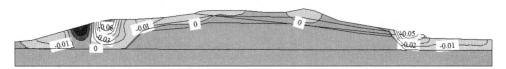

图 5-55　Ⅷ度地震烈度作用下坝体竖向速度云图（*t*=40s）

　　由图 5-50~图 5-55 可见，在Ⅷ度地震烈度作用下坝体上游边坡出现较大变形，但变形范围仅局限在含土块碎石层内，该位置最大水平位移为 0.22m，最大水平速度为 0.12m/s，方向朝向上游，最大竖向位移为 0.3m，最大竖向速率为 0.06m/s，方向朝下，比Ⅶ度地震烈度作用时位移明显增大。说明上游边坡含土块碎石层已出现破坏，而坝体内部位移较小，相对稳定，不会出现大范围的破坏。下游边坡变形集中在下游坡脚处和坡面局部地区，有可能发生浅表层破坏，但对下游坝坡整体稳定性影响较小。

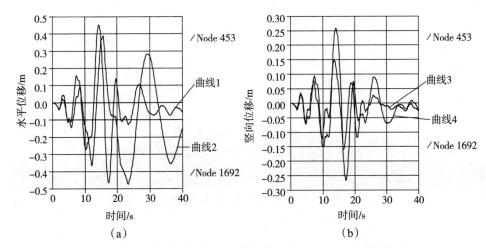

图5-56 Ⅷ度地震作用下坝体相应监测点水平和竖向位移曲线

由图5-56可见，在Ⅷ度地震烈度作用下，网格单元表现为往返（反复）变形特征，不同地形地貌特点导致的变形效果也不同。在图5-56(a)中，监测点453水平位移曲线（曲线1），水平位移值为−0.45~0.45m，地震停止后的最终水平位移值为−0.05m；监测点1692水平位移曲线（曲线2），水平位移值为−0.48~0.38m，地震停止后的最终水平位移值为−0.15m。在图5-40(b)中，监测点453竖向位移曲线（曲线3），竖向位移值为−0.16~0.15m，地震停止后的最终竖向位移值为−0.03m；监测点1692竖向位移曲线（曲线4），竖向位移值为−0.26~0.26m，地震停止后的最终竖向位移值为−0.03m。比Ⅶ度地震烈度作用时监测点位移明显增大。

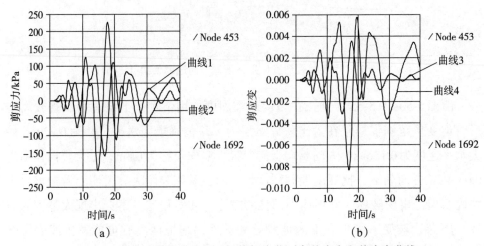

图5-57 Ⅷ度地震烈度作用下坝体相应监测点剪应力和剪应变曲线

（a）中纵坐标表示应力，单位kPa；（b）中纵坐标表示应变；横坐标表示时间：单位s

由图5-57（a）可见，在Ⅷ度地震烈度作用下，监测点453剪应力曲线（曲线1），应力量值处于−200~230kPa之间，地震停止后的最终剪应力值为10kPa；监测点1692剪应力曲线（曲线2），应力量值处于−160~105kPa之间，地震停止后的最终剪应力值为30kPa。图5-57（b）显示监测点453剪应变曲线（曲线3），其位移值处于−0.003~0.003m之间，地震停止后的最终剪应变值为0；而监测点1692剪应变曲线（曲线4），剪应变值处于−0.008~0.006之间，地震停止后的最终剪应变值为0.001。也较Ⅶ度地震烈度作用时监测点应力、应变明显增大。

当水位达到740m时，在Ⅷ度地震烈度作用下，堰塞坝体上、下游边坡稳定性模拟结果如图5-58和图5-59所示。

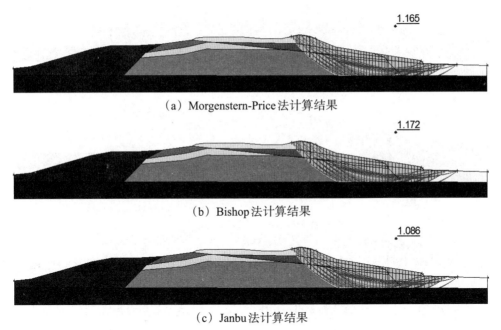

1.165

（a）Morgenstern-Price法计算结果

1.172

（b）Bishop法计算结果

1.086

（c）Janbu法计算结果

图5-58　740m水位Ⅷ度地震烈度作用下坝体下游边坡最危险潜在滑面及相应稳定性系数

由图5-58可见，740m水位并叠加Ⅷ度地震烈度作用下坝体下游边坡最危险潜在滑面位置与极限平衡法计算图5-8中 *bf* 潜在滑面一致，最危险滑面位于坡顶地形转折端处，滑面底界处于似层状结构巨厚（石）层和含土块碎石层中，根据摩根斯坦等三种不同方法得出的稳定系数分别为1.165、1.172和1.086，与极限平衡方法结论总体一致。说明坝体下游边坡稳定，不会出现滑动。三种计算方法的结果如表5-10所示。

表5-10　坝体下游边坡稳定性系数

计算方法	Morgenstern- Price	Bishop	Janbu
安全系数	1.165	1.172	1.086
抗滑力矩/kN·m	3.6776e+007	3.6966e+007	—
下滑力矩/kN·m	3.1576e+007	3.1549e+007	—
抗滑力/kN	1.0623e+005	—	1.0564e+005
下滑力/kN	91066	—	97308

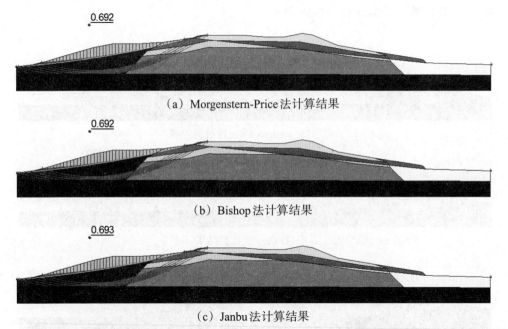

（a）Morgenstern-Price法计算结果

（b）Bishop法计算结果

（c）Janbu法计算结果

图5-59　740m水位无地震天然状态下坝体上游边坡最危险潜在滑面及相应稳定性系数

　　由图5-59可见，在740m水位、叠加Ⅷ度地震烈度作用下坝体上游边坡最危险潜在滑面位置与极限平衡法计算图5-9中 *ab* 潜在滑面一致，最危险滑面发生坡顶地形转折端处，滑面底界处于含土块碎石层，根据按摩根斯坦等三种不同方法得出的稳定或安全系数分别为0.692、0.692和0.693，也与极限平衡方法结论相一致。说明坝体上游边坡含土块碎石层不稳定，在浅表层可能出现大范围滑动。三种计算方法的结果如表5-11所示。

表5-11　坝体上游边坡稳定性系数

计算方法	Morgenstern- Price	Bishop	Janbu
安全系数	0.692	0.692	0.693
抗滑力矩/kN·m	8.6328e+007	8.6349e+007	—
下滑力矩/kN·m	1.2475e+008	1.2475e+008	—
抗滑力/kN	29071	—	29072
下滑力/kN	41969	—	41945

综上所述，在740m水位、并叠加Ⅷ度地震烈度余震条件下，除上游坝坡、下游坡脚和局部坡面的含土块碎石层内塑性区集中且连续、位移较大、发生浅表层破坏外，坝体边坡内部稳定，不会出现整体滑移破坏。

对比三种工况下的上、下游坝坡稳定性系数，可见在天然状态下，上游坝坡浅表层处于失稳状态，下游坝坡稳定，坝体整体稳定性好；受余震影响，上游坝坡稳定性程度大大降低，塑性破坏范围增大，下游坡脚处出现局部滑塌，但对坝体整体稳定性影响较小。因此，堰塞坝除上、下游边坡的含土块碎石层浅表部会发生失稳滑动外，坝体整体稳定性好，不会出现较大范围的破坏。即便遭受较大余震，坝体仍然稳定，不会出现整体或部分溃坝。

第6章　唐家山堰塞坝溃坝
模式及应急处置方案

　　地震滑坡堰塞坝是地球表生构造运动的自然产物，由于物质组成和环境因素等方面各异，坝体材料结构、力学特性差异巨大。一般而言，堰塞坝溃坝模式按危害程度分为渐进式溃决和灾变式溃决，其破坏形式主要有渗透破坏、坝体边坡滑坡和坝顶漫流[347,348]。

　　（1）渗透破坏。堰塞坝物质形成初期主要是滑坡、崩塌堆积物以及河床底部冲积物，一般后期在表部还会存在泥石流堆积，因而堵江坝由多成因物质组成，并具有多种独特的地质结构。由于刹车制动的冲击碰撞以及停积后的不均匀沉降等作用，坝体内部存在许多空隙、空洞和明显的架空地带，使得坝体可能发生管涌或流土破坏。此外，坝体内部不同物质渗透系数的差异还会造成接触冲刷，引起渐进式溃决。

　　（2）坝体滑坡。由于堰塞湖水位的不断上升，出现巨大的水压力，加上堰塞坝透水性较高或内部渗透特性的差异，上、下游坝坡材料的孔隙水压力增大，物理力学参数显著降低，坝坡从稳定状态不断向失稳状态过渡，最终坝体边坡出现大范围的滑动。无论是高速滑动还是缓速蠕变，最后都将削弱坝体的抵抗能力，引起灾变式溃决。

　　（3）坝顶漫流。坝顶漫溢是坝体溃决破坏方式中最为普遍的，一是堰塞湖水位上涨超过坝顶高程导致漫溢，二是坝体其他方式破坏导致坝顶沉降而出现漫溢。当堰塞湖水漫顶后，冲刷坝顶和下游坡面，造成下游坝坡滑塌，这种滑塌可能是渐进的，也可能是突发的，其溃决过程受洪水来量控制。唐家山堰塞坝可能的溃坝模式就属于此种类型。

6.1 堰塞湖（坝）防灾减灾应急处置理论与实践

6.1.1 堰塞湖（坝）应急处理实例

国内外在堰塞湖防灾减灾方面已取得许多成功的经验。

1911年2月18日，塔吉克斯坦发生里氏7.4级大地震，导致约20亿立方米的岩石滑入塔吉克斯坦东南部的穆尔加布河，形成一个高600m的堰塞坝，之后形成长60km的萨雷兹湖，库容约170亿立方米。这次滑坡被认为是1900年以后世界上最大的一次滑坡。目前该坝还存在，而且从没有出现过漫坝。目前，最大水深约550m，湖水面距离坝顶最低点还有50m，如果该水坝失事，将给下游造成严重的损失。因为该堰塞坝位于崎岖的山区，没有通往现场的公路，安装人工泄洪装置代价非常大，因此目前的保护措施只能是进行水文监测并在下游安装洪水早期预警系统。

1959年8月17日，在美国蒙大拿州发生里氏7.3级大地震，致使赫布根湖下游8000万立方米山体以160km/h的速度崩滑，堵塞了麦迪逊河。在不到1个月的时间内堰塞湖回水长度10km，水深达58m。由于缺少可靠的泄洪通道，美国陆军工程兵团被迫在美国西部进行了一次规模最大的集结，抢在快速上升的水体导致堰塞体溃决之前抢修了一条溢洪道，以尽可能减少冲蚀及溃坝的风险[353]。

1960年5月22日，智利发生迄今为止世界上最强地震，震级为里氏9.5级，死亡1655人。这次地震造成特拉孔山发生多次滑坡，堵塞了里尼韦湖的出水口，形成了名为"Rinihuazo"的堰塞坝。里尼韦湖是智利位于同一流域的7个湖泊中位置最低的1个湖，恩孔河的水源源不断地注入该湖，而作为该湖排水水道的圣佩德罗河流经数座城镇和瓦尔迪维亚市，最终流入科拉尔湾。圣佩德罗河也因地震引发的滑坡而堵塞，导致里尼韦湖水位开始快速上升，而水位每升高1m，相当于水量增加2000万立方米。这也意味着当水位最终达到24m高的堰塞坝坝顶时，将有48亿立方米的水排入圣佩德罗河，而圣佩德罗河的过流能力只有400m³/s，因此这样的水量可以在5h内摧毁沿河的所有居民点。如果堰塞坝突然溃决，将会造成更加灾难性的后果，因为受影响的区域内有10万人。有关方面制定了针对瓦尔迪维亚市的疏散计划。为了避免城市遭到毁灭性的破坏，军队与数名来自智利国家电力公司等机构的工人开始在堰塞体上开挖泄洪沟。虽然投入了27台推土机用于抢险，但由于推土机在堰塞体附近的泥沼中作业非常困难，因而不得不用铁锨来开挖。智利拒绝了美国军队提出的派直升机轰炸堰塞体的建议。在进行堰塞坝抢险工作的同时，为最大限度地减少流入里尼韦湖的水量，对7个湖泊中的其他几个湖都修筑了拦水坝。除卡拉夫根湖外，其他几个湖的拦水坝事后都被拆除。到5月23日，堰塞坝的泄洪沟发挥作用，使得堰塞湖水位从24m降到了15m，使30亿立方米的水逐渐出湖，但剩余水量依然具有巨大的破坏力。抢险工作一直持续了2个月的时间。

1968年5月23日5点24分，新西兰的伊南阿瓦发生里氏7.1级大地震，在布勒河上形成了一个长达7km，水位超过正常水位30m的堰塞湖。如果堰塞坝溃坝，将淹没下游的伊南阿瓦和西港地区。这两个地区的所有人口都需要撤离。地震发生12h之后，第一支由50人组成的队伍开始从伊南阿瓦徒步向高处撤离，军队和民用直升机也开始帮助疏散人群。布勒河河上的堰塞坝最后发生了漫坝，坝体被逐渐侵蚀，但没有出现严重的洪灾。

1985年5月11日，巴布亚新几内亚发生里氏7.1级大地震。地震引发的山体滑坡堵塞了贝拉曼河，形成了一个堰塞湖。到1986年8月，堰塞湖的蓄水量达到5000万立方米，对居住在贝拉曼河下游的居民构成巨大威胁。1986年9月，在堰塞坝接近漫顶之时，对下游人员进行了疏散。堰塞坝决口3h后发生溃坝，溃坝产生1.2亿立方米的泥石流。泥石流以平均20km/h的速度沿贝拉曼河谷奔泻39km后进入所罗门海。河口处的洪水位比河流的正常水位高出8m。洪水淹没了贝拉曼村，但由于疏散及时，没有造成人员伤亡。

2001年2月13日，萨尔瓦多首都圣萨尔瓦多市附近发生里氏6.6级地震，滑坡堵塞了两条主要的河流：埃尔德萨古河和吉博亚河。150万立方米的滑坡体堵塞了埃尔德萨古河，形成了一个1.5km长的浅湖，堰塞坝出现了漫顶但坝体稳定。吉博亚河道被1200万立方米的滑坡体所堵塞，而且坝体是由火山沉积物构成的，稳定性差。吉博亚河堰塞湖最大水深可达60m，长度约2km。为防止吉博亚河堰塞坝出现溃坝危险，开挖了一条深20m的溢洪道。

2004年10月23日，日本新潟县发生里氏6.6级地震，共引发了1600多次滑坡，沿芋川干流和支流一共形成了30多个堰塞湖，其中最具威胁的是东竹泽堰塞湖和寺野堰塞湖。两个堰塞坝长度均约为350m，坝体积都超过100万立方米，被掩埋的河道长度约为水库最大水深的10倍。虽然因水压和管涌而出现溃坝的可能性较小，然而却存在漫顶和连续崩塌的危险。因此，对下游居民进行了撤离，并且需要采取紧急措施降低水库水位。东竹泽堰塞湖因为更靠近下游而更加危险。为了消除漫顶的危险，采取了以下一些紧急措施：首先，采取水泵抽水和虹吸方式降低水位，开始安装了6台水泵，其后又增加了6台；因为水泵维修困难，其后采取了安装导流管的办法；最后通过开挖导流明渠来泄洪。为了保证导流明渠开挖期间坝体土壤不发生二次滑坡，坝体表面的土壤在开挖之前被削掉一部分厚度。

2005年10月8日，巴基斯坦克什米尔地区发生了里氏7.6级大地震，造成数千处山体滑塌，在杰赫勒姆河的两条支流加尔利河和坦格河上分别形成了堰塞湖。至2005年12月19日，加尔利河堰塞湖长约800m，深约20m；坦格河堰塞湖长约400m，深约10m。为消除漫坝对下游的威胁，巴基斯坦军方在加尔利河堰塞坝上修建了一条溢洪道。

2007年3月25日10点50分，日本石川县发生里氏6.7级地震，导致在距石川县轮岛市上游6km的河原田川上出现堰塞坝。堰塞坝坝高40m，宽30m。轮岛市采取紧急开挖作业，在12点使河道泄洪宽度扩大到5m，泄洪水深1m[354]。

其中我国也不乏成功的案例。例如，1981年4月9日，甘肃省南部舟曲县城下游5km，白龙江左岸发生滑坡，截断了白龙江，上游水位以每小时10cm的速度上涨，舟曲县城很快就有被淹没的危险。由于及时爆破坝体成功，泄流槽道不断扩大，从而解除了上游舟曲县城被淹、下游发生特大洪水的威胁。当时回水已达4.5km，蓄水1300万立方米。

1967年6月8日，四川省雅江县孜河区唐古栋一带发生特大型滑坡，约7000万立方米土石截断雅碧江形成堰塞湖，坝高175~355m，水位不断升高，蓄水达6.5亿立方米，回水总长53km。6月17日溃坝，形成非常性洪水，在坝下游10km处，洪峰水位高达48m，洪峰流量达$6.21×10^4 m^3/s$。由于当时对溃坝危险性和影响范围作出了预测，并制订了减灾预案，迅速组织下游沿江两岸低处人口疏散，未造成人员伤亡，但财产受到严重损失。冲毁耕地233km²、房屋435间、公路51km、桥梁三座、涵洞47座，洼里和冕宁等三个水文站设施被冲毁[355,356]。

1999年9月21日，我国台湾省花莲地区发生里氏7.6级地震，引起的滑坡多达1万起，其中最大的滑坡堵塞了急水溪，形成了Tsau-Lin堰塞湖。水利部门通过空间遥感数据和GIS，很快测算出堰塞湖的主要数据，包括：①堰塞坝高50m（高程539.6m）；②坝宽4km；③形成的水库的集水面积162km²；④滑坡面积620km²；⑤堰塞坝体积约1.5亿立方米；⑥堰塞湖体积4600万立方米。花莲地震后，施工人员对该坝的坝面进行了平整和碾压，以便水流能够安全地漫坝通过。在该堰塞坝的下游建设了安全坝，以便在堰塞坝出现溃坝时保护下游的人口和土地。

6.1.2 堰塞湖（坝）应急处理基本原则

结合上述对堰塞湖进行成功应急处置的案例可以看出，地震灾区堰塞湖应急处理最基本的原则就是在最短的时间内，最大可能地降低和排除堰塞湖蓄水，保证堰塞坝的稳定和安全，争取时间千方百计保证抗震救灾顺利进行。具体指导方针包括以下两点[351, 352]。

①由于地震灾区的堰塞湖蓄水可能引发堰塞坝上游淹没，产生二次灾害。因此在及时做好各堰塞湖安全检查的基础上，最大可能地降低堰塞湖的水位，在保证堰塞湖不会发生次生灾难的情况下，再考虑综合治理的措施。

②现场应急勘查。第一，要对造成堰塞湖的滑坡堆积体进行初步分析，包括堰塞坝的地质结构、颗粒组成、堆积规模、透水特征以及可能的拦蓄水量等。第二，要初步判定堆积体的安全稳定性，包括堆积体的抗滑稳定性和渗透破坏的可能性，并判断溃坝风险及可能造成的损失。第三，结合短期的降水预报，判断近期可能的来水量，进行基本的洪水过程评估。第四，综合上述基本判断，确定堰塞坝堆积体短期内的整体稳定性，确定应急治理方案。如果能够保障堆积体的近期稳定，则近期可以采取以降低水位为主的临时保坝措施，否则，必须立即疏通堰塞湖坝体，排空湖内蓄水，避免二次洪水次生灾难。

6.1.3 堰塞湖（坝）应急处理前期工作

为分析及预报堰塞坝的稳定性、可能的破坏方式以及溃坝危害程度，应该在堰塞湖形成后及时进行以下几个方面的工作。

①掌握堰塞坝的几何特征、坝体地质结构和物质组成，查明各种粒径百分含量。在此基础上对相应成分进行必要的物理力学性质分析和试验，如粒径、密度、渗透系数、黏聚力、内摩擦角等。

②建立堰塞湖水位监测体系。为确切掌握堰塞湖水位变化，堰塞坝实际土体变形及孔隙水压分布状况，应指派专业技术人员对堰塞湖水位变化进行全天

候监测，包括水位上升速率、水位距离坝顶的高度、水深、是否发生溢流等，并且每间隔2小时报告一次。若发生溢流，则应该加密监测次数，并及时报警。鉴于堰塞湖区域广大，人力监测困难，应该实施紧急通报系统，在堰塞湖上中下游各处设置动态监测视频，全天候及时监测水位变化、溢流情形，地形地貌变化，将影像传送至应急控制中心，随时掌握堰塞湖变化状况。

③收集基本信息。一是上游天气监测与降雨预报，这对堰塞湖的险情处理非常重要，据此可以预测堰塞湖的入湖流量及堰塞坝内的水量及湖水位的上升速率和幅度，通常采取的依据有：地面雨量站，雷达雨量站，卫星监测等。

④堰塞坝体变形监测预报。指派专业技术人员在坝体上沿顺河方向设置简易木桩变形观测点，对坝体变形进行监测，并观测坝体是否有沉陷、裂缝，用尺子测量裂缝宽度是否变化、扩展。降雨时应该加密观测，每间隔2小时报告一次。若堰塞坝体变形加速，则应加密监测次数，并及时报警。

⑤坝体渗流、管涌监测预报。指派专业技术人员对堰塞湖坝体下游坝面是否产生渗流、是否发生管涌、坝面渗出水流是否浑浊、下游坝面是否发生局部垮塌、垮塌的规模及位置等及时进行监测，一旦发生管涌或大面积坍塌应及时上报。

⑥对于堰塞湖内的古滑坡和变形的斜坡，应进行孔隙水压监测系统、水位观测系统等的建设，埋设孔隙水压计及自动测斜管，对斜坡滑动进行监测。

⑦稳定和溃坝风险分析。一是安全性分析，包括抗滑稳定性分析、渗透稳定性分析、溃决模式分析。通过评估，确定堰塞湖的安全性和溃决模式，为进一步的溃坝风险分析提供依据。二是溃决风险分析，在获得堰塞坝和堰塞湖基本情况的基础上，根据堰塞坝体本身的稳定性、区域的来水特征和外力作用，确定坝体溃决模式。若发生余震，还必须对溃坝洪水进行风险分析，运用模型快速评估溃决后可能影响的范围，以及淹没区的最大水深。

⑧落实预警、警报系统，按照防汛应急预案规定，根据事件可能造成的危害程度，由不同级别的行政主管部门分别发布相应的等级警报。将疏散方案及时准确传递至堰塞湖下游各警报站，预警下游群众提前撤离。

6.1.4 堰塞湖（坝）应急处理中的关键问题

由于堵江滑坡本身的原因，堰塞湖天然坝体复杂多样，滑坡体内的物质组成、粒度成分、结构特征等差异都非常大，就是同一滑坡堰塞坝，其不同部位的物理力学性质也存在差异性和不均匀性。堵江滑坡坝虽然与人工土石坝有许多相似之处，但是由于堵江滑坡坝是在外部诱发因素作用下产生的，且坝体结构也完全不同，其上、下游坝坡一般较人工土石坝要缓，撒开范围也更大。因此，结合堰塞坝形成的地质条件，堰塞湖应急处理中涉及的关键问题主要包括防洪标准复核、坝体结构安全评价、渗流安全评价和抗震安全复核等几个方面。

①防洪标准复核。根据堰塞湖上游水文资料和运行期水文资料，进行洪水复核和调洪计算，评价其抗洪能力是否满足现行有关规范要求。

②坝体结构安全评价。按照国家现行规范复核计算堰塞坝目前在静水压力作用下的变形、强度及稳定性是否满足要求，如该区余震在Ⅵ度地震烈度以上，还应进行地震结构安全论证。

③渗流安全评价。评价堵江滑坡坝天然状态下渗流状态能否满足和保证渗漏和渗透稳定性方面的要求，以及是否需要设置渗流控制措施和治理渗漏的工程措施。

④地震安全复核。按照现行规程规范复核堰塞湖工程现状是否满足抗震救灾的要求。

6.1.5 堰塞湖（坝）应急处置措施

地震灾区高危堰塞湖应急处置措施主要有以下几种情形。

①针对交通便利，可以创造条件进行机械化施工抢险的堰塞湖，必须尽快调动重型机械设备进场。通过开挖隧洞和明渠创造临时溢洪道，或者使用排水涵管（洞）降低湖内水位，或者采用水泵抽排、倒虹吸的方式降低堰塞湖坝体以内的水位和积蓄水，控制上游湖水位上涨，防止堰塞坝溃决。

②对于地形条件差、环境恶劣、交通极其不便、人迹罕至的堰塞湖，由于难以调动大型、重型机械设备进场以及实施大规模的爆破作业，应尽早在较低湖水位时，用一些轻型、便捷的小设备进行钻孔和小批量多次爆破。同时配合人工作业，并用钢筋石笼、巨石等加固泄洪槽底部和侧壁，削弱水流冲刷能力，防止坝体迅速整体溃决，使其慢慢冲深，逐渐拓宽，呈明渠形式排泄湖水，降低水位、减少蓄水量。从而实现有效降水或可控制性局部溃决，减轻堰塞湖水骤然溃坝导致的洪灾。通常愈快开渠泄流，减灾效果愈好。

在上述两方面工作的基础上，对上游最高湖水位以及溃坝最大流量、最高水位以及沿程的流量和水位作出预测，圈定上游淹没范围和下游洪水危及范围，及时撤离上游和下游可能淹没或冲毁区域的居民，作好安置工作，以防溃坝洪水对生命的伤害。如果情况允许，可以在堰塞坝下游河道建拦砂坝消能、拦蓄土砂、缓和坡降并且安定两侧斜坡，减缓土石对下游河道的冲击，最大程度减轻灾害损失。

6.2 唐家山堰塞坝坝体渗透破坏分析

唐家山堰塞坝形成机制类型为高速强夯型，其主体由似层状结构巨厚层岩体组成，结构密实，内部不会发生流土破坏。坝体上游边坡主要为含土块碎石，其防渗性较好，碰撞压缩又使得其下部结构较密实，也不容易发生流土破坏。根据现场调查，当水位达到710m时，在坝体下游坡脚669.0m高程一带出现几处渗漏点，随着堰塞湖水位上升，在下游坡脚700.0m高程附近又出现一处新的渗漏点，流量为$1\sim2m^3/s$，流量稳定，水质清澈，无浑浊现象，说明坝体没有出现管涌破坏。

通过对坝体渗流场模拟分析，除坝体下游边坡表层碎石土可能会出现局部渗透破坏外，下部块石土层和似层状结构巨石层的平均渗透坡降和最大渗透坡降均小于允许坡降值，坝体不会出现渗透破坏（管涌）。

6.3 坝体边坡稳定性分析

堰塞坝主体由坚硬的似层状结构硅质岩组成，物理力学特性较好，原岩结构保存较完整，不易破坏，稳定性较好。而上游侧边坡含土块碎石遇水强度大大降低，又受到堰塞湖水的动水压力，边坡浅表层易失稳滑动，但其破坏范围有限。下游侧边坡较陡，受渗流场和余震的影响，局部可能出现小范围塌滑现象。

通过各种工况条件下坝体边坡稳定性计算和数值模拟，得到堰塞坝除边坡表层含土块碎石层局部会发生失稳外，堰塞坝主体稳定性好，不会出现较大范围的滑动破坏，即便发生较大余震，坝体依然稳定，不会出现突发式整体溃坝。

6.4 坝顶漫溢分析

综上所述，坝体除局部发生小范围破坏外，整体稳定性好，在漫坝前不会发生溃决。随着水位的上升，当堰塞湖水位超过坝体顶部最低高程（752m）

时，将在坝体表面形成流水，坝体中部负地形凹槽部位将形成泄流槽，在水的冲刷作用下，泄流槽的宽度和深度不断加大，槽壁两侧土体因垮塌将被洪水冲走。随着泄流槽过水面积的增大和堰塞湖水位下降，水流冲刷能力将逐渐减弱。坝体底部的似层状结构巨石层的抗冲刷能力较强，冲刷作用在该层将变得微弱，从而该层顶面成为淘刷和侵蚀的下界。

6.5 堰塞坝溃坝模式

根据堰塞坝体规模形态、地质结构特征及地形条件等因素综合分析可得出以下几点认识。

（1）堰塞坝整体稳定。其理由是：①坝体平面顺河向长度达803.4m，横河向宽度达611.8m，坝体规模巨大；②坝体上、下游坡的坡比分别为1∶4和1∶2.4，与常规土石坝规范设计坡比相比，要缓得多，均属稳定坡比；③堰塞坝体主体仍保持较完整的似层状地质结构，力学性质较好；④堰塞坝体本身处在通口河凹岸大拐弯部位，堰塞湖水位升高形成的压力会因河流弯道而分解，作用在堰塞坝上的动水压力会大大减小。因此，堰塞坝整体稳定，不会发生整体溃坝。

（2）堰塞坝局部稳定性较差。其理由是：根据堰塞坝地质结构特点，其上、下游部位边坡由于滑坡解体破碎强烈，结构松散而稳定性稍差。上游侧坡面会因堰塞湖水位抬升及余震影响，出现浅表层坍滑。下游侧坡面会因坝体渗漏发生局部小规模坍滑，但随着湖水过坝溢流逐渐形成自下游往上游的溯源侵蚀或淘刷，靠溢流槽附近会逐级坍岸。不过上、下游坡面的局部失稳并不影响堰塞坝整体稳定。

（3）堰塞坝以浅表层"溢流淘刷破坏"方式为主。由于唐家山滑坡短程运动急速刹车制动等原因，堰塞坝中、下部以巨厚层似层状岩体为主，仍保存着原始斜坡岩体的层状结构，浅表层以解体的块碎石及碎石土为主，呈"下粗上细"的结构特征。这种堰塞体结构在堰塞湖水位抬升过程中发生"管涌（渗漏）破坏"的可能性极小。2008年6月5日，在堰塞坝下游坡脚部位出现一处清水渗漏（图6-1），总渗水量达5m³/s，流量稳定，水质清澈，说明坝体没有出现管涌破坏。而当堰塞湖水位超过坝体顶部最低高程时，则会形成过坝溢流，出现浅表层"溢流淘刷破坏"。

因此唐家山堰塞坝的溃决模式将会以浅表层块碎石土逐级淘刷的"溢流破坏"方式进行，而不会发生"管涌（渗漏）破坏"模式进而导致整体溃坝。

图6-1　堰塞坝下游坡脚部位出现的清水渗漏（面向上游）

综合以上分析，当堰塞湖水位超过坝顶最底高程发生漫坝时，整个坝体的溃决模式为渐进式溃决。其溃决过程如下：下游侧表层碎石土层因水流漫顶淘刷和溯源侵蚀造成坝体表层土体破坏（图6-2），最终导致第①层碎石土大部分被淘刷带走（图6-3）。随着第①层被淘刷、水流速度加大，进而造成第②层块碎石被逐渐冲刷下切，但不会发生整体溃决，而第③层似层状岩体将保持稳定，侵蚀和淘刷的下限深度就是第③层似层状岩体顶部（图6-4）。

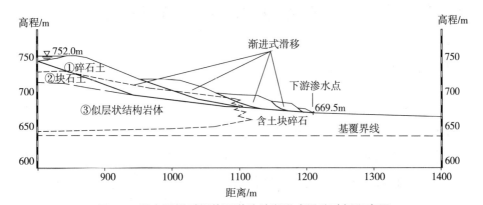

图6-2　湖水漫坝时坝体下游边坡渐进式滑移破坏示意图

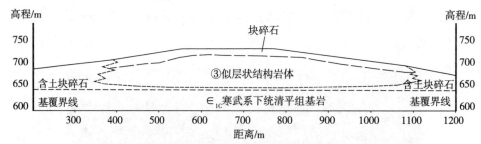

图6-3　表层碎石土被漫坝洪水冲蚀淘刷后坝体示意图

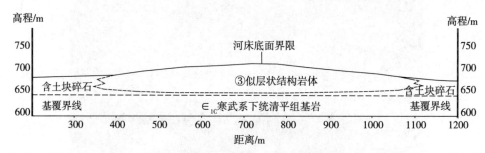

图6-4　漫坝洪水冲蚀淘刷底界限示意图

　　由以上分析，堰塞坝最可能的破坏形式是在漫顶洪水冲蚀淘刷作用下，下游边坡渐进式滑塌破坏。根据坝体结构特征，碎块石土层抗冲刷能力较弱，而似层状巨厚（石）层抗冲刷能力强，首先被冲刷带走的是坝体负地形凹槽两侧的碎块石土。其初期冲刷破坏的下限位于碎块石土层及似层状巨厚（石）层的接触带，其高程约为730~710m，从左岸向右岸逐步降低。据6月10日堰塞湖泄洪过程中坝体冲刷破坏的现场情况，以上判断分析符合客观实际。

6.6　泄流槽过流冲刷能力评价及处置方案比选

6.6.1　泄流槽方案比选

　　堰塞坝溃决初始水位越高，堰塞湖蓄水量越大，形成溃坝洪峰越大，灾害风险也越大，因此必须及时开挖泄流槽，尽量降低溃决初始水位[8,9,256,258,266,267,349,350]。

　　其中泄流槽布置基本原则为：①泄流槽尽量布置在原地形较低、颗粒组成较细的地方，以减少开挖工程量、降低开挖难度、加快开挖进度，同时充分发挥水流挟带能力；②槽线应尽量顺直，转弯段转角不宜过大，以保证出流顺畅；③泄流槽初始断面在施工强度能争取达到的范围内，尽可能满足汛期一定标准下的过流能力要求；④断面设计与施工设备相匹配，结构简单，便于快速施工；⑤设计断面在施工过程中和投入使用前的临时稳定应得到保证。

水力及结构设计原则为：①槽道纵坡应设计成小流量条件下的陡坡渠道，以便在小流量时即可形成冲刷下切的地形条件；②堰塞坝顶部为松散坡积物，为防止水流流速过高，快速冲刷下切堰塞坝顶部，而导致顶部突然溃决，堰塞坝顶部泄流槽道坡度应结合地形予以控制，小流量条件下为陡坡，大流量条件下为缓坡槽道，同时从上游至下游纵坡应逐渐变陡，泄流槽出口应设置在易于冲刷的地方，加快形成冲刷临空面，以便引导其形成溯源冲刷的形态；③在槽道出口两侧边坡坡面进行局部保护，避免小流量时边坡垮塌堵塞渠道；④因松散残坡积物集中在槽道右侧，槽道边坡护右不护左。在槽道右侧抗冲刷能力差采用铅丝石笼护坡，以避免水流向泄流槽右侧快速冲刷导致突然溃决。

根据通口河水文气象条件，当堰塞坝遭遇常年（2年一遇）洪水时，会出现大规模漫顶溢流而造成突然溃决；故泄流槽过流标准采用2年一遇洪水，相应流量为1160m³/s。由于泄流槽泄洪过程中，水流的溯源侵蚀将冲深拓宽过流断面，使得泄流槽过水能力大大加强。

充分考虑唐家山堰塞坝的地质条件，在三处可利用的天然沟谷中，选择在堰塞坝靠右岸侧凹槽、天然垭口高程最低部位，物质组成以表部残坡积物为主、中下部以似层状结构巨厚层岩体（滑坡堆积物）为主，估算开挖工程量相对最少。泄流槽在平面上呈凹向左岸的弧形，其上游段地形相对平坦，下游段为天然陡坡渠道。为了确保唐家山下游人民生命财产安全，唐家山抗震抢险指挥部做出指示，在水位达到740m前，快速在坝体开挖泄流槽进行泄洪。抢险指挥中心共拟定了开口线相同、相同坡比、渠底高程不同、能够根据水情及其他险情动态调整的高、中、低三个泄流槽方案。高标准方案，泄槽底板高程742m、泄槽底宽13m，泄槽总长695m，上游平缓段泄槽纵坡为0.6%，下游陡坡段纵坡分别为24%和16%。泄流槽采用梯形断面，两侧边坡按覆盖层稳定坡比确定为1：1.5。根据地质推测剖面，并结合现场判断，泄流槽开挖段主要为上游段，开挖以表层残坡积物为主，长约290m。

三个方案工程量见表6-1。

表6-1   唐家山堰塞体泄流槽三个方案工程量

方案	开挖工程量/m³	铅丝石笼/m³	链接钢筋根数（螺纹 ϕ 25mm，长1.5m）
方案一（747m）	56200	12000	1500
方案二（745m）	75300	11500	1380
方案三（742m）	93500	11000	1270

根据上述布置分别进行了2年、5年一遇洪水流量条件下泄流槽水力学计算，未考虑调洪，成果见表6-2~表6-4。

表6-2   747m方案水力计算成果

频率/%	流量/（m³/s）	上游水位/m	堰顶平均水深/m	缓坡段平均流速/（m/s）	陡坡段平均流速/（m/s）	陡坡最大流速/（m/s）
50	1160	754.4	7.40	4.01	6.41	19.07
20	2190	758.14	11.14	4.40	7.46	22.59

表6-3   745m方案水力计算成果

频率/%	流量/（m³/s）	上游水位/m	堰顶平均水深/m	缓坡段平均流速/（m/s）	陡坡段平均流速/（m/s）	陡坡最大流速/（m/s）
50	1160	753.1	8.10	4.19	6.62	20.05
20	2190	757.14	12.14	4.49	7.63	23.37

表6-4   742m方案水力计算成果

频率/%	流量/（m³/s）	上游水位/m	堰顶平均水深/m	缓坡段平均流速/（m/s）	陡坡段平均流速/（m/s）	陡坡最大流速/（m/s）
50	1160	752.1	10.10	4.08	6.81	20.08
20	2190	756.1	14.10	4.55	7.78	22.25

三个方案比较：随着堰顶高程的降低，过2年一遇、5年一遇流量时的上游水位也随之降低，缓坡段平均流速、陡坡段起始流速以及陡坡段最大流速则随之增大，但是最大流速相差不大，最大流速都在20m/s左右。各方案缓坡段平均流速均大于覆盖层抗冲流速，接近下部巨石和孤块碎石体抗冲流速。渠道会发生一定冲刷及下切，但下切速度有限；陡坡段流速均远超堰塞坝组成物质的

抗冲流速，会发生明显冲刷下切，上述流态可保证冲刷自下游向上游逐步推进，而上游段（缓坡段）亦逐步冲刷下切，不至于产生较大规模的突然溃决，该流态符合溯源冲刷的形态要求。

方案三（742m）过常年洪水流量时上游水位低于堰塞坝最低高程，可保证不发生漫顶溢流，其他两方案略高1~2m。综合考虑泄流槽布置、水力条件、工程量和现场的气象条件及施工能力，宜按方案三施工。

根据防护原则，防护措施只为防止渠道较软弱边坡坡面突然坍塌和一定程度上减缓过快冲刷下切速度，同时为简化施工，只设计了局部铅丝笼进行边坡防护。

6.6.2 泄流槽施工组织与施工技术

6.6.2.1 工期分析和进度计划安排

工期是制定应急处置设计方案和施工方案的基本约束条件，施工条件差、工期有限是唐家山堰塞湖应急处置工程最主要的施工特点之一。2008年5月20日实测的堰塞湖水位高程为713m，每天入库水量约720万立方米，在入库水量保持不变的前提下，如不对堰塞坝及时进行处理，到2008年6月10日左右湖水位将达到752m堰体漫坝高程，考虑到施工准备以及暴雨、滑坡影响，实际可以施工的时间在10天左右。按泄流槽设计槽底高程742m，拟定施工工期为2008年5月26日至2008年6月5日。

6.6.2.2 施工组织与施工技术

（1）施工条件及保障措施。因在短时间内无法打通到唐家山的道路，不具备陆路交通条件。堰塞坝使河流中断，下游基本断流；堰塞坝上游形成的湖泊淤积物和孤石较多，水下状况复杂，大型船只无法通航和靠岸，不具备水上运输条件，且堰塞坝上游无法提供物资、设备。因此，施工人员、设备、材料及给养等只能选择空中运输。经调研，国内有一架吊运能力为15t的米-26直升机（俄罗斯政府于2008年5月25日派出一架米-26支援，共有两架米-26参与吊运），其他直升机的运输能力均在5t以下。因此，选择米-26直升机作为施工设备和主要施工材料的运输工具。其他直升机作为施工参战人员、零星材料及给养等的运箱工具。

（2）现场施工。泄流槽于2008年5月26日正式施工，2008年6月1日晨完工（图6-5）。根据泄流槽开挖进行的施工地质工作，桩号0+000~0+270段，槽底及槽坡由碎石土组成，与前期判断相吻合；0+270~0+330段，槽底及槽坡下部由似层状结构巨厚（石）层组成，槽坡上部为厚约3.0m的碎石土。

图6-5　2008年6月8日唐家山堰塞坝泄流槽开始泄洪鸟瞰

另据物探测试结果显示（图6-6）：桩号0+000~0+100段似层状结构巨石层顶面高程在725~735m之间；桩号0+100~0+180段似层状结构巨石顶面高程在710m左右；桩号0+180~0+290碎石土深厚；桩号0+290~0+330段似层状结构巨石层顶面高程在720~730m之间，泄流槽出口段块碎石层分布较厚。由于碎石土抗冲刷能力弱，而泄流槽出口段下部的似层状结构巨厚（石）层在泄水的过程中将起到延缓水流下切速度、控制整个泄流槽底板高程的作用，将降低湖水下泄对下游的影响。

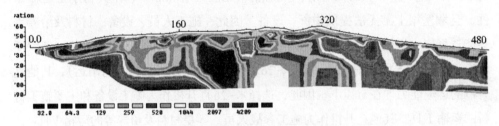

图6-6　施工开挖泄流槽物探剖面

（浅色部分为高电阻值—孤块碎石层，深色部分为低电阻值—碎石土）

由于实际施工能力较原计划能力有明显突破，对泄流槽结构又进行了优化。在接近完成高标准方案（进口高程742m）时，将进口高程由742m降低为741m；在此方案施工临近结束时，又将渠底高程全线降低1m，形成平段进口高程740m，平段出口高程738m，渠底宽度7~10m。经过武警水电官兵7天6夜艰苦卓绝的工作，提前完成了泄流槽的施工，具备了分流过水的条件。

6.6.2.3 堰塞湖泄流

2008年6月7日07时08分修建的泄流槽开始过流泄洪（图6-7），至6月10日01时30分最高水位为743.10m，6月10日11时30分，泄流槽最大下泄流量为6500m³/s（图6-8），超过唐家山100年一遇洪峰流量（唐家山堰塞湖坝址100年一遇设计洪峰流量6040m³/s）。自6月7日08时至6月11日08时，唐家山堰塞湖以上流域共计入湖水量约4700万立方米，通过泄流槽下泄总水量约1.86亿立方米。堰塞湖坝前水位从6月10日1时30分最高水位743.10m降低至11日14时714.62m，水位下降28.97m；库容由2.466亿立方米降至0.861亿立方米，减少1.6亿立方米。泄流过程中，下游群众无一人伤亡，重要基础设施没有造成损失。经过水流的冲刷，泄流槽已形成长800m、上宽145~235m、底宽80~100m、进口端底部高程710m、出口端底部高程约690m的峡谷型河道（图6-9）。6月11日，临时转移的20多万群众安全返回家园，唐家山堰塞湖应急处置工作基本告一段落。

图6-7　2008年6月8日唐家山泄流槽形态

图6-8　2008年6月10日唐家山堰塞坝泄流槽泄洪全景

图6-9　2008年6月12日唐家山堰塞坝安全泄洪后的泄流槽及残留堰塞体俯瞰

6.7 泄流后残余堰塞坝稳定性评价

虽然唐家山堰塞湖应急工程顺利完成，但是泄流后残留堰塞坝的稳定性，堰塞湖库区地质灾害，上游洪水灾害，现状行洪能力和防洪度汛等问题依然需要进一步细致研究，为堰塞湖区域地质环境综合整治工作奠定基础。

6.7.1 泄流后堰塞坝概况

堰塞湖泄流后，堰塞湖坝前水位713.54m，堰塞坝后水位704.2m（6月21日唐家山水文站提供）。堰塞坝原来右侧凹槽部位已形成宽畅的新河道，河道宽约200m，水面宽约60m，平面上呈右弓形，中线长度为890m（图6-9）。

新河道在断面形态上，呈上宽下窄的"倒梯形"，其开口宽145~235m，底宽100~145m，左侧坡度35°~50°，右侧坡度45°~60°，坡高10~60m。冲刷后新河道共带走堰塞体堆积物质约500万立方米，约占堰塞坝总体积的25%。

新河道左、右侧坡相对称，上部为厚20~40m的黄色碎石土，中部为10~20m的孤块碎石，坡脚和河道出露灰黑色似层状硅质岩巨石，可见原岩层状结构，泄流槽右岸为冲刷岸，受水流冲刷岸坡塌滑明显，已冲刷绝大部分物质，左岸碎石土体也出现塌滑现象，但较右岸弱。堰塞坝下游坡脚地带也受到强烈冲刷，但尚未出现较大规模的塌滑现象。残余堰塞坝平面形态呈拱形，顺河向长为600m，最大横河向宽度为300m，竖向厚度为80~120m，剩余方量初估约1500万立方米。

6.7.2 剩余堰塞体稳定性评价

从"6·10"泄洪过程冲刷破坏的情况看，堰塞坝体在水流冲刷作用下，泄洪槽两侧物质被逐渐淘蚀带走，下部似层状巨石层也受到冲刷，下游边坡逐步塌滑，并带动上部坡体局部变形失稳，但堰塞坝未出现瞬时整体溃决。剩余堰塞坝主要保留新河道左岸上部块碎石和下部似层状结构巨石层，其抗渗透破坏和抗冲刷能力较强，抗滑稳定性也较好，加之泄流后坝体上游水位已大幅下降。因此，剩余堰塞坝的整体稳定性良好。

但由于泄流槽两侧边坡仍分布有大量的碎石土，抗冲刷能力弱，坡度较陡，并在槽壁边坡顶部20~40m范围内出现较多拉裂缝，自身稳定性极差，当再遭受较大洪水或连续降雨，将会发生小规模塌滑，局部堰塞河道。

为了确保下游人民生命和财产安全，后期成立的北川县唐家山堰塞湖综合利用指挥部要求对堰塞体泄流槽进一步拓宽，并合理利用堰塞体就地安置原住居民。

第7章 堰塞湖（坝）防灾减灾应急处置理论与实践

综上所述，在我国西部山区，地震滑坡堰塞湖作为地震-滑坡-堰塞湖灾害链的链生灾害，一旦堰塞体整体溃决，其次生危害非常严重。虽然堰塞湖的形成地点和过程目前还无法提前确定和制止，但是一旦堰塞湖形成，采取合适措施减轻或避免堰塞湖灾害是有可能的。

7.1 堰塞湖（坝）应急处置实例及教训

国内外在堰塞湖防灾减灾方面已取得许多成功的经验，但也有不成功的例子。

（1）1911年2月18日，塔吉克斯坦发生里氏7.4级大地震，导致约20亿立方米的岩体滑入塔吉克斯坦东南部的穆尔加布河，形成一个高600m的堰塞坝，之后形成长60km的萨雷兹湖，库容约170亿立方米。这次滑坡被认为是1900年以后世界上最大的一次滑坡。目前该堰塞坝还存在，而且从没有出现过水流漫坝，最大水深约550m，湖水面距离坝顶最低点还有50m的距离，如果该水坝失事，将给下游造成严重的损失。因为该堰塞坝位于崎岖的山区，没有通往现场的公路，安装人工泄洪装置代价非常大，因此目前的处置措施是进行堰塞湖水文监测并在下游安装洪水早期预警系统，从多年效果看，堰塞体地质结构良好、整体稳定。

（2）1959年8月17日，在美国蒙大拿州发生里氏7.3级大地震，致使赫布根湖下游8000万立方米山体以160km/h的速度崩滑，堵塞了麦迪逊河。在不到1个月的时间内堰塞湖长10km，水深达58m。由于缺少可靠的泄洪通道，美国陆军工程兵团被迫在美国西部进行了一次规模最大的集结，抢在快速上升的水体导致堰塞体溃决之前，抢修了一条溢洪道以尽可能减少冲蚀以及溃坝的风险[353]，运行效果良好。

（3）1960 年 5 月 22 日，智利发生迄今为止世界上最强地震，震级为里氏 9.5 级，死亡 1655 人。这次地震造成特拉孔山发生多次滑坡，堵塞了里尼韦湖的出水口，形成了名为"Rinihuazo"的堰塞坝。里尼韦湖是智利位于同一流域的 7 个湖泊中位置最低的 1 个湖，恩孔河的水源源不断地注入该湖，而作为该湖排水水道的圣佩德罗河流经数座城镇和瓦尔迪维亚市，最终流入科拉尔湾。圣佩德罗河也因地震引发的滑坡而堵塞，导致里尼韦湖水位开始快速上升，而水位每升高 1m，相当于水量增加 2000 万立方米。这也意味着当水位最终达到 24m 高的堰塞坝坝顶时，将有 48 亿立方米的水排入圣佩德罗河，而圣佩德罗河的过流能力只有 400m³/s，因此这样的水量可以在 5h 内摧毁沿河的所有居民点。如果堰塞坝突然溃决，将会造成更加灾难性的后果，因为受影响的区域内有 10 万人，有关方面制定了针对瓦尔迪维亚市的疏散计划。为了避免城市遭到毁灭性的破坏，军队与数名来自智利国家电力公司等机构的工人开始在堰塞体上开挖泄洪沟。虽然投入了 27 台推土机用于抢险，但由于推土机在堰塞体附近的泥沼中作业非常困难，因而不得不用铁锹来开挖。智利拒绝了美国军队提出的派直升机轰炸堰塞体的建议。在进行堰塞坝抢险工作的同时，为最大限度地减少流入里尼韦湖的水量，对七湖中的其他几个湖都修筑了拦水坝。除卡拉夫根湖外，其他几个湖的拦水坝事后都被拆除。到 5 月 23 日，堰塞坝人工开挖泄洪沟开始发挥作用，使得堰塞湖水位高度从 24m 降到了 15m，使 30 亿立方米的水逐渐出湖，但剩余水量依然具有巨大的破坏力。抢险工作一直持续了 2 个月的时间。

（4）1968 年 5 月 23 日 5 点 24 分，新西兰的伊南阿瓦发生里氏 7.1 级大地震，在布勒河上形成了一个长达 7km，水位超过正常水位 30m 堰塞湖。如果堰塞坝溃坝，将淹没下游的伊南阿瓦和西港地区，这两个地区的所有人口都需要撤离。地震发生 12h 之后，第一支由 50 人组成的队伍开始从伊南阿瓦徒步向高处撤离，军队和民用直升机也开始帮助疏散人群。该堰塞坝最后发生了漫坝，坝体被逐渐侵蚀，但没有出现严重的洪灾。

（5）1985 年 5 月 11 日，巴布亚新几内亚发生里氏 7.1 级大地震，地震引发的山体滑坡堵塞了贝拉曼河，形成了一个堰塞湖。到 1986 年 8 月，堰塞湖的蓄水量达到 5000 万立方米，对居住在贝拉曼河下游的居民构成巨大威胁。1986 年 9 月，在堰塞坝接近漫顶之时，对下游人员进行了疏散。堰塞坝决口 3h 后发生溃坝，溃坝产生1.2亿立方米的泥石流，该泥石流以平均20km/h的速度沿贝拉曼河谷奔泻39km后进入所罗门海。河口处的洪水位比河流的正常水位高出8m。洪水淹没了贝拉曼村，但由于疏散及时，没有造成人员伤亡。

（6）2001年2月13日，萨尔瓦多首都圣萨尔瓦多市附近发生里氏6.6级的地震，滑坡堵塞了两条主要河流：埃尔德萨古河和吉博亚河。其中的150万立方米滑坡体堵塞了埃尔德萨古河，形成了一个1.5km长的浅湖，堰塞坝出现了漫顶但坝体稳定；而吉博亚河道被1200万立方米的滑坡体所堵塞，坝体由火山沉积物构成，稳定性差。吉博亚河堰塞湖最大水深可达60m，长度约2km。为防止吉博亚河堰塞坝出现危险，当地政府在堰塞体上开挖了一条深20m的溢洪道，确保坝体稳定。

（7）2004年10月23日，日本新潟县发生里氏6.6级地震，共引发了1600多次滑坡，沿芋川干流和支流一共形成了30多个堰塞湖，其中最具威胁的是东竹泽堰塞湖和寺野堰塞湖。两个堰塞坝长度均约为350m，堰塞坝体积都超过100万立方米，被掩埋的河道长度约为水库最大水深的10倍。虽然因水压和管涌而出现溃坝的可能性较小，然而却存在漫顶和连续崩塌的危险。因此，对下游居民进行了撤离，并且需要采取紧急措施降低水库水位。东竹泽堰塞湖因为更靠近下游而更加危险，采取了以下一些紧急措施：首先，采取水泵抽水和虹吸方式降低水位，开始安装了6台水泵，其后又增加了6台；因为水泵维修困难，其后采取了安装导流管的办法；最后通过开挖导流明渠泄洪，为了保证导流明渠开挖期间坝体土壤不发生二次滑坡，对坝体表面松散土壤进行清除。

（8）2005年10月8日，巴基斯坦克什米尔地区发生了里氏7.6级大地震，造成数千处山体滑塌，在杰赫勒姆河的两条支流加尔利河和坦格河上分别形成了堰塞湖。至2005年12月19日，加尔利河堰塞湖长约800m，深约20m；坦格河堰塞湖长约400m，深约10m。为消除漫坝对下游的威胁，巴基斯坦军方在加尔利河堰塞坝上修建了一座溢洪道泄洪。

（9）2007年3月25日10点50分，日本石川县发生里氏6.7级地震，导致在距石川县轮岛市上游6km的河原田川上发生滑坡堵江，堰塞坝坝高40m，宽30m。轮岛市采取紧急开挖作业，在12点使河道泄洪宽度扩大到5m，泄洪水深1m[354]。

针对堰塞湖处理，在我国也不乏成功和失败的案例。

（1）1981年4月9日，甘肃省南部舟曲县城下游5km，白龙江左岸发生滑坡，堵断了白龙江，上游水位以每小时 10cm 速度上涨，舟曲县城很快就有被淹没的危险。由于及时爆破坝体成功，泄流槽道不断扩大，从而解除了上游舟曲县城被淹、下游发生特大洪水的威胁。当时回水已达 4.5km，蓄水 1300 万立方米。

（2）1999 年 9 月 21 日，我国台湾省花莲地区发生里氏 7.6 级地震，引起的滑坡多达 1 万起，其中最大的滑坡堵塞了急水溪，形成了 Tsau-Lin 堰塞湖。水利部门通过空间遥感数据和 GIS，很快测算出堰塞湖的主要数据，包括：①堰塞坝高 50m（高程 539.6m）；②坝宽 4km；③形成的水库的集水面积 162km²；④滑坡面积 620km²；⑤堰塞坝体积约 1.5 亿立方米；⑥堰塞湖体积 4600 万立方米。花莲地震后，施工人员对该坝的坝面进行了平整和碾压，以便水流能够安全地漫坝通过。在该堰塞坝的下游建设了安全坝，以便在堰塞坝出现溃坝时保护下游的人口和土地。

（3）1967 年 6 月 8 日上午九点，四川省雅江县孜河区唐古栋一带发生特大型滑坡，约 7000 万立方米土石截断雅砻江形成堰塞湖，坝高 175~355m，水位不断升高，蓄水达 6.5 亿立方米，回水总长 53km。因地处偏僻，交通不便，再加之当时各方面条件限制，根本无法进行应急抢险，至 6 月 17 日 8:00，库水翻坝流出，14:00 溃顶，造成非常规性洪水，在坝下游 10km 处水位上涨达 48m，流量达 62100 立方米每秒，盐源县金河水位上涨 30m，米易县小得石上涨 16.6m，会理县鱼鲺上涨 12.4m，这一影响一直到 1300km 以外的宜宾市还可看到。对下游沿江两岸土地造成强烈侵蚀，初步估计因山崩及溃坝后洪水的侵蚀，进入红河的泥沙量即达 1 亿立方米以上。据西昌、米易等 8 个县不完全统计，共毁田地 233hm²、房屋 435 间，冲走牲畜 131 头、粮食 79 吨，毁坏公路 51km、桥梁 8 座、涵洞 47 座，洼里、沪宁等三个水文站的全部设施被冲毁，死亡人数无统计数据。溃决时，那天正赶上传达"最新指示"，沿江 20 余个村的乡亲们十有八九都集中在村头晒谷场听广播，直接经济损失 1000 万元以上[355,356]。

上述实例表明，对堰塞湖（坝）应急抢险实施方案中，主要包括两大方面：一是快速开挖泄流槽，以降低堰塞湖水位，确保坝体不会形成瞬间溃决；二是尽快划定堰塞湖湖内及可能整体溃决后的危险区范围，快速安排危险区内居民避险撤离。

7.2 堰塞湖 (坝) 应急处置基本原则

结合上述对部分堰塞湖进行成功应急处置的案例可以看出，地震灾区堰塞湖应急处理最基本的原则就是在最短时间内，最大可能地降低和排除堰塞湖蓄水，保证堰塞坝的稳定和安全。具体处置原则包括以下两点[351,352]。

（1）由于地震灾区的堰塞湖蓄水可能引发堰塞坝上游淹没，产生二次灾害。因此在及时做好各堰塞湖安全检查的基础上，最大可能地降低堰塞湖的水位，在保证堰塞湖不会发生次生灾难的情况下，再考虑实施综合治理措施。

（2）现场应急勘查。第一、要对造成堰塞湖的滑坡堆积体进行初步分析，包括堰塞坝的地质结构、颗粒组成、堆积规模、透水特征以及可能的拦蓄水量等。第二、要初步判定堆积体的安全稳定性，包括堆积体的抗滑稳定性和渗透破坏的可能性，并判断溃坝风险及可能造成的损失。第三、结合短期的降水预报，判断近期可能的来水量，进行基本的洪水过程评估。第四、综合上述基本判断，确定堰塞坝堆积体短期内的整体稳定性，确定应急治理方案。如果能够保障堆积体的近期稳定，则近期可以采取降低水位为主的临时保坝措施，否则，必须立即疏通堰塞湖坝体，放空湖内蓄水，避免二次洪水次生灾难。

7.3 堰塞湖 (坝) 应急处置前期工作

为分析及预报堰塞坝的稳定性、可能的破坏方式以及溃坝危害程度，应该在堰塞湖形成后及时进行以下几个方面的工作。

（1）掌握堰塞坝的几何特征、坝体地质结构和物质组成，查明各种粒径百分含量。在此基础上对相应成分进行必要的物理力学性质试验，如粒径、密度、渗透系数、黏聚力、内摩擦角等。

（2）建立堰塞湖水位监测体系。为确切掌握堰塞湖水位变化，堰塞坝实际土体变形及孔隙水压分布状况，应指派专业技术人员对堰塞湖水位变化进行全天候监测，包括水位上升速率，水位距离坝顶的高度、水深，是否发生溢流等，并且每间隔2小时报告一次。若发生溢流，则应该加密监测次数，并及时报警。鉴于堰塞湖区域广大，人力监测困难，应该实施紧急通报系统，在堰塞湖上、中、下游各处设置动态监测视频，全天候及时监测水位变化、溢流情形，地形地貌变化，将影像传送至应急控制中心，随时掌握堰塞湖变化状况。

（3）收集基本信息。一是上游天气监测与降雨预报，这对堰塞湖的险情处埋非常重要，据此可以预测堰塞湖的入湖流量及堰塞坝内的入湖水量及湖水位的上升速率和幅度，通常采取的依据有：地面雨量站，雷达雨量站，卫星监测等。

（4）堰塞坝体变形监测预报。指派专业技术人员在坝体上沿顺河方向设置简易木桩变形观测点，对坝体变形进行监测，并观测坝体是否有沉陷、裂缝，用尺子测量裂缝宽度是否变化、扩展。降雨时应该加密观测，每间隔2小时报告一次。若堰塞坝体变形加速，则应加密监测次数，并及时报警。

（5）坝体渗流、管涌监测预报。指派专业技术人员对堰塞湖坝体下游坝面是否产生渗流、是否发生管涌、坝面渗出水流是否浑浊、下游坝面是否发生局部垮塌、垮塌的规模及位置等及时进行监测，一旦发生管涌或大面积坍塌应及时上报。

（6）对于堰塞湖内的古滑坡和不稳定斜坡，应进行孔隙水压监测系统，水位观测系统等的建设，埋设孔隙水压计及自动测斜管，对斜坡滑动进行监测。

（7）稳定和溃坝风险分析。一是安全性分析，包括抗滑稳定性分析、渗透稳定性分析、溃决形式分析。通过评估，确定堰塞湖的安全性和溃决形式，为进一步的溃坝风险分析提供依据。二是溃决风险分析，在获得堰塞坝和堰塞湖基本情况的基础上，根据堰塞坝体本身的稳定性、区域的来水特征和外力作用，确定坝体溃决模式。若发生余震，还必须对溃坝洪水进行风险分析，运用模型快速评估溃决后可能影响的范围，以及淹没区的最大水深。

（8）落实预警、警报系统，按照防汛应急预案规定，根据事件可能造成的危害程度，由不同级别的行政主管部门分别发布相应的等级警报。将疏散方案及时准确传递至堰塞湖下游各警报站，预警下游群众提前撤离。

7.4 堰塞湖（坝）应急处置中的关键问题

由于堵江滑坡本身的原因，堰塞湖天然坝体复杂多样，滑坡体内的物质组成、粒度成分、结构特征等差异都非常之大，就是同一滑坡堰塞坝，其不同部位的物理力学性质也存在差异性和不均匀性。堵江滑坡坝虽然与人工土石坝有许多相似之处，但是由于堵江滑坡坝是在外部诱发因素作用下产生的，且坝体结构也完全不同，其上、下游坝坡一般较人工土石坝要缓，撒开范围也更大。因此，结合堰塞坝形成的地质条件，堰塞湖应急处置中涉及的关键问题主要包括防洪标准复核、坝体结构安全评价、渗流安全评价和抗震安全复核等几个方面。

（1）防洪标准复核。根据堰塞湖上游水文资料和运行期水文资料，进行洪水复核和调洪计算，评价其抗洪能力是否满足现行有关规范要求。

（2）坝体结构安全评价。按照国家现行规范复核计算堰塞坝目前在静水压力作用下的变形、强度及稳定性是否满足要求，如该区余震在Ⅵ度地震烈度以上，还应进行地震结构安全论证。

（3）渗流安全评价。评价堵江滑坡坝天然状态下渗流状态能否满足和保证渗漏和渗透稳定性方面的要求，以及是否需要设置渗流控制措施和治理渗漏的工程措施。

（4）地震安全复核。按照现行规程规范复核堰塞体现状是否满足抗震安全的要求。

7.5 堰塞湖（坝）应急处置措施

地震灾区高危堰塞湖应急处置措施主要有以下几种情形。

（1）针对交通便利，可以创造条件进行机械化施工抢险的堰塞湖，必须尽快调动重型机械设备进场。通过开挖隧洞和明渠创造临时溢洪道，或者使用排水涵管（洞）降低湖内水位，或者采用水泵抽排、倒虹吸的方式降低堰塞湖坝体以内的水位和积蓄水，控制上游湖水位上涨，防止堰塞坝溃决。

（2）对于地形条件差、环境恶劣、交通极其不便、人迹罕至的堰塞湖，由于难以调动大型、重型机械设备进场以及实施大规模的爆破处理，应尽早在较低湖水位时，用一些轻型、便捷的小设备进行钻孔和小批量多次爆破。同时配合人工作业，并用钢筋石笼、巨石等加固泄洪槽底部和侧壁，削弱水流冲刷能力，防止坝体迅速整体溃决，使其慢慢冲深，逐渐拓宽，呈明渠形式排泄湖水，降低水位、减少蓄水量。从而实现有效降水或可控制性局部溃决，减轻堰塞湖水骤然溃坝导致的洪灾。通常愈快开渠泄流，减灾效果愈好。

在上述两方面工作的基础上，对上游最高湖水位以及溃坝最大流量、最高水位以及沿程的流量和水位作出预测，圈定上游淹没范围和下游洪水危及范围，及时撤离上游和下游可能淹没或冲毁区域的居民，作好安置工作，以防溃坝洪水对生命的伤害。如果情况允许，可以在堰塞坝下游河道建拦砂坝消能、拦蓄土砂、缓和坡降并且安定两侧斜坡，减缓土石对下游河道的冲击，最大程度减轻灾害损失。

第8章 唐家山滑坡后壁残留山体震后稳定性

虽然唐家山堰塞湖于2008年6月10日成功泄流，但受到余震和暴雨影响，滑坡后壁残留山体表部不断发生崩塌以及坡面流。尤其是在经历"5·12"大地震后的数次5.0级以上余震以及当年"6·14"和"9·24"的暴雨袭击，表层坍滑及零星崩塌非常严重。上述现象说明，滑坡后壁残留斜坡目前并未稳定，尤其是否仍存在整体滑移并造成再次堵江，一直是国家水利部和国土资源部关注的焦点，更是唐家山堰塞湖综合整治及其确保上游库区禹里乡震后恢复重建的关键地质问题。

因此查明唐家山滑坡后壁残留坡体在"5·12"大地震后变形破坏的特点，尤其是坡体内裂缝发育及分布，同时根据地质调查及勘探所得出的边界条件和力学参数，利用极限平衡理论等方法，对其今后可能的破坏方式、整体和局部稳定性进行判断，在此基础上针对唐家山堰塞湖作为地质遗迹保护及安全，提出具体的工程整治措施建议具有重要意义。

实地测量显示，"5·12"大地震造成唐家山部位形成高速滑坡堵江后，其滑坡后壁-分水岭间还残留了纵向长460~500m、横向宽（大水沟与小水沟之间）460~640m不等的山体（见图8-1和图8-2），从发生滑坡堵江至今，残留山体斜坡浅表部仍在不断发生崩塌和坍滑，并在坡脚附近形成了约30万立方米的堆积扇。

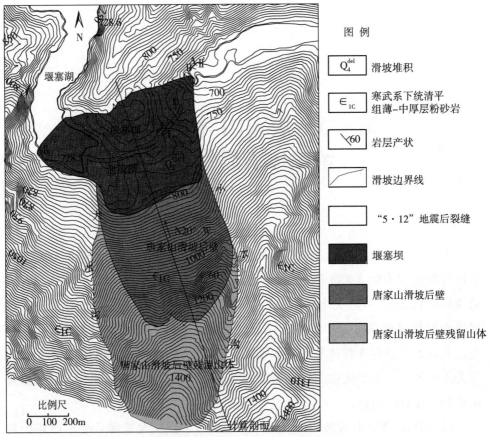

图例

Q_4^{del}	滑坡堆积
$\in_{1C}$	寒武系下统清平组薄–中厚层粉砂岩
⟍60	岩层产状
⟋	滑坡边界线
▢	"5·12"地震后裂缝
■	堰塞坝
▨	唐家山滑坡后壁
▥	唐家山滑坡后壁残留山体

图 8-1　唐家山滑坡后壁残留山体工程地质平面图

8.1 唐家山滑坡后壁残留山体边坡变形破坏特征

根据直升机对唐家山滑坡后壁残留山体附近低空飞行照相解译，并结合现场地质测绘，"5·12"地震后在整个后缘山体表部主要分布三组裂缝，其走向分别为：（1）N40°~50°E 及 N70°E~EW 向，延伸长度 20~200m 不等，此组裂缝主要与唐家山滑坡后壁边界接近一致（图8-2中的⑥~⑧号裂隙），显示朝通口河临空面卸荷拉张；（2）N10°W~近 SN 向~N10°E，延伸长度 50~400m 不等，此组裂缝基本与大水沟和小水沟沟谷走向一致（图8-2中的⑤号裂隙），显示朝大、小水沟临空面卸荷拉张，但小水沟侧裂缝规模明显偏小；（3）N70°W 向，延伸长度达 1000m 左右，此组裂缝分布在最高分水岭部位，与山脊线走向一致

（图8-2中的①~④号裂隙），属山脊陡坡地震震动裂缝。

上述各裂缝走向玫瑰花图见图8-5，近EW走向裂缝（也即平行滑坡后壁的临空面走向）最具优势。

图8-2　唐家山滑坡后壁残留山体及裂缝分布（正面朝南）

上述各组裂缝均呈张性，张开宽度10~50cm不等，由于对各裂缝贯穿深度无法测量，根据汶川特大地震在核心区，如都江堰、映秀、卧龙、北川、青川等地高陡斜坡地震效应，亦即在斜坡坡度50°以上的单薄山脊地震导致的斜坡坍滑效应明显、但拉张裂缝深度一般不深的特点，预测唐家山滑坡后壁残留山体分布的各组拉裂缝深度一般在10~50m之间，除山体前缘附近的N40°~50°E组裂缝已穿入弱风化岩体外，其余靠近山脊线附近的裂缝预计深度均在强风化岩体内（图8-3）。

从上述三组不同延伸方向和规模的裂缝分布情况看（图8-4），整个残留山体浅表层基本上已受到整体扰动，且因山体三面临空，因此其震动卸荷效应并不只是朝通口河方向，而是朝大、小水沟方向也发生坍滑拉裂，只是前者更具优势一些。尽管残留山体浅表的整体性基本上已遭到完全破坏，但下伏弱风化岩体的整体性基本保持完好。

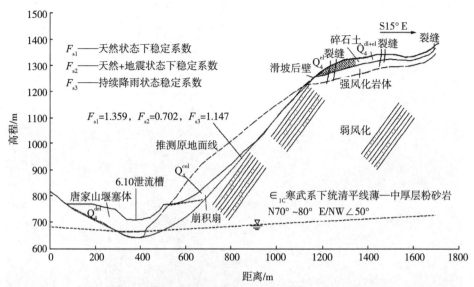

图8-3　唐家山残留山体裂缝分布工程地质剖面图

（a）左为正面朝北全景　　　　　（b）山体分水岭附近地震裂缝

（c）大水沟侧　　　　　　　　　（d）小水沟侧及滑坡后壁附近

图8-4　唐家山残留山体及裂缝分布

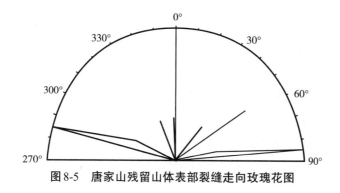

图8-5 唐家山残留山体表部裂缝走向玫瑰花图

8.2 唐家山滑坡后壁残留山体斜坡稳定性分析与评价

8.2.1 定性分析

如上所述，唐家山滑坡后壁残留山体因地震已经表现出朝通口河、大水沟和小水沟三面卸荷坍滑的变形破坏现象，目前残留山体前缘临空面附近因受两条较大规模下错裂缝的影响，以及浅表部岩体本身强风化和完整性差，崩塌及坍滑仍持续发生。据2008年8月6日全天观测分析，每小时内发生崩塌或坍滑次数达8~10次，规模从单个小块石至约50m³坍滑坡体不等，且地震余震滞后效应明显，以2008年8月7日下午16时15分在平武与北川交界处发生5.0级余震为例，残留山体前缘（即唐家山滑坡后壁）在下午17时左右才开始崩塌，最大一次规模达50m³。上述现象表明唐家山残留山体浅表部仍处于不稳定状态。

8.2.1.1 整体稳定性分析

上述坍滑现象显示残留山体浅表层稳定性差，不过斜坡整体自"5·12"地震以来，并未出现整体滑移迹象，结合图8-3分析，表明残留山体整体稳定性良好。其理由如下。

（1）唐家山滑坡是特定的地形（地形坡度总体40°、三面临空）、坡体结构（中陡倾角顺向坡），因高烈度地震（预计为Ⅸ度）触发而成的高速滑坡。现有残留山体尽管仍具有顺层坡体结构，但因坡脚堰塞坝体的压脚作用，最有可能的剪出口部位被压覆在堰塞体底下，故在正常情况下，斜坡整体发生滑坡的可能性很小。从"5·12"地震以来多次5.0级及以上余震作用及两次特大暴雨袭击，该基岩斜坡仍保持整体稳定也说明上述分析的合理性。当然若再次发生类似"5·12"大地震，则该残留斜坡有可能再次发生整体滑动。

（2）尽管山体后缘表层裂缝分布广，但这些长大裂缝距前缘临空面300~500m不等，且山体斜坡地形平缓，下伏深部岩体以弱风化为主，潜在滑面（顺层层面及岩体）均具有较高的强度，抗滑、抗剪能力较强。

（3）现有坡体表部长大震动裂缝深度有限，一般最多贯入弱风化岩体，且前缘的唐家山滑坡后壁部位未见明显的剪出口。

8.2.1.2 局部稳定性分析

虽然残留山体整体稳定，但浅表部（局部）稳定性差，主要表现在以下几个方面。

（1）残留山体浅表部，尤其是前缘临空面、大水沟和小水沟附近的裂缝不仅延伸长大、且较深（贯入深度一般大于10m），再加之临空条件好，因此前缘及两侧发生局部坍滑的可能性很大，尤其是前缘附近局部稳定性最差。

（2）残留山体浅表部不仅坡残积层较厚（5~30m不等），而且下伏表部强风化岩体本身完整性较差，再加之受地震影响，整体松动明显。

（3）"5·12"地震后，在余震、降雨乃至一般天然状况下，前缘临空面附近常有小规模垮塌发生。

8.2.2 定量计算

8.2.2.1 变形破坏模式及边界条件分析

如前所述，唐家山滑坡后壁还残留纵向长460~500m、横向宽（大水沟与小水沟之间）460~640m不等的山体，表现为前缘陡、后缘缓的地形特征（图8-3），残留山体前缘（即唐家山滑坡后壁）坡度约45°，后缘为原始坡体，坡度较缓，为10°~15°。定性分析显示，唐家山滑坡后壁残留山体将主要以浅表部局部零星崩塌、坍滑为主，发生整体滑坡的可能性小。因此在以下稳定性定量计算中，其可能潜在滑面将依据坡体结构及其各种结构面的最不利组合确定，显然顺坡层面（结构面）是最易发生滑动的潜在底滑边界，也是稳定性定量计算的控制性边界。同时因地震在坡面浅表部的各种拉张裂缝显然将会作为后缘拉裂边界。

综合分析可以推测残留山体可能发生较大规模的破坏模式为：后缘贯穿裂缝下错→中部顺层滑移→前缘剪切破坏（见图8-6），因此也可以归结为拉裂—滑移—剪断的三段式机制[143]。其中坡顶前缘拉裂缝作为后缘边界发生坍滑的可能性最大。

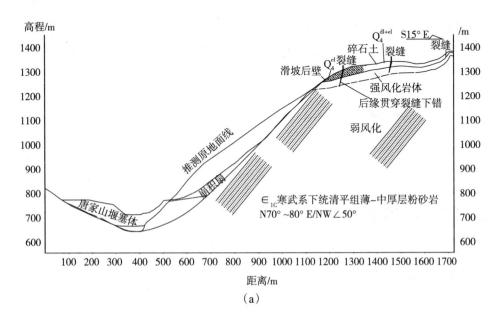

（a）

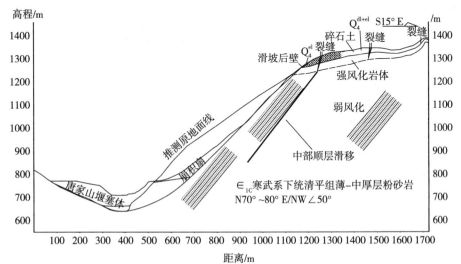

（b）

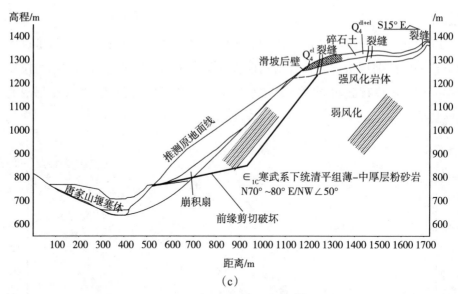

图8-6 唐家山残留山体斜坡"拉裂—滑移—剪断"三段式破坏模式示意

8.2.2.2 计算参数取值分析

根据唐家山斜坡岩土体特点，结合室内物理力学试验成果，残留山体稳定性计算参数按表8-1取值。

表8-1 唐家山残留山体岩土体物理力学参数

类型 岩土	天然状态			饱水状态		
	C/kPa	Φ/ (°)	γ/ (kN/m³)	C/kPa	Φ/ (°)	γ/ (kN/m³)
坡残积层（碎石土）	30.0	35.0	20.0	10.0	30.0	21.0
强风化岩体结构面（砂质板岩）	30.0	23.0	25.5	20.0	20.0	26.0
弱风化岩体结构面（砂质板岩）	50.0	30.0	26.5	40.0	27.0	27.0
弱风化岩体（砂质板岩）	820.0	42.0	26.5	600.0	38.0	27.0
坍滑堆积层（碎石土）	25.0	32.0	20.0	10.0	28.0	21.0

针对"5·12"地震烈度及唐家山距离震中近等特点，计算将分别按两种地震烈度工况考虑：①地震烈度Ⅸ度，相应水平地震加速度取0.4g，地震综合影响系数取1.0（相当于"5·12"地震场地烈度，主要通过反演进一步确认和校核滑坡边界计算参数的合理性）；②地震烈度Ⅷ度，相应水平地震加速度取

0.2g，地震综合影响系数取1.0（相当于"5·12"地震后确定的场地基本烈度，主要以此烈度判断斜坡未来余震条件下的稳定性）。在两种地震烈度条件下，又分别按天然状态、天然+地震、持续降雨三种状态进行稳定性分析计算。

根据上述计算参数取值，按"5·12"地震诱发唐家山滑坡发生时的原始地质剖面[图8-6(a)]，计算（地震烈度Ⅸ度）表明"5·12"地震诱发唐家山滑坡发生时的稳定性系数$F_s=0.702$，表明计算参数取值是合理的。

对残留山体边坡稳定性计算潜在滑面主要依据前述的变形破坏模式进行随机搜索，即以坡顶表部拉裂缝、坡内顺层层面及其前缘可能在原唐家山滑坡后壁不同高程剪出口作随机确定，从宏观上看潜在滑面属折线型，采用传递系数法进行计算。

8.2.2.3　稳定性计算分析

基于残留山体可能存在的结构面组合，即以"折线型"潜在滑面为特点，在稳定性计算中，除了采用常规的二维潜在折线型滑面分析外，考虑到整个潜在滑面因呈折线、在不同部位表现出不同的起伏状态，还采用三维潜在折线型滑面进行了计算。另外还值得说明的是，结合唐家山部位的气象资料，计算工况中的持续暴雨状态指两种情况：一种是小雨（一般降雨，降雨强度小于5mm/h），但持续时间在24h以上；另一种是暴雨或大雨（5年以上一遇强降雨，一般降雨强度大于30mm/h），持续时间在3h以上。另外地下水浸润线面是根据河水位及降雨入渗量建立水文地质模型，并采用Modflow软件模拟得出，具体见图8-3和图8-7。

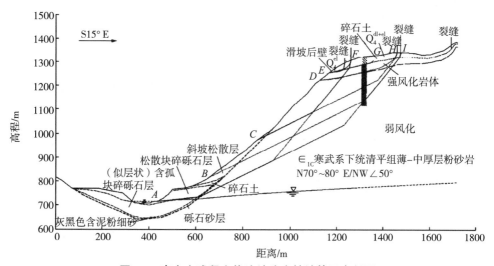

图8-7　唐家山残留山体边坡稳定性计算示意剖面

（1）基于二维潜在折线型滑面的稳定性分析。结合上述三种工况条件所进行的稳定性计算结果见图8-7和表8-2，其中的地震工况是指"5·12"地震后确定场地基本烈度为Ⅷ度条件。

表8-2　唐家山残留山体斜坡在各种工况下的稳定性分析成果（按二维中心剖面单宽计算）

计算潜在剖面	稳定系数		
	天然状态	天然+地震状态(地震烈度Ⅷ度)	持续降雨
AF	1.669	1.153	1.323
AI	1.929	1.296	1.579
BI	2.214	1.498	1.813
CH	2.520	1.693	2.061
CF	1.953	1.414	1.521
DH	5.916	2.179	3.170
EG	2.807	1.538	2.182
EF	2.066	1.284	1.523

由表8-2可见，在天然状态下，各潜在滑面的稳定性系数都大于1.67，均处在稳定状态；在天然+地震状态（Ⅷ度地震烈度）下，各潜在滑面稳定性系数大于1.15，也处在稳定状态；在持续降雨条件下，各潜在滑面的稳定性系数都大于1.32，同样处在稳定状态。这显示在天然状态、Ⅷ度地震烈度以及持续降雨条件下，唐家山残余山体边坡发生较大规模滑坡的可能性不大。

（2）基于三维潜在折线型滑面的稳定性分析。上述计算是针对单一剖面（单位宽度1m）得出的结果，为了较为准确地掌握残留山体沿折线型潜在滑面整体滑移的稳定性，本次研究采用多条计算剖面模拟滑面三维起伏状态下的稳定性计算，结果见表8-3，其中三种工况条件同上。

表8-3　唐家山残留山体斜坡在各种工况下的稳定性分析成果（按三维整体滑面计算）

计算潜在剖面	稳定系数		
	天然状态	天然+地震状态(地震烈度Ⅷ度)	持续降雨
AF	1.696	1.169	1.350
AI	1.946	1.305	1.596
BI	2.228	1.506	1.828

续表

计算潜在剖面	稳定系数		
	天然状态	天然+地震状态(地震烈度Ⅷ度)	持续降雨
CH	2.529	1.698	2.070
CF	1.986	1.436	1.554
DH	5.946	2.190	3.186
EG	2.835	1.631	2.293
EF	2.087	1.368	1.565

与二维单一剖面计算结果相比，不管在何种工况下，基于三维潜在滑面计算所得出的结果均普遍高于前者，以 AF 潜在滑面为例，在天然状态下，稳定性系数从 1.669 变为 1.696，增长 1.6%；在天然+地震状态（Ⅷ度地震烈度）下，稳定性系数从 1.153 变为 1.169，增长 1.4%；在持续降雨状态下，稳定性系数从 1.323 变为 1.350，增长 2.0%。其余潜在滑面也具类似特点，这说明基于整体滑面下的斜坡稳定性计算，由于充分考虑滑面整体的起伏形态，使得稳定性系数更具有可靠性和合理性。上述结果也同样显示在天然状态、Ⅷ度地震烈度以及持续降雨条件下，唐家山残余山体斜坡发生较大规模滑坡的可能性小。

8.3 唐家山滑坡后壁残留山体斜坡稳定性的有限元分析

模型参照相关剖面建立（见图 8-8），相关计算参数见表 8-1。

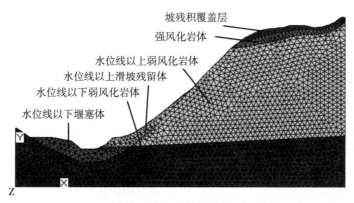

图 8-8 唐家山残留山体边坡模型示意图

计算采用三维有限元程序（FLAC³ᴰ）进行具体计算，结果见图 8-9。

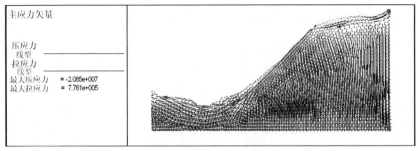

（a）应力矢量图（单位：Pa）

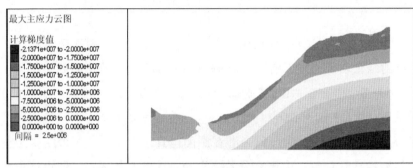

（b）最大主应力图（单位：Pa）

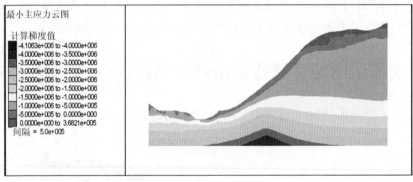

（c）最小主应力图（单位：Pa）

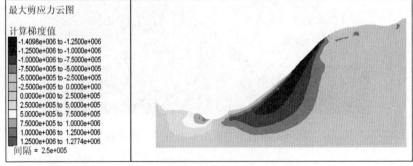

（d）最大剪应力图（单位：Pa）

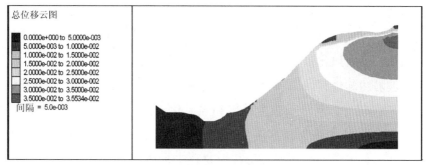

（e）总位移图（单位：m）

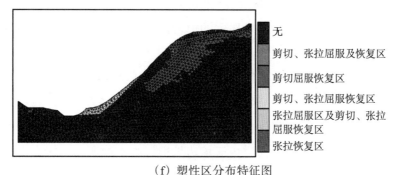

（f）塑性区分布特征图

图8-9　具体计算结果图

从最大和最小主应力场特征来看，边坡应力场总体上受重力场影响明显。最大主应力在边坡坡面部位，总体与坡面平行；而在边坡深部，则与重力方向总体上一致，其量值在边坡最深部位取最大值，而靠近坡面部位量值逐渐减小。最小主应力在边坡深部大体上为水平方向；而在坡面部位与坡面近于垂直，在边坡最深部位取得较大值，而靠近坡面量值逐渐减小，局部甚至表现出较为明显的拉张现象。主要在坡顶、坡脚和弱风化岩体的浅表层附近出现奇异区，表现为拉应力，其余部位为压应力区，其拉应力量值最大可达0.37MPa。边坡应力场的上述特征也在一定程度上说明了边坡岩土体局部较为破碎的原因。

从最大剪应力分布图[见图8-9（d）]可以看出，沿滑坡后壁及滑面下部弱风化岩体的浅表层出现明显的剪应力集中条带，剪应力量值最大达1.40MPa。说明滑坡产生后，弱风化岩体的浅表层由于临空面卸荷及自重作用而产生剪应力集中。

从边坡总位移分布特征图[见图8-9（e）]可见，边坡变形主要发生在边坡后缘及弱风化岩土体内，底界为倾坡外的强风化与弱风化交界部位，变形呈现由地表向坡内递减、由后缘向前缘递减的分布特征，最大变形位于临空条件较好的滑坡后壁强、弱风化带分界面附近的岩土体内，最大值达3.55cm。

从边坡坡内塑性区[见图8-9（f）]分布特征可见，坡顶出现拉应力塑性变形区，分布范围较广，从坡残积覆盖层和强风化岩体一直发育到弱风化岩体内，坡脚处残留滑坡体表现为拉剪应力综合变形区。说明坡顶和坡脚可能出现破坏，弱风化岩体内部塑性区已经形成但是还未贯通到坡脚处，但沿层面有可能向下破裂，从而形成新滑面，但现状整体稳定。

显然上述有限元数值模拟结果揭示的边坡破坏模式及稳定性，与前述的定量稳定性计算结果总体一致。

因残留山体本身位于唐家山堰塞坝体右岸，基于其所处部位的特殊性以及堵江存在的潜在危害，建议：①密切加强该边坡地表及深部位移监测和预报，为唐家山堰塞湖综合整治提供地质依据；②基于残留边坡浅表层仍处于崩塌或坍滑的发育期，潜在危害大，同时由于该边坡前缘临空面所在的唐家山滑坡后壁相对高差近600m，故近期对其进行工程治理难度极大，同时从唐家山堰塞湖作为地质遗迹保护角度来看，唐家山滑坡本身就具有地质研究价值。因此建议按照边坡自然演变规律，待其浅表层坍滑结束并逐渐处于稳定后，再进行工程治理的可行性论证。

第9章 唐家山堰塞湖大水沟泥石流 发育特征及堵江危害性评价

除了上章论述的唐家山滑坡后壁残留山体稳定性外，唐家山所在部位山体受到近Ⅸ度地震烈度的影响，地表山体破坏极为强烈，崩塌、滑坡到处可见，次生灾害极为严重。在2008年经历了当年一个雨季后，北川-唐家山一带的沟谷和坡面泥石流就频繁发生，其中最典型的是位于唐家山堰塞坝体右岸的大水沟、小水沟及残留山体表部的无名小冲沟泥石流，而其后的2011年"8·13"以及2012年"8·17"、2013年"7·10"等特大暴雨在上述部位更是形成规模大、致灾强的中、大型泥石流灾害，而这些灾害又在很大程度上限制着唐家山堰塞湖的可利用性及当地恢复重建的可行性。

现场调查显示，唐家山右岸除分布大水沟、小水沟外，滑坡中部还分布切割很浅的无名沟。汶川地震前，大水沟、小水沟及无名沟均为小规模山洪冲沟，几十年来一直未发生过泥石流，震后由于各自沟域内崩塌、滑坡发育，均形成了丰富的松散物源，均具备泥石流发生的所有条件[357-365]。因此，当2008年6月14日该地区仅发生5年一遇的暴雨时，大水沟和无名沟爆发了地震后首次泥石流，两者累计冲出规模近10万立方米，并导致唐家山堰塞坝入口部位堵江断流近4h（图9-1）；当2008年9月24日遇近100年一遇的大暴雨袭击时，两者以及小水沟同时再次爆发更大规模的泥石流，冲出规模近38万立方米（据野外实测，堆积体顺河长约500m，横河宽110m，平均厚7m），导致泄流槽堵江断流达17h，堰塞湖水位抬升近10m，不仅严重制约堰塞湖库尾羌族第一乡——禹里乡震后恢复重建最低高程线的确定，而且对下游各乡镇的恢复重建也存在严重的潜在危害。

图9-1　地震后大水沟和无名沟"6·14"泥石流发育及堵江（摄于2008年6月14日）

9.1 唐家山堰塞坝部位泥石流发育的地质背景

9.1.1 地质环境条件概述

　　堰塞坝部位泥石流的暴发主要发生在通口河右岸，从上游到下游包含大水沟、无名沟和小水沟三条小沟谷泥石流。唐家山部位基岩为寒武系下统清平组薄层硅质岩、砂岩、泥灰岩及泥岩，地层产状N60°E/NW∠55°，并表现为顺向坡[9]。

　　震前岸坡表层普遍分布残坡积碎石土，厚度5~15m。其中的大水沟位于通口河右岸、紧靠唐家山滑坡上游侧，流域面积0.45km²，沟长0.99km，沟床纵坡坡降525.3‰，流域最高点1609m，地震后沟口最低点713m；小水沟则位于唐家山滑坡下游侧，流域面积0.36km²，沟长1.37km，沟床纵坡坡降470.0‰，流域最高点1473m，地震后沟口最低点708m；而位于唐家山中部的无名沟震后流域面积仅0.065km²，沟长0.66km，沟床纵坡坡降570.0‰，流域最高点882m，地震后沟口最低点713m（图9-1、图9-2）。

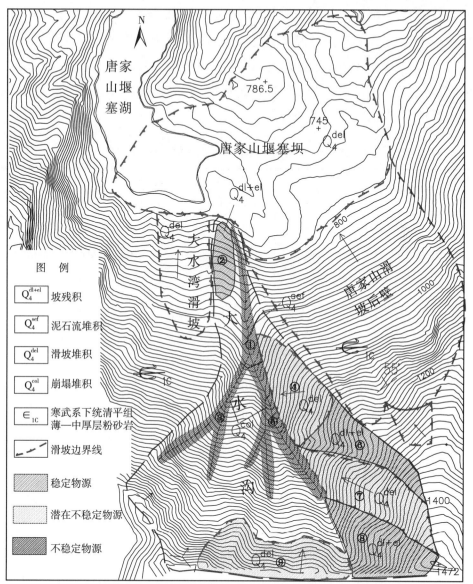

图9-2 大、小水沟及无名沟流域松散物源平面分布及与唐家山堰塞坝位置关系(单位:m)

如前所述,大水沟等三条冲沟地震前均为典型的山洪冲沟,近几十年以来从未发生过泥石流,受"5·12"大地震影响,各冲沟流域内两侧山坡崩塌、滑坡非常发育,以大水沟为例,具体表现为靠左侧分水岭附近山脊几乎处处形成崩塌,而靠唐家山侧右岸分水岭部位滑坡又很普遍(图9-1)。

据2008年8月6日现场地质测绘并初步估算(表9-1),大水沟流域内松散物源总计约162万立方米，其中稳定物源（主要为坡残积）约70万立方米，占总物源43%，潜在不稳定物源（主要为滑坡体）83万立方米，占总物源51%，不稳定物源（主要为崩塌、泥石流堆积）9万立方米，占总物源6%。可见地震后不稳定和潜在不稳定物源达到91万立方米，占总物源57%，显示此沟发生泥石流的可能性极大。

表9-1 大水沟流域松散物源分布特征一览

物源编号	物源性状	分布位置	边界距沟口距离/km	预计方量/万立方米	分布高程/m	现状稳定性
1	泥石流堆积 Q_4^{sef}	主沟沟床	0.12	2	750~900	不稳定
2	坡残积 Q_4^{dl+el}	主沟左岸	0.10	15	760~880	稳定
3	崩塌堆积 Q_4^{col}	左侧支沟沟床	0.30	4	950~1200	不稳定
4	滑坡堆积体 Q_4^{del}	主沟右岸	0.28	30	920~1120	潜在不稳定
5	崩塌堆积 Q_4^{col}	主沟沟床	0.30	3	950~1250	不稳定
6	坡残积 Q_4^{dl+el}	主沟右岸	0.65	25	1120~1380	稳定
7	滑坡堆积体 Q_4^{del}	主沟右岸	0.70	20	1120~1460	潜在不稳定
8	坡残积 Q_4^{dl+el}	主沟右岸	0.82	30	1130~1472	稳定
9	滑坡堆积体 Q_4^{del}	分水岭附近	0.88	33	1280~1400	潜在不稳定

注：全流域合计方量为162万立方米。

小水沟和无名沟也具有类似特点，唐家山高速滑坡后其后壁形成高差约500m、地形坡度近55°的残留坡面，受地震及滑坡双重影响，后壁残留山体表部岩体松动，坍滑及崩塌频繁发生，不仅在坡脚形成了约30万立方米松散堆积物，而且在小水沟及无名沟内浅表层坍滑也发育，各自的可启动物源分别约为8万立方米和1万立方米，同样具备发生泥石流的物源条件。

9.1.2 2008年"6·14"泥石流状况

地震后大水沟及唐家山滑坡后壁的无名沟流域从地形、松散物源两方面均具备了发生泥石流的充分条件，因此，2008年6月14日0∶00在唐家山附近形成"5·12"地震以来的首次暴雨，从0∶00—11∶00累计降雨131.9mm（图

9-3)，截其中最大暴雨时段在凌晨3：00—4：00，降雨量为27.4mm，在此次暴雨作用下，唐家山堰塞坝3条冲沟均形成了泥石流，而大水沟泥石流的规模最大（图9-1）。

大水沟流域内松散物源（尤其是靠沟源部位崩塌堆积）大致在4：00因饱水而开始启动形成第一波泥石流，根据现场实地监测，到7：30，大致每10min启动一波泥石流，截止到9：20，冲出沟口泥石流规模约9万立方米，并在此时将堰塞湖泄水后的通口河河道完全堵塞，一直持续到13：15，随后堰塞湖水从堵塞体靠左侧较低部位冲开并逐渐溢流，整个堵江断流持续近4h，直至20：40将泥石流堰塞体完全冲完（具体过程见图9-4，图9-5）。从沟口堆积扇颗粒成分分析，此次泥石流属过渡性偏黏性[263]。

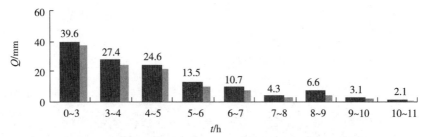

图9-3　2008年6月14日唐家山一带降雨量-时间分布直方图

唐家山堰塞体入口部位的库水位为713.73m（6月13日18：00水位），泥石流进入河道后，8：00时实测库水位为714.52m；泥石流堵江后，14：00实测库水位为716.57m；17：00实测库水位717.53m（见表9-2），水位抬升达到4m，可见因泥石流堵江造成的库水位短时间上升是非常显著的。

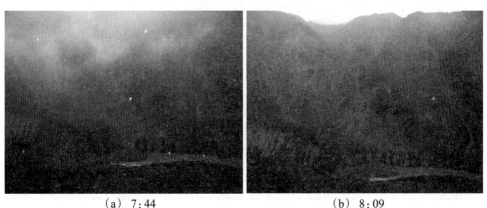

(a) 7：44　　　　　　　　　　　　(b) 8：09

（c）9：07　　　　　　　　　　　（d）9：20完全堵江

图9-4　大水沟泥石流发生全过程（2008年6月14日）

（a）15：22被冲走近1/2　　　　　　　　（b）18：00冲走近2/3

图9-5　大水沟泥石流堰塞体溃决过程（2008年6月14日）

表9-2　大水沟"6·14"泥石流堵江前后通口河库水位变化

序号	时间	泥石流堵江状况	库水位/m	通口河水流量/（m³/s）
1	6月13日18：00	未降雨，无泥石流进入河道	713.73	71.3

续表

序号	时间	泥石流堵江状况	库水位/m	通口河水流量/（m³/s）
2	6月14日 8：00	降雨，泥石流进入河道（约占2/3）	714.52	
3	6月14日 12：00	泥石流进入河道，基本堵江	715.48	
4	6月14日 14：00	泥石流进入河道，完全堵江后开始溢流	716.57	
5	6月14日 17：17	泥石流堰塞体逐渐被冲开	717.53	185
6	6月14日 18：00	泥石流堰塞体逐渐被冲开，只剩一半左右	717.65	441
7	6月14日 19：00	绝大部分被冲走		536

9.1.3 2008年"9·24"暴雨及泥石流状况

"6·24"泥石流发生后的近3个月内，唐家山一带降雨量总体偏弱，未形成局部暴雨。直到2008年9月22日至24日，四川盆地出现了持续性强降雨和雷暴天气，又导致大水沟等3条冲沟发生泥石流，且形成规模更大，持续堵江时间更长。据"中国天气网"等相关报道，"受副热带高压西侧暖湿气流和地面冷空气的共同影响，9月22日晚开始四川盆地出现持续性强降雨和雷暴天气，是入秋以来最强的一次降雨，降雨主要出现在22日和23日夜间，成都、绵阳、德阳、雅安、眉山等5市出现区域性暴雨，其中江油的24小时降雨量达338.7mm。而北川再次成为此次连降暴雨的最大受灾地区。22日晚以来，由于连续降雨，特别是23日晚10时至24日凌晨的强降雨，致使北川境内出现山洪暴发、泥石流、山体垮塌等气象灾害，唐家山堰塞湖也因泥石流堵塞泄洪槽，水位也上升了5m（原文如此，作者注）""此次暴雨还伴随着强雷暴，23日20时至24日10时，成都、绵阳、广元、德阳、乐山、眉山等地共发生雷电66061次，其中成都市19958次，是成都市2008年发生雷电次数最多的一天"。

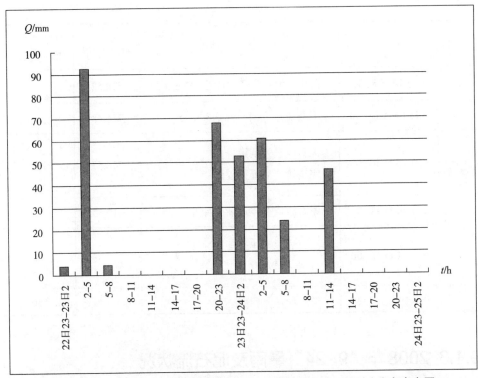

图9-6　2008年9月22日至24日唐家山一带降雨量(Q)-时间(t)分布直方图

上述报道也从唐家山现场实测资料得到了验证（图9-6），实测降雨资料显示，从9月22日晚上23：30分唐家山部位开始下雨，截止到9月23日早上8：00，累计降雨量101.1mm，导致大水沟泥石流重新爆发，冲出物质在泄流槽内形成较大堆积体，缩窄过流断面，未形成阻断（图9-7），但抬高了堰塞湖水位，当日12：00，堰塞湖入口处水位实测为714.12m，显示9月22日晚上暴雨形成的泥石流规模要比"6·14"泥石流小。

从23日8：00—21：00约13小时内，唐家山部位雨间停，但从当晚21：30又开始新一轮暴雨，截止到9月24日早上8：00，累计降雨量205.6mm，尤其在23日晚23：00—24日凌晨5：00共6小时内，累计降雨量达到181.7mm，平均每小时降雨量20.3mm，相关资料显示，此次暴雨相当于100年一遇。随着暴雨持续，大水沟和滑坡后壁泥石流同时爆发，但大水沟泥石流更为突出，到24日凌晨5：00，冲出的泥石流再一次完全阻断泄流槽，一直到当天晚上22：00左右才开始在堆积扇扇缘溢流，堵江持续时间长达17小时。

（a）9月23日8：39	（b）9月24日9：35
（c）9月24日16：55	（d）9月24日17：48

图9-7 唐家山2008年9月24日泥石流堵江全过程

9.1.4 2008年"9·24"泥石流堵江及溃决过程

与暴雨相对应的是，发生"9·24"泥石流前，通口河在唐家山堰塞体入口部位的库水位为713.73m（9月22日18时水位），因9月22日晚至23日凌晨5时，持续暴雨引发大水沟泥石流进入河道后，导致部分堵江，中午12时实测库水位714.12m；而随着9月24日凌晨大暴雨再次诱发大水沟及滑坡后壁同时暴发泥石流，冲出规模约38万立方米，于当日凌晨5点左右完全堵江后（图9-7和图9-8），14时实测库水位716.89m，直到当日22时左右开始从堆积扇扇缘溢流，由于堵江规模较大，堰塞湖水位抬升滞后现象明显，最高库水位一直持续到9月26日0时，实测721.19m（表9-3），水位抬升约8m，可见"9·24"泥石流堵江造成的库水位上升远高于"6·14"泥石流抬升的4m。

　　从泥石流堆积扇溃决模式上看，因堆积扇具有扇缘低（薄）、扇顶高（厚）的特点，因此在堰塞湖水位作用下，仍然表现出首先从扇缘较低部位开始溢流，随着流量逐渐增大，淘刷宽度逐渐加宽，并以逐渐淘刷方式溃决，并不是一次全部溃坝，其模式与"6·14"泥石流完全一致。

(a) 9月25日8:34　　　　　　　　　　(b) 9月25日10:03

(c) 9月25日15:56　　　　　　　　　(d) 9月26日7:50

(e) 9月28日17:37　　　　　　　　　(f) 9月29日11:28

图9-8　唐家山堰塞体2008年9月24日泥石流堆积体溃决全过程

表9-3 唐家山堰塞坝"9·24"泥石流堵江前后通口河库水位变化

日期	时间	降雨量/mm	日累计降雨量/mm	泥石流堵江状况	库水位/m
9月22日	23：30			23：30始降雨	713.73
9月23日	2：00	4.0		不详	
	3：00	36.6	40.6	不详	
	4：00	28.5	69.1	不详	
	5：00	27.4	96.5	不详	
	8：00	4.6	101.1	大水沟泥石流进入并约占2/3河道	
	10：00			泥石流大部堵江，约占4/5河道，缩窄过流断面未形成阻断，但抬高上游水位	
	12：00			泥石流堰塞体扇缘部位逐渐被冲开，剩3/4左右	714.12
	21：30			泥石流堰塞体逐渐被冲开，只剩1/2左右	
	23：00	67.8	67.8		
9月24日	2：00	53.0	120.8		
	5：00	60.9	181.7	泥石流堆积体又不断生长，5时左右完全堵江	
	8：00	23.9	205.6	大水沟和滑坡后壁泥石流同时暴发，物质源源不断冲入泄流槽	715.79
	8：30			同上，堆积扇规模逐渐增大	715.90
	10：00			同上，堆积扇规模逐渐增大	716.00
	11：00			泥石流逐渐停止，堆积扇规模达到最大	716.20
	12：00			泥石流逐渐停止	716.50
	14：00	46.5	46.5		716.89
	16：00				717.30
	22：00			水流漫过河中岩石堆左侧低处形成溢流	718.22
	23：00			到下游坝底核实上游下泄情况，证明确已开始溢流	
9月26日	0：00				721.19
	2：00	21.0	86.0		721.11
	8：00	7.8	93.8	已冲走泥石流堆积扇1/2，泄流槽逐渐朝左岸堰塞体淘刷	720.48
	14：00	12.6	12.6	水流冲刷作用明显，已冲走泥石流堆积扇2/3左右	719.95

9.2 泥石流动力特性分析

大水沟、小水沟和无名沟均属于浅沟谷型泥石流，从泥石流堆积体现场地质调查情况看，属于过渡性偏黏性泥石流。对于泥石流动力学特征（流速、流量、一次暴发规模等）的定性及定量分析[357-363,365-368]，是认识和判别泥石流堵江、溃决模式和进行泥石流防治工程设计的基本依据。

根据各沟"6·14"和"9·24"泥石流发生时的实际观测数据，结合相关理论及公式可对其动力学特征（流速、流量、一次暴发规模等）进行分析[368-370]，而上述关键参数值的合理与否则取决于不同频率降雨量资料及沟谷基本地形参数。

9.2.1 不同降雨频率下的洪水及泥石流流量

洪水发育特征主要体现在设计洪水峰值流量和设计洪水总量两方面。取设计洪水峰值流量 Q_B 为暴雨时的最大洪峰流量，设计洪水总量 W_P 由设计暴雨量按综合分区的暴雨径流关系求得。因此，暴雨是推算设计洪水最基本的依据。

根据"9·24"泥石流发生时的降雨量，并结合该地区已有的水文、气象资料（表9-4），三条冲沟在不同降雨频率下的动力学特征参数见表9-5~表9-7（大水沟、小水沟和无名沟流域面积分别为 0.450km²，0.360km² 和 0.065km²，暴雨历时分别为 10.48h（0.44d），10.12h（0.42d）和 6.46h（0.27d）。

表9-4 不同降雨频率下唐家山部位的暴雨量（据《四川水文手册》）

参数	设计频率 $P/\%$							
	20	10	5	3.33	2	1	0.5	0.2
暴雨量 $H_{1P}/(\mathrm{mm \cdot h^{-1}})$	47.70	55.82	63.45	67.76	73.07	80.09	86.97	95.88
暴雨量 $H_{24P}/(\mathrm{mm \cdot d^{-1}})$	187.90	240.80	293.30	323.90	362.40	414.60	466.70	535.40
设计暴雨 $H_{TP}/(\mathrm{mm \cdot d^{-1}})$	140.60	180.20	219.50	242.40	271.20	310.30	349.30	400.70

表9-5　大水沟流域不同降雨频率下的洪水及泥石流流量计算成果

参数	设计频率P/%							
	20	10	5	3.33	2	1	0.5	0.2
径流深/mm	126.70	165.10	203.40	225.70	253.80	292.00	330.10	380.50
设计洪水总量 W_P/(10^4m^3)	5.70	7.43	9.15	10.16	11.42	13.14	14.86	17.12
最大流量 Q_B/(m^3·s^{-1})	4.80	5.90	6.93	7.50	8.21	9.14	10.04	11.21
概化矩形历时 T_P/h	3.30	3.50	3.67	3.76	3.87	4.00	4.11	4.25
泥石流流量 Q_c/(m^3·s^{-1})	8.7	10.8	12.7	13.9	15.3	17.5	20.3	26.9

表9-6　小水沟流域不同降雨频率下的洪水及泥石流流量计算成果

参数	设计频率P/%							
	20	10	5	3.33	2	1	0.5	0.2
径流深/mm	121.60	159.70	197.30	219.30	246.90	284.50	321.90	371.50
设计洪水总量 W_P/(10^4m^3)	4.38	5.75	7.11	7.90	8.89	10.24	11.59	13.37
最大流量 Q_B/(m^3·s^{-1})	3.28	4.15	4.96	5.42	5.98	6.73	7.46	8.40
概化矩形历时 T_P/h	3.71	3.86	3.98	4.05	4.13	4.23	4.32	4.43
泥石流流量 Q_c/(m^3·s^{-1})	6.0	7.6	9.1	10.0	11.2	12.9	15.1	20.1

表9-7 无名沟流域不同降雨频率下的洪水及泥石流流量计算成果

参数	设计频率 P/%							
	20	10	5	3.33	2	1	0.5	0.2
径流深/mm	99.75	132.40	164.90	183.90	207.50	239.70	271.80	314.30
设计洪水总量 W_P/($10^4\mathrm{m}^3$)	0.65	0.86	1.07	1.20	1.35	1.56	1.77	2.04
最大流量 Q_B/($\mathrm{m}^3\cdot\mathrm{s}^{-1}$)	0.58	0.74	0.89	0.97	1.07	1.21	1.34	1.51
概化矩形历时 T_P/h	3.12	3.25	3.36	3.43	3.50	3.59	3.67	3.76
泥石流流量 Q_c/($\mathrm{m}^3\cdot\mathrm{s}^{-1}$)	1.1	1.3	1.6	1.8	2.0	2.3	2.7	3.6

9.2.2 一次暴发泥石流总量预测

根据泥石流历时 T 和最大流量 Q_c，按泥石流暴涨暴落的特点，将其过程概化"三角形"状，通过断面一次泥石流的总量 W_c 由下式计算：

$$W_c = 19TQ_c/72 \tag{9-1}$$

一次冲出固体物质的总量 W_s 由下式计算：

$$W_s = \frac{\gamma_c - \gamma_w}{\gamma_h - \gamma_w} W_c \tag{9-2}$$

式中，γ_h 为泥石流中固体颗粒容重，$\mathrm{kN/m}^3$；γ_c 为泥石流容重，$\mathrm{kN/m}^3$；γ_w 为水容重，$\mathrm{kN/m}^3$。

对于"5·12"汶川大地震后新泥石流冲沟，因沟内崩塌及滑坡松散物质绝大部分为不稳定，降雨入渗浸湿后，很快达到饱和而成泥石流，基本上没有洪水流出，也即降雨水流全部转化为泥石流。因此可按洪水总量全部转化为泥石流计算，结果见表9-8。

对比"9·24"降雨量（图9-6），从本次降雨短时间（10min）雨量分析，此次降雨频率大致相当于100年一遇，可见100年一遇暴雨形成的泥石流规模大水沟、小水沟和无名沟预测分别为21.0万立方米、16.35万立方米和2.49万立方米，此结果的累积量与"9·24"泥石流规模（堆积近38万立方米）基本相当。

表9-8 震后3条冲沟流域降雨全部转化为泥石流一次爆发总量预测

位置	参数	设计频率 P/%							
		20	10	5	3.33	2	1	0.5	0.2
大水沟	泥石流总量 $/(10^4 m^3)$	8.80	11.50	14.22	15.84	17.95	21.00	24.51	30.82
	固体物质总量 $/(10^4 m^3)$	3.10	4.07	5.06	5.69	6.53	7.86	9.65	13.69
小水沟	泥石流总量 $/(10^4 m^3)$	6.63	8.74	10.86	12.14	13.83	16.35	19.51	26.73
	固体物质总量 $/(10^4 m^3)$	2.25	2.99	3.75	4.25	4.95	6.12	7.93	13.36
无名沟	泥石流总量 $/(10^4 m^3)$	0.98	1.31	1.64	1.84	2.10	2.49	2.98	4.08
	固体物质总量 $/(10^4 m^3)$	0.33	0.45	0.56	0.64	0.75	0.93	1.21	2.04

9.3 泥石流堵江范围预测及危害性评价

尽管3条冲沟在2008年雨季发生了"6·14"和"9·24"两次较大至大规模泥石流，各自沟域内不稳定物源正逐渐减少，不过沟内可启动物源仍然丰富，发生泥石流并堵江的可能性仍很大。根据"6·14"和"9·24"泥石流沟口淤积范围以及表9-8所列的不同降雨频率下一次泥石流冲出量，结合唐家山堰塞坝已有泄流槽宽度，可得出3条冲沟在不同降雨频率下泥石流堵塞范围的预测结果[366,371-373]（图9-9），因大水沟和无名沟相距很近，两者冲出量相互混杂，因此可将两条冲沟的堆积范围预测一并考虑。

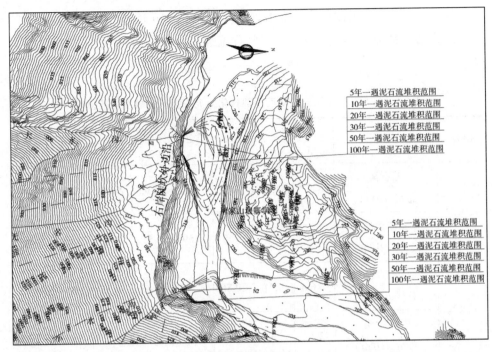

（a）平面示意图

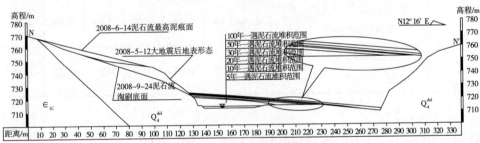

（b）沿 N_1—N_1' 河道横断面示意图

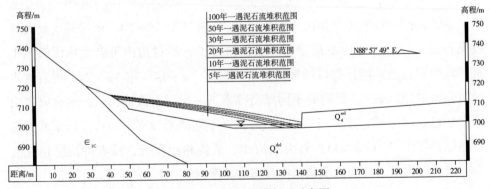

（c）沿 N_2—N_2' 河道横断面示意图

图9-9　3条冲沟在不同降雨频率下泥石流一次冲出固体物质沟口堆积范围预测

根据图9-9预测结果，并结合"6·14"和"9·24"泥石流规模及堵江范围、持续时间，可见在唐家山堰塞湖经过2008年6月10日正常泄流后形成的泄流槽宽度条件下，其中大水沟流域只要发生5年一遇及以上降雨而形成的泥石流，必将导致堵江，这种预测已分别被"6·14"和"9·24"泥石流堵江所证实。不过随着沟域内松散物源逐渐减少，以及泄流槽被2次泥石流堵塞并又被后期冲刷拓宽，目前三条冲沟形成泥石流堵江所需的降雨频率至少在20年一遇。

从泥石流堰塞堵江至最后溃决模式上看（图9-8），尽管泥石流堰塞堆积体结构松散，但一次全溃的可能性很小，总体上均以靠堆积扇边缘的左岸最低部位过水并逐渐淘刷的解体方式，同时随着泥石流堆积扇挤压河道，上游水流迫使朝左岸唐家山堰塞体淘刷，使泄流槽宽度逐渐加大，尤其是"9·24"泥石流堵江并泄流后，泄流槽底宽度总体由2008年6月10日正常泄流后的平均100m已逐渐拓宽至"9·24"泥石流后的115m左右，可见堵江导致对堰塞坝体侧岸边坡的淘刷效应是显著的。因此泥石流堵江后的溃决模式可概括为：扇缘部位首先过流→水流挤压左岸并淘刷左岸堰塞体→逐级冲开堆积扇。上述溃决模式不会对下游形成大规模洪水而产生破坏，不过因泥石流堵江导致的堰塞湖短时间水位抬升在一定程度上影响库尾的禹里乡近7000人民生命财产安全。

第10章 结论与展望

10.1 结论

汶川地震中近百起大型高速滑坡堵江灾害的发生使人们意识到以前的知识储备无法满足地震滑坡堵江的预警和防治工作，其中地震顺层岩质滑坡的形成机理和堰塞坝溃坝模式领域全面成熟的理论成果可谓凤毛麟角，而堰塞坝的形成机制全面研究尚属空白。基于此，本书对唐家山高速短程滑坡及堰塞坝溃坝机制进行了系统研究，应用弹塑性力学和断裂力学理论，探索了顺层岩质斜坡失稳机理，重点阐述了拉裂面形成机制、"楔劈"岩块的杠杆作用和碎屑岩块的滚动摩擦效应；推导出地震作用下，岩质斜坡平面滑动的破坏判据、临滑前锁固段的剪切形变能和突发启动速度计算公式；采用离散元数值模拟方法，再现了唐家山高速短程滑坡突发启动、高速运行、变形解体、动量传递、碰撞刹车的一系列动力学过程；研究滑坡行程阶段的水、气浪冲击效应，底摩擦效应，碰撞效应，温度效应等多种作用；重点探讨了顺层岩质滑坡"刹车"制动机制及制动类型对堰塞坝体地质结构的控制效应，合理地解释了唐家山堰塞坝内部地质结构的特征并阐明堰塞坝的形成机制；采用有限元数值模拟方法对不同水位条件下堰塞坝渗流场进行模拟，判断堰塞坝渗流稳定性，进而推测堰塞坝在漫坝后的破坏模式；进行泄流槽设计方案比选，对优选方案进行堰塞坝过流冲刷稳定性和过流后稳定性评价，最后对影响堰塞湖安全的周边边坡稳定及泥石流灾害进行了系统研究和评估。取得了以下主要成果。

（1）唐家山顺层岩质斜坡动力失稳机理为"强震后缘拉裂—中部岩块楔劈和顺层剪切滑移—底部锁固段脆性剪断—突发高速启动"。

（2）在地震力作用下，顺层岩质斜坡失稳由层面的倾角和内摩擦角、层面两侧岩体的波阻抗和地震波入射角之间的数值关系所决定，推导出了地震 P 波和 S 波触发顺层岩质斜坡失稳的各自破坏判据，结果显示唐家山斜坡满足该判据要求。

（3）采用力学理论，系统推导得出顺层岩质斜坡下部锁固段破裂面上的正应力 σ_N 和剪应力 τ_S 计算公式，为唐家山滑坡提供了失稳下滑的力学依据。

（4）顺层岩质斜坡高速启动的根本原因是锁固段岩体的切向形变能和岩层面的剪切形变能的瞬间释放，根据地震波作用与岩质边坡的形变能相互作用机制，得出岩体切向形变能和岩层面剪切形变能计算公式，从形变能角度揭示了滑坡启程速度的控制因素。

（5）唐家山滑坡急速刹车制动的根本原因在于动能的消耗和转化，主要消耗方式包括滑坡体运动过程中内部碰撞解体；河床泥砂层阻挡减缓滑坡体运动；滑坡体与对岸山体正碰撞。

（6）将滑坡滑动距离（不含飞跃距离）、岩体结构类型、结构面性状、岩体完整性系数、岩体抗拉强度、岩体含水程度和岩石坚硬程度等 7 个因素作为滑坡体内碰撞解体的重要影响因素，采用模糊综合评判方法得出滑坡体能耗率等级为 Ⅱ 级，计算得出相应的能耗率计算值为 0.0875。

（7）分析计算表明，唐家山滑坡体与山体碰撞的瞬间，滑坡体与泥砂的共同速率为 28.0m/s，泥沙物质沿对岸山体斜坡爬高的最大高度为 78.4m。

（8）唐家山滑坡体与对岸山体撞击瞬间，滑坡体内能增加范围为 1.64e+11J～1.88e+11J。撞击后形成的塑性区长度为滑坡体长度的 7%~9%，滑坡体停止运动前，撞击弹性波在滑坡体中往返运动了两次。

（9）通过离散元数值模拟再现了唐家山高速滑坡的动力学过程，表明岩层面内摩擦角对于顺层岩质斜坡的稳定性影响程度远远大于黏聚力的影响，内摩擦角大小决定滑坡发生的概率。

（10）通过对堰塞坝渗流场的模拟得到，除堰塞体下游边坡表层碎石土层会出现渗透破坏外，下部含土块碎石层和似层状结构巨石层的平均渗透坡降和最大渗透坡降均小于各自允许坡降值，不会出现渗透破坏（管涌），堰塞体不会发生整体溃坝。

（11）采用极限平衡法和有限元法计算得出，740m 水位不同地震烈度余震条件下，堰塞坝体除上游边坡及下游坡脚和局部坡面含土块碎石层会发生浅表层滑塌破坏外，坝体边坡内部相对稳定，不会出现整体滑移破坏。当堰塞湖水位超过坝顶最低高程发生漫坝时，整个坝体的溃决模式为溢流冲刷的渐进式溃决。

（12）唐家山残留山体斜坡整体自地震后并未出现整体滑移迹象，对残留山体临空面浅表部部位所进行的三维激光扫描变形监测结果显示，表部沿水平和竖直位移变化明显，其中沿垂直通口河河流方向更为突出，说明残留山体整体稳定，仅前缘局部稳定性差。对残留山体斜坡可能的变形破坏方式、边界条件（潜在滑面）搜索的计算结果显示，在持续暴雨、地震烈度Ⅷ度及以下条件下，斜坡发生较大规模滑坡的可能性不大，但前缘临空面附近发生坍滑的可能性很大。

（13）唐家山堰塞湖成功泄水后，堰塞体右岸部位还分布大水沟、小水沟及无名沟，这些冲沟流域面积小、但纵坡坡降大，在"5·12"地震前的几十年一直未发生过泥石流，震后由于各自沟域内崩塌、滑坡发育，均形成了丰富的松散物源，均具备泥石流发生的所有条件。三条冲沟属于浅沟谷型、高频率、过渡性偏黏性泥石流，在未来5~10年一直会处于频发期。

（14）计算分析表明，现状下泥石流暴发所需的最低降雨强度为5年一遇，不同降雨强度下，一次泥石流冲出规模在8~40万立方米不等，极易造成堵江。基于唐家山堰塞体泄流槽部位的地质条件，三条冲沟泥石流堵江后的溃决模式可概括为"扇缘部位首先过流→水流挤压左岸并淘刷左岸堰塞体→逐级冲开堆积扇"，而发生一次全溃决的可能性很小。

10.2 展望

高速短程滑坡堵江及堰塞坝溃坝机制研究是一个全新的课题，本书分别就顺层岩质斜坡地震失稳机理、滑坡碰撞刹车制动机制和堰塞坝溃坝机制进行了研究，取得了一些成果，但仍然存在很多尚未解决的问题，需要进一步研究和完善。主要包括以下几点。

（1）对于地震触发的岩质滑坡而言，层面和结构面等不利接触面的动力学参数是滑坡分析计算的根本，如何准确确定这些参数，以及不同应力状态下接触面的本构特性是进一步研究的重点。

（2）对于滑坡刹车制动形成堰塞坝，最为重要的就是岩体碰撞机制研究。而在不同速度下，滑坡体的撞击力大小、岩体的破裂方式、撞击面的温度变化、撞击塑性区的测定等问题应将成为滑坡堵江研究的关键技术问题，需要进行大量的基础试验和理论创新。

（3）对于不同滑坡制动机制与堰塞坝地质结构的对应关系，只是从定性上作了分析，而两者之间的定量分析也有待深化研究。

（4）由于堰塞坝需要短时间内提出应急处置措施，对其溃坝模式若采用物理模型试验既耗时费力，结果又存在很大模糊性，无法满足工程需要。因此目前普遍采用数值模拟方法求得该问题的近似解是比较有效的手段，但是如何合理准确反映堰塞坝地质结构特性、碰撞残余应力张量、物质分布混杂且各向异性等条件，今后也将予以重点关注。

参考文献

[1] 刘涌江.大型高速岩质滑坡流体化理论研究[D].成都:西南交通大学博士论文,2002:1-20.

[2] 程谦恭,张倬元,黄润秋.高速远程崩滑动力学的研究现状及发展趋势[J].山地学报,2007,25(1):72-84.

[3] 王宏丹.高速远程滑坡超前冲击气浪机理研究[D].成都:西南交通大学硕士论文,2008:1-50.

[4] 闫清卫.高速远程滑坡飞行空气动力学的风洞试验研究[D].成都:西南交通大学硕士论文,2009:1-30.

[5] 黄河清.地震诱发滑坡(碎屑流)成因机理及运动学特性初步研究[D].成都:成都理工大学硕士论文,2010:1-40.

[6] 杨铁.唐家山高速滑坡滑动及堵江机制研究[D].成都:西南交通大学硕士论文,2009:1-50.

[7] 陈禄俊.易贡巨型高速远程滑坡空气动力学机理研究[D].上海:上海交通大学硕士论文,2009:1-25.

[8] 王军桥.唐家山堰塞坝形成机制及溃坝模式分析[D].成都:西南交通大学硕士论文,2010:2-100.

[9] 胡卸文,黄润秋,施裕兵等.唐家山滑坡堵江机制及堰塞坝溃坝模式分析[J].岩石力学与工程学报,2009,28(1):181-189.

[10] 谢作涛,陈肃利.唐家山堰塞坝溃坝可能性及冲刷形式初步分析[J].人民长江,2008,39(22):71-78.

[11] Varnes D J. Slope movement types and processes, special report- transportation research[J]. Board National Research Council,1978(176):11-33.

[12] Evert Hoek, John Bray. Rock slope engineering[M]. 1983:1-150.

[13] Sassa K. The mechanism starting liquefied landslides and debris flows[J]. Proc. of the 4th Int. Symp on landslides.Toronto, Canada, 1984:349-354.

[14] Kenneth Hewitt. Catastrophic landslide deposits in the Karakoram Himalaya[J].Science,1988,

242(4875):64-67.

[15] Ching R K H, Sweeney D G, Fredlund D G. Increase in factor of safety due to soil suction for two Hong Kongslopes[J]. The Proc. of the 4th int. symp. on landslides. Toronto, Canada, 1984:617-623.

[16] Krahn J, Fredlund D G, Klassen M.J.. Effects of soil suction on slope stability at North Hill [M]. 1989:1-130.

[17] Nieto A S, Brarany I. Catastrophic rain-induced landslides in Riode Janier, Brazil: Mechanisms andcontributing factors. Geol. Soc. Am. Abstracts with Programs, 1988, 20(7):144-150.

[18] Mshana N S, Suzuki A, Kitazono Y. Effects of weathering on stability of natural slopes in north-central Kumamoto[J]. Soils and Foundations, 1993, 33(4):74-87.

[19] Fleming R W, Johnson A M. Landslides in Colluvium U.S.[J]. Geological Survey Bulletin, 1994:2059-2083.

[20] Sitar N, Anderson S A, Johnson K A. Conditions for initiation of rainfall induced debris flows. In R.B.Seed & R.W.Boulanger eds. Stability and Performance of Slopes and Embankments II, Geotechnical Special Publication, 1992, 1(31):834-849.

[21] Anderson S A, Sitar N. Analysis of rainfall-induced debris flows[J]. Journal of Geotechnical Engineering. ASCE. 1995, 121(7):544-553.

[22] Douglas Stead, Erik Eberhardt. Development in the analysis of footwall slopes in surface coal mining[J]. Engineering Geology, 1997, 146(1):41-70.

[23] Lau Y L, Engel P. Inception of sediment transport on steep slopes[J]. Journal of Hydraulic Engineering, 1999, 125(5):544-547.

[24] RautelalP, Lakhera R C. Landslide risk analysis between Giri and Tons Rivers in Himaehal Himalaya(India)[J]. The International Institute for Aerial Survey and Earth Seienees, 2000.2(3-4):153-160.

[25] Erismann T H, Abele G. Dynamics of rockslides and rockfalls[M]. Springer, Berlin Heidelberg New York, 2001.

[26] 张缙.岩块崩塌与运动初析[A]. 见:岩体工程地质力学问题(三)[C].北京:科学出版社, 1980:133-143.

[27] 孙广忠.岩体力学基础[M].北京:科学出版社,1983:180-190.

[28] 王兰生,詹铮,苏道刚等. 新滩滑坡发育特征和起动、滑动及制动机制的初步研究.见:中国典型滑坡[M].北京:科学出版社,1988:211-217.

[29] 张倬元,王士天,王兰生.工程地质分析原理(第二版)[M].北京:地质出版社,1994.

[30] 胡广韬.基岩地区高速滑坡的多级冲程与超前溅泥气浪[J].西安地质学院学报.1986,10(1):79-87.

[31] 胡广韬.滑坡动力学[M].北京:地质出版社,1995:30-200.

[32] 赵平劳.层状结构岩体顺倾边坡的弯曲剪切机制研究[M].工程地质科学新进展.成都:成都科技大学出版社,1989:45-98.

[33] 贺可强.堆积层滑坡剪出口形成判据的研究[J].中国地质灾害与防治学报,1992,3(2):31-37.

[34] 高根树,张咸恭.大型滑坡高速滑动机理[J].中国地质灾害与防治学报,1992,3(4):29-32.

[35] 徐峻龄.中国的高速滑坡及其基本类型[J].中国地质灾害与防治学报,1994,5(增刊):24-29.

[36] 徐峻龄.高速远程滑坡研究现状综述[A].见:滑坡文集(12)[C].北京:中国铁道出版社,1997:54-64.

[37] 贺可强,安振远.崩滑碎屑流的形成条件及形成类型[J].河北地质学院学报,1996,19(3):344-351.

[38] 陈守义.试论土的应力应变模式与滑坡发育过程的关系[J].岩土力学,1996,17(3):21-26.

[39] 王来贵,章梦涛,王泳嘉等.基岩振动干扰下的动力滑坡机制研究[J].工程地质学报,1997,5(2):137-142.

[40] 毛彦龙,胡广韬,赵法锁等.地震动触发滑坡体滑动的机理[J].西安工程学院学报,1998,20(4):45-48.

[41] 钟立勋.中国重大地质灾害实例分析[J].中国地质灾害与防治学报,1999,10(3):1-10.

[42] 李树德.滑坡型泥石流形成机理[J].北京大学学报(自然科学版),1998,34(4):519-522.

[43] 任光明,李树森,聂德新等.顺层坡滑坡形成机制的物理模拟及力学分析[J].山地研究,1998,16(3):182-187.

[44] 程谦恭,胡厚田,胡广韬,等.高速岩质滑坡临床弹冲与峰残强降复合启程加速动力学机理[J].岩石力学与工程学报,2000,19(2):173-176.

[45] 毛彦龙,胡广韬,毛新虎等.地震滑坡启程剧动的机理研究及离散元模拟[J].工程地质学报,2001,09(01):74-80.

[46] 汪发武.高速滑坡形成机制:土粒子破碎导致超孔隙水压力的产生[J].长春科技大学学报,2001,31(1):64-69.

[47] 李先华,林浑,陈晓清等.GIS支持下降雨滑坡的启动机制研究与数字仿真[J].工程地质学报,2001,9(2):133-140.

[48] 黄润秋.中国西部地区典型岩质滑坡机理研究[J].第四纪研究,2003,23(6):640-647.

[49] 丁月双.东河口滑坡成因机理与运动特征研究[D].成都:成都理工大学硕士论文,2009:4-32.

[50] 程谦恭,张倬元,黄润秋.侧翼与滑床复合锁固切向层状岩体滑坡动力学机理与稳定性判

据[J]. 岩石力学与工程学报,2004,23(11):1874-1882.

[51] 李忠生.地震危险区黄土滑坡稳定性研究[M].北京:科学出版社,2004:104-135.

[52] 祁生文,伍法权,刘春玲等.地震边坡稳定性的工程地质分析[J]. 岩石力学与工程学报, 2004,23(16):2792-2796.

[53] 李迪,李亦明,张漫.堆积体滑坡滑带启动变形分析[J]. 岩石力学与工程学报,2006,25(增 2):3879-3884.

[54] 李守定,李晓,吴疆等.大型基岩顺层滑坡滑带形成演化过程与模式[J]. 岩石力学与工程学 报,2007,26(12):2473-2480.

[55] 郑明新,马国正,王恭先等.长晋高速公路顺层滑坡形成机理数值分析[J]. 华东交通大学学 报,2007,24(5):1-4.

[56] 王运生,徐鸿彪,罗永红等.地震高位滑坡形成条件及抛射运动程式研究[J]. 岩石力学与工 程学报,2009,28(11):2360-2368.

[57] 冯文凯,何川,石豫川等.复杂巨型滑坡形成机制三维离散元模拟分析[J]. 岩土力学,2009, 30(4):1122-1226.

[58] 方华,崔鹏.汶川地震大型高速远程滑坡力学机理及控制因子分析[J]. 灾害学,2010,25(增 刊):120-126.

[59] 许强,宣梅,李园等.板梁状滑坡形成条件、成因机制与防治措施[J]. 岩石力学与工程学报, 2010,29(2):242-250.

[60] Heim A, Bergsturz und Menschenleben[M]. Zütieh: Naturforschenden Gesellsehaft, 1932. (EnglishtranslationbySkemer, N A. in 1989. Landslidesand human lives[M]. Vancouver, B.C.: Bitech Publishers Ltd., 1989.)

[61] Bagnold R A. Experiments on grivity free dispersion of large solid spheres in a Newtonian fluid under shear Proc. Roy. Set London. Set A 225(1954)49-63.

[62] Hsu K J. Catastrophic debris streams(sturzstroms)generated by rockfalls[J]. Geological Society of America Bulletin, 1975, 86(1):129-140.

[63] 程谦恭.剧冲式高速岩质滑坡运动全过程动力学机制研究[D].西安:西安工程学院博士论 文,1997:1-45.

[64] 程谦恭,彭建兵,胡广韬等.高速岩质滑坡动力学[M].成都:西南交通大学出版社,1999: 1-78.

[65] 程谦恭,张倬元,黄润秋.高速远程崩滑动力学的研究现状及发展趋势[J]. 山地学报,2007, 25(1):72-84.

[66] Davies T R H. Spreading of rock avalanche debris by mechanical fluidization[J]. Rock Mechanics, 1982,15:9-24.

[67] Foda M A. Landslides riding on basal pressure waves[J]. Continuum Mechanics and Thermody-namics.1994,6:61-79.

[68] Kobayashi Y. Long runout landslides riding on a basal guided wave[J]. Engineering Geology and the Envir-onment,1997:761-766.

[69] Davies T R, McSavenvy M J. Runout of dry granular avalanches[J]. Canadian Geotechnical Journal,1999,36:313-320.

[70] Davies T R, McSaveney M J, Hodgson K A. A fragmentation spreading model for long-runout avalanches[J]. Canadian Geotechnical Journal,1999,36:1096-1110.

[71] Davies T R, McSaveney M J. Dynamic simulation of the motion of fragmentating rock ava-lanches[J]. Canadian Geotechnical Journal,2002,39:789-798.

[72] 周鑫. 地震触发高速远程滑坡气垫效应的研究[D]. 成都:成都理工大学硕士论文,2010:2-37.

[73] 张伟. 青川马公窝铅滑坡成因机理与运动特征研究[D]. 成都:成都理工大学硕士论文,2009:1-42.

[74] 李东林. 陕西陇县水银河斜坡变形演化与典型滑坡研究[D]. 北京:中国地质科学院博士论文,2007:1-33.

[75] Wilson C J N. The role of fluidization in the emplacement of pyroclastic flows:an experimental approach[J]. Journal of Volcanology and Geothermal Research,1980,8:231-249.

[76] Hungr O, Morgenstern N R. Experiments on flow behavior of granular material at high velocity in an open channel flow[J]. Geotechnique,1984,34:405-413.

[77] Trank F J. Computer modelling of large rock slides[J]. Journal of Geotechnical Engineering,1986,112(3):348-361.

[78] Hutchinson J N. A sliding-consolidation model for flow slides[J]. Canadian Geotechnical Jour-nal,1986,23:115-126.

[79] McClung D M, Lied K. Statistic and geometrical definition of snow avalanche runout[J]. Cold Regions Science and Technology,1987,13:107-119.

[80] McClung D M, Mears A I. Dry-flowing avalanche run-up and run-out[J]. Journal of Glaciology,1995,41(138):359-372.

[81] McClung D M. Extreme avalanche runout in space and time[J]. Canadian Geotechnical Journal,2000,37:161-170.

[82] McClung D M. Extreme avalanche runout:a comparison of empirical models[J]. Canadian Geotechnical Journal,2001,38(6):1254-1265.

[83] Evans S G, Clague J J, Woodsworth G J, Hungr O. The Pandemonium Creek rock avalanche,

British Columbia[J]. Canadian Geotechnical Journal, 1989, 26:427-446.

[84] Evans S G. Rock avalanche run-up record[J]. Nature, 1989, 340:271.

[85] Fleming R W, Ellen S D, Algus M A. Transformation of dilative and contructive landslide debris flows-an example from marin county, caliafornia[J]. Engineering Geology, 1989, 27:201-223.

[86] Iverson R M, Reid M E, LaHusen R G. Debris-flow mobilization from landslides[J]. Annual Review of Earth Planet Sciences, 1997, 25:85-138.

[87] Shaller P J. Analysis of a large moist landslide, Lost River Range, Idaho, U.S.A.[J]. Canadian Geotechnical Journal, 1991, 28:584-600.

[88] Sousa J, Voight B. Computational flow modelling for long-runout landslide hazard assessment, with an example from Clapiere landslide, France[J]. Bulletin of the Association of Engineering Geologists, 1992, 29(2):131-130.

[89] Boves M J, Dagg B R. Debris flow triggerred by impulsive loading: mechanical modeling and case studies[J]. Canadian Geotechnical Journal, 1992, 29:345-352.

[90] Hallworth M A, Phillips J C, et al. Entrainment in turbulent gravity currents[J]. Nature, 1993, 362:829.

[91] Evans S G, Hungr O, Enegren E G. The Avalanche Lake rock avalanches, Mackenzie Mountains, Northwest Territories, Canada: description, dating, and dynamics[J]. Canadian Geotechnical Journal, 1994, 31:749-768.

[92] Hungr O. A model for the runout analysis of rap id flow slides, debris flows, and avalanches[J]. Journal of Geotechnical Engineering, 1995, 32:610-623.

[93] Straub S. Predictability of long runout landslide motion: implications from granular flow mechanics[J]. Geology and Resouces, 1997, 86:415-425.

[94] Dade W B, Huppert H E. Long-runout rockfalls[J]. Geology, 1998, 26(9):803-806.

[95] Bozhinskiy A N. Physical modeling of avalanches using an aerosol cloud of powder materials [J]. Annals of Glaciology, 1998, (26):242-246.

[96] Hewitt K. Catastrophic landslides and their effects on the Upper Indus streams, Karakoram Himlaya, northern Pakistan[J]. Geomorphology, 1998, 26:47-80

[97] Hewitt K. Quaternary moraines vs catastrophic rock avalanches in the Karakoram Himlaya, northern Pak-istan[J]. Quaternary Research, 1999, 51:220-237

[98] Egashira S, Honda N, Itoh T. Experimental study on bed material entrainment into debris flow [J]. Physics and Chemistry of the Earth, Part C., 2001, 26(9):645-650.

[99] Okura Y, Kitahara H, Sammori T. Fluidization in dry landslides[J]. Engineering Geology, 2000, 56:347-360.

[100] Iverson R M, Vallance J W. New view of granular mass flows[J]. Geology, 2001, 29(2): 115-118.

[101] Fannin R J, Wise M P. An empirical-statistical model for debris flow travel distance[J]. Canadian Geotechnical Journal, 2001, 38(5): 982-994.

[102] Stead D, Eberhardt E, Coggan J. New developments in the simulation of rock slope failure[C]. In: Proceedings of the 3rd Canadian Conference on Geotechnique and Natural Hazards, Edmonton, Alta., 8-10 June 2003. Canadian Geotechnical Society, Alliston, Ont., 161-168.

[103] Eberhardt E, Stead D, Karami A, et al. Numerical analysis of brittle fracture propagation and steppath failure in massive rock slopes[C]. In: Proceedings of the 57th Canadian Geotechnical Conference, Québ-ec City, Que., 24-27 October 2004. Canadian Geotechnical Society, Alliston, Ont. Session 7c: 1-8.

[104] Crosta G B, Imposimato S, Roddeman D G. Numerical modeling of large landslides stability and runout[J]. Natural Hazards and Earth System Sciences, 2003, 3: 523-538.

[105] Gauer P, Issler D. Possible erosion mechanisms in snow avalanches[J]. Annals of Glaciology, 2004, 38: 384-392.

[106] Félix G, Thomas N. Relation between dry granular flow regimes and morphology of deposits: form-ation of levées in pyroclastic deposits[J]. Earth and Planetary Science Letters, 2004, 221: 197-213.

[107] Pollet N, Schneider J LM. Dynamic disintegration processes accompanying transport of the Holocene Flims sturzstrom (Swiss Alps) [J]. Earth and Planetary Science Letters, 2004, 221: 433-448.

[108] Fritz H M, Hager W H, Minor W H. Near field characteristics of landslide generated impulse waves[J]. Journal of Waterway, Port, Coastal, and Ocean Engineering, 2004, 130(6): 287-302.

[109] Ferrara V, Pappalardo G. Kinematic analysis of rock falls in an urban area: the case of Castelmola hill near Taormina (Sicily, Italy)[J]. Geomorphology, 2005, 66(1-4): 373-383.

[110] Hungr O, Coriminas J, Eherhardt E. Estimating landslide motion mechanism, travel distance and velocity. In: Landslide Risk Management[J]. Taylor & Francis Group, London, 2005: 99-128.

[111] Crosta G B, Imposimato S, Roddeman D G, et al. Small fast-moving flow-like landslides in volcanic deposits: The 2001 Las Colinas Landslide (El Salvador)[J]. Engineering Geology, 2005, 79(3-4): 185-214.

[112] Pollet N, Cojean R, Couture R, et al. A slab-on-slab model for the Flims rockslide (Swiss Alps)[J]. Canadian Geotechnical Journal, 2005, 42: 587-600.

[113] Friedmann S J, Taberlet N, Losert W. Rock-avalanche dynamics: insights from granular physics experiments[J]. International Journal of Earth Sciences, 2006, 95:911-919.

[114 Kwan J S H, Sun H W. An improved landslide mobility model[J]. Canadian Geotechnical Journal, 2006, 43:531-539.

[115] Locat P, Couture R, Leroueil S, et al. Fragmentation energy in rock avalanches[J]. Canadian Geotechnical Journal, 2006, 43:830-851.

[116] Olivares L, Damiano E. Postfailure mechanics of landslides: laboratory investigation of flow-slides in pyroclastic soils[J]. Journal of Geotechnical and Geoenvironmental Engineering, 2007, 133(1):51-62.

[117] Gerolymos N, Gazetas G. A model for grain-crushing-induced landslides-application to Nikawa, Kobe 1995[J]. Soil Dynamics and Earthquake Engineering, 2007, 27:803-817.

[118] Zambrano O M. Large rock avalanches: A kinematic model[J]. Geotechnical and Geological Engneering, 2007, 26(3):283-287.

[119] Tommasi P, Campedel P, Consorti C, et al. A discontinuous approach to the numerical modeling of rock avalanches[J]. Rock Mechnics and Rock Engineering, 2008, 41(1):37-58.

[120] François B, Tacher L, Bonnard Ch, et al. Numerical modeling of the hydrogeological and geo-mechanical behavior of a large slope movement: the Triesenberg landslide (Liechtenstein)[J]. Canadian Geotechnical Journal, 2008, 44:840-857.

[121] Sosio R, Crosta G B, Hungr O. Complete dynamic modeling calibration for the Thurwieser rock avalanche (Italian Central Alps)[J]. Engineering Geology, 2008, 100(1-2):11-26.

[122] Gray J M N T, Kokelaar B P. Large particle segregation, transport and accumulation in granular free-surface flows[J]. Journal of Fluid Mechanics, 2010, 652:105-137.

[123] 郭崇元.大型滑坡及其速度计算[A].见:水利水电科学院科学研究论文集,第8集[C].北京:水利水电出版社,1982,28-45.

[124] 方玉树.超大型滑坡动力学问题研究[J].水文地质工程地质,1988,(6):20-24.

[125] 成都地质学院工程地质研究室.龙羊峡水电站重大工程地质问题研究[M].成都:成都科技大学出版社,1989,52-116.

[126] 晏同珍.水文工程地质与环境保护[M].武汉:中国地质大学出版社,1994,41-71.

[127] 王思敬,王效宁.大型高速滑坡的能量分析及其灾害预测[A].见:一九八七年全国滑坡学术讨论会滑坡论文选集[C].成都:四川科学技术出版社,1989,117-124.

[128] 黄润秋,王士天,张倬元.斜坡岩体高速滑动的"滚动摩擦"机制[A].见:工程地质科学新进展[C].成都:成都科技大学出版社,1989,318-325.

[129] 张佳川,周瑞光.滑坡运动分析[A].见:工程地质科学新进展[C].成都:成都科技大学出版

社,1989,227-287.

[130] 卢万年.用空气动力学分析坡体高速滑坡的滑行问题[J].西安地质学院学报,1991,13(4):77-85.

[131] 陈自生,孔纪名.试论沟谷型滑坡流态化问题[A].见:自然边坡稳定性分析暨华蓥山边坡变形研讨会论文集[C].北京:地震出版社,1993,85-91.

[132] 王效宁.滑坡温度特性研究及其在三峡库岸稳定分析中的应用[J].岩石力学与工程学报,1993,12(2):126-137.

[133] 胡广韬.滑坡动力学跨世纪研究的展望[A].见:地质工程与水资源新进展[C].西安:陕西科技出版社,1997:3-16.

[134] 王家鼎,张倬元.地震诱发高速黄土滑坡的机理研究[J].岩土工程学报,1999,21(6):670-674.

[135] 王家鼎,张倬元.典型高速黄土滑坡群的系统工程地质研究[M].成都:四川科学技术出版社,1999:79-114.

[136] 王家鼎,白铭学,肖树芳.强震作用下低角度黄土斜坡滑移的复合机理研究[J].岩土工程学报,2001,23(4):445-449.

[137] Miao T D,Liu Z Y,Niu Y H. A sliding block model for the runout p rediction of high2speed landslides[J]. Canadian Geotechnical Journal,2001,38:217-226.

[138] 南凌,崔之久.西安翠华山古崩塌性滑坡体的沉积特征及其形成过程[J].山地学报,2000,18(6):502-507.

[139] 李忠生.国内外地震滑坡灾害研究综述[J].灾害学,2003,18(4):64-70.

[140] Keefer D.K. Landslides caused by earthquake[J]. Bulletin of Geological Society of America,1984,95(4):406-421.

[141] 张永双,雷伟志,石菊松,等.四川"5.12"地震次生地质灾害的基本特征初析[J].地质力学学报,2008,14(2):109-114.

[142] 丁彦慧,王余庆,孙进忠.地震崩滑与地震参数的关系及其在边坡震害预测中的应用[J].地球物理学报,1999,42(增刊):101-107.

[143] 黄润秋,许强.中国典型灾难性滑坡[M].北京:科学出版社,2008.

[144] 陈国顺.山西地震带中与强展活动有关的两种滑坡[J].华南地震,1991,11(2):40-46.

[145] 孙崇绍,蔡红卫.我国历史地震时滑坡崩塌的发育及分布特征[J].自然灾害学报,1997,6(1):26-30.

[146] Richter C F. Elementary seismology[M]. San Francisco:W.H. Freeman and Co.,1958.

[147] Keefer D K. Rock Avalanche caused by earthquake-source characteristics[J]. Science,1984,223:1288-1290.

[148] Keefer D K. Earthquake-induced Landslides and Their Effects on Alluvial Fans[J]. Journal of Sedimentary Research, 1999, 69:84-104.

[149] Prestininzi A, Romeo R. Earthquake-induced ground failures in Italy[J]. Engineering Geology, Special Issue, 2000, 58:3-4.

[150] Papadopoulos G A, Plessa A. Magnitude-distance relations for earthquake-induced landslide in Greece[J]. Engineering Geology, Special Issue, 2000, 58(3):377-386.

[151] Keefer D K. Statistical analysis of an earthquake-induced landslide distribution -the 1989 Loma Prieta, California Event[J]. Engineering Geology, 2000, 58(3):213-249.

[152] Keefer D K. Investigating landslides caused by earthquakes-a historical review[J]. Surveys in Geophysics, 2002, 23:473-510.

[153] Khazai, Bijan, Sitar, Nicholas. Evaluation of factors controlling earthquake-induced landslides caused by Chi-Chi earthquake and comparison with the Northridge and Loma Prieta events[J]. Engineering Geology, 2003, 71:79-95.

[154] Sato H P, Harp E L. Interpretation of earthquake-induced landslides triggered by the 12 May 2008, M7.9 Wenchuan earthquake in the Beichuan area, Sichuan Province, China using satellite imagery and Google Earth[J]. Landslides, 2009, 6:153-159.

[155] Runqiu Huang, Wei Li. Analysis of the geo-hazards triggered by the 12 May 2008 Wenchuan Earthquake, China[J]. Bulletin of Engineering Geology and the Environment, 2009, 68: 363-371.

[156] 孙崇绍.特大地震的震害特征[J]. 西北地震学报, 1993, 23(2):2792-2797.

[157] 李天池.地震与滑坡[M].成都:中国科学院成都地理研究所, 1978:1-22.

[158] 周本刚, 王裕明.中国西南地区地震滑坡的基本特征[J]. 西北地震学报, 1994, 16(1).

[159] 辛鸿博, 王余庆.岩土边坡地震崩滑及其初判准则[J]. 岩土工程学报, 1999, 21(5).

[160] 杨涛, 邓荣贵, 刘小丽.四川地区地震崩塌滑坡的基本特征及危险性分区[J].山地学报, 2002, 20(4):456-460.

[161] 殷跃平.汶川八级地震地质灾害研究[J]. 工程地质学报, 2008, 16(4):433-444.

[162] 魏欣, 胡瑞林, 李丽慧, 王珊珊.强震条件下高速滑坡的空间分布特征研究[J]. 工程地质学报, 2010, 18(4):490-496.

[163] Shengwen Qi, Qiang Xu, Hengxing Lan, et al. Spatial distribution analysis of landslides triggered by 2008.5.12 Wenchuan Earthquake, China[J]. Engineering Geology, 2010, 116: 95-108.

[164] 刘红帅, 薄景山, 刘德东.岩土边坡地震稳定性分析研究评述[J]. 地震工程与工程振动.2005, 25(1):164-171.

[165] 刘立平,雷尊宇,周富春.地震边坡稳定分析方法综述[J].重庆交通学院学报.2001,20(3):83-88.

[166] 姜彤.边坡在地震力作用下的加卸载响应规律与非线性稳定分析[D].北京:中国地震局地质研究所博士论文,2004:2-67.

[167] 汪贤良.强震作用下堆积体边坡变形特征和稳定性分析[D].成都:成都理工大学硕士论文,2009:5-32.

[168] 刘红帅.岩质边坡地震稳定性分析方法研究[D].北京:中国地震局工程力学研究所博士论文,2006:1-90.

[169] 程燕.路堤桩板墙地震动力分析[D].成都:西南交通大学硕士论文,2009:1-30.

[170] 刘红帅,薄景山,刘德东.岩土边坡地震稳定性评价方法研究进展[J].防灾科技学院学报.2007,9(3):20-27.

[171] 徐明明.填方路堤地震响应分析[D].重庆:重庆大学硕士论文,2009:1-22.

[172] 董建华.地震作用下土钉支护边坡动力分析与抗震设计方法研究[D].兰州:兰州理工大学博士论文,2008:1-83.

[173] 李磊.滑坡堆积体的地震波动力响应研究[D].成都:成都理工大学硕士论文,2010:1-43.

[174] 陈建君.复杂山区斜坡的地震动力响应分析[D].成都:成都理工大学硕士论文,2010:1-36.

[175] 丁王飞.滇西红层软岩地区填方路基边坡抗震稳定性研究[D].重庆:重庆交通大学硕士论文,2010:4-27.

[176] 李镜芬.浅谈岩土边坡地震稳定性评价方法研究进展[D].东莞:广东科技学院硕士论文,2008:1-48.

[177] 叶帅华.地震作用下框架锚杆支护边坡动力分析[D].兰州:兰州理工大学硕士论文,2010:2-42.

[178] 陶云辉.地震条件下桩板结构受力分析[D].成都:西南交通大学硕士论文,2008:4-33.

[179] 许冲,戴福初,徐锡伟.汶川地震滑坡灾害研究综述[J].地质论评,2010,56(6):860-874.

[180] 李世凯.强震作用下岩质边坡崩塌的动力响应分析[D].成都:成都理工大学硕士论文,2010:3-23.

[181] Kramer S.L. Geotechnical Earthquake Engineering[M].USA,New Jersey:Prentice Hall,1995.

[182] 祁生文.边坡动力响应分析及应用研究[D].北京:中国科学院地质与地球物理研究所博士论文,2002.

[183] 建筑结构设计统一标准(GBJ—84).北京:中国建筑工业出版社,1984.

[184] 岩土工程勘察规范(GBJ50021).北京:中国建筑工业出版社,1995.

[185] 沈珠江,陆培炎.评当前岩土工程实践中的保守倾向[J].岩土工程学报,1997,19(4):

115-118.

[186] Newmark N M. Effects of earthquakes on dams and embankments[J]. Geotechnique,1965,15
　　　(2):139-160.

[187] Kramer S L,Smith D. Modified newmark model for seismic displacement of compliant
　　　slopes[J]. Journal of geotechnical and geoenvironmental engineering,ASCE,1997,123(7):
　　　635-644.

[188] Ling H I. Recent applications of sliding block theory to geotechnical design[J]. Soil dynamics
　　　and earthquake engineering,2001,21(3):189-197.

[189] 王思敬.岩石边坡动态稳定性的初步探讨[J]. 地质科学,1977,(10):372-376.

[190] 王思敬,张菊明.边坡岩体滑动稳定的动力学分析[J]. 地质科学,1982,(4):162-170.

[191] 王思敬,薛守义.岩体边坡楔形体动力学分析[J]. 地质科学,1992,(2):177-182.

[192] 张菊明,王思敬.层状边坡岩体滑动稳定的三维动力学分析[J]. 工程地质学报,1994,2
　　　(3):1-12.

[193] 王秀英,聂高众,王登伟.利用强震记录分析汶川地震诱发滑坡[J]. 岩石力学与工程学报,
　　　2009,28(11):2369-2376.

[194] 郭海英.抗震设计思路综述[J]. 科学之友,2008,(8):87-88.

[195] Clough R W,Chopra A K. Earthquake stress analysis in earth dams[J]. Journal of the Engi-
　　　neering Mechanics Division,1966,92(2):197-212.

[196] 彭德红.露天矿边坡开挖爆破震动动力响应分析[J]. 煤炭学报,2005,30(6):705-709.

[197] Cundall P A. A computer model for simulating progressive large scale movement in blocky
　　　rock systems[A]. In:Proc. Symp. Int. Society of Rock Meth[C]. Nancy,France,1971,1(2):
　　　11-18.

[198] Bardet J P,Scott R F. Seismic stability of fracture rock masses with the distinct element meth-
　　　od[A]. The 26th U.S. Symposium on Rock Mechanics[C].Rapid City,1985:139-149.

[199] 陶连金,苏生瑞,张倬元.节理岩体边坡的动力稳定性分析[J]. 工程地质学报,2001,9(1):
　　　32-38.

[200] 刘春玲,祁生文,童立强,赵法锁.利用FLAC-3D分析某斜坡地震稳定性[J]. 岩石力学与工
　　　程学报,2004,23(16):2730-2733.

[201] Mei-Ling Lin,Kuo-Lung Wang. Seismic slope behavior in a large-scale shaking table model
　　　test[J]. Engineering Geology,2006,86(2):118-133.

[202] 杨庆华,姚令侃,齐颖,等.散粒体离心模型自组织临界性及地震效应分析[J]. 岩土工程学
　　　报,2007,29(11):1630-1635.

[203] 杨庆华,姚令侃,任自铭,等.地震作用下松散体斜坡崩塌动力学特性离心模型试验研究

[J].岩石力学与工程学报,2008,27(2):368-374.

[204] 王存玉.地震条件下二滩水库岸坡稳定性研究[A].见:岩体工程地质力学问题(七)[C].北京:科学出版社,1987.

[205] 何蕴龙,陆述远.岩石边坡地震作用近似计算方法[J].岩土工程学报,1998,20(2):66-68.

[206] 翟阳,韩国城.边坡对土坝稳定影响的振动台模型试验研究[J].烟台大学学报(自然科学与工程技术版),1996(4):67-71.

[207] 张平,吴德伦.动荷载下边坡滑动的试验研究[J].重庆建筑大学学报,1997,19(2):80-86.

[208] 门玉明,彭建兵,李寻昌等.层状结构岩质边坡动力稳定性试验研究[J].世界地震工程,2004,20(4):131-136.

[209] 徐光兴,姚令侃,高召宁等.边坡动力特性与动力响应的大型振动台模型试验研究[J].岩石力学与工程学报,2008,27(3):624-632.

[210] Halatchev Rossen A. Probabilistic stability analysis of embankments and slopes[A]. Proceedings of the llth international Conference on Ground Control in Mining[C], 1992:432-437.

[211] Tahtamoni W W, A H A S. Reliability analysis of three-dimensional dynamic slope stability and earthquake induced permanent displacement[J]. Soil Dynamics and Earthquake Engineering, 2000.19(2):91-114.

[212] Yin Y, Wang F, Ping S. Landslide hazards triggered by the 2008 Wenchuan Earthquake, Sichuan, China. Landslides 2009,6(2):139-152.

[213] 王运生,罗永红,吉峰,等.汶川大地震山地灾害发育的控制因素分析[J].工程地质学报,2008,16(6):759-763.

[214] 李秀珍,孔纪名,邓红艳,等.5.12汶川地震滑坡特征及失稳破坏模式分析[J].四川大学学报(工程科学版),2009,41(3):72-77.

[215] 张鹏,陈新民,王旭东.近断层地震动与汶川地震灾区滑坡破坏特征分析[J].南京工业大学学报(自然科学版),2009,31(1):55-59.

[216] 胡卸文,黄润秋,朱海勇,等.唐家山堰塞湖库区马铃岩滑坡地震复活效应及其稳定性研究[J].岩石力学与工程学报,2009,28(6):1270-1278.

[217] 殷跃平.汶川地震地质与滑坡灾害概论[M].北京:地质出版社,2009.

[218] 石菊松,石玲,吴树仁,王涛.滑坡风险评估实践中的难点与对策[J].地质通报,2009,28(8):1020-1030.

[219] 陈兴长,陈慧.地震次生山地灾害及其防治对策——以汶川大地震次生山地灾害为例.西南科技大学学报,2009,24(1):42-47.

[220] 胡卸文,罗刚,黄润秋,等.唐家山滑坡后壁残留山体震后稳定性研究[J].岩石力学与工程学报,2009,28(11):2349-2359.

[221] 孙萍,张永双,殷跃平,等.东河口滑坡—碎屑流高速远程运移机制探讨[J]. 工程地质学报,2009,17(6):737-744.

[222] 王玉,陈晓清.汶川地震区次生山地灾害监测预警体系初步构想[J]. 四川大学学报(工程科学版),2009,41(S1):37-44.

[223] 王洪辉.基于倾角、位移、压力、γ辐射测量的震后综合信息监测仪研制[D].成都:成都理工大学硕士论文,2009.

[224] 汪家林,徐湘涛,汪贤良,黄小凤.汶川8.0级地震对紫坪铺左岸坝前堆积体稳定性影响的监测分析[J]. 岩石力学与工程学报,2009,28(6):1279-1287.

[225] 岳庆河.基于ANSYS的土石坝渗流与稳定分析研究[D].泰安:山东农业大学硕士论文,2008:2-6.

[226] 柴贺军,刘汉超,张悼元.大型崩滑堵江事件及其环境效应研究综述[J]. 地质科技情报,2000,19(2):87-90.

[227] Costa J E,Schuster R L. The formation and failure of natural dams[J]. Geological Society of America Bulletin,1988,100(7):1054-1068.

[228] Schuster R L,Costa J E. Effects of landslide damming on hydroelectric projects[A].In Anon. Proceeding Fifth lnternational Association Engineering Geology[C]. 1986:1295-1307.

[229] Perrin N D,Hancox G T. Landslide-dammed lakes in New Zealand-Preliminary studies on their distribution,causes and effects[J]. Landslide,1991:1457-1465.

[230] Picard M D. Cannon landslide dam,the Abruzzi,east-central lcaly[J]. Journal of Geological Education.1991,39(5):428-431.

[231] Brooks G R,Hickin E J. Debris~avalanches in poundments of Squamish River,Mount Caylaey area Southwestern British Cohembia[J]. Canadian of Earth Science. 1991,91(2):129-140.

[232] Asansa M,Nieto G P,Schuster R L,Yepes H. Landslide blockage of the Pisque river,northern Ecuador[J]. landslide news,1991,54(1):1899-1934.

[233] Jennings D A,Webby M G,Partin D T. Tunawaea Landslide Dam,King Country,New Zealand[J]. Landslide,1991:1448-1452.

[234] Mora S,Madrigal C,Estrada J,Schuster R L. The 1992 Rio-Toro landslide Dam,Costa Rica Landslides section[J]. Disaster Prevention Research Institute,1993:1183-1128.

[235] 王永兴.滑坡导致的溃坝型洪水研究[J]. 中国地质灾害与防治学报,1995,6(1):15-23.

[236] Read S A,Beetham R D. Lake Waikaremoana barrier-a large landslide dam in New Zealand,Landslide News[J]. 1991,54(1):1481-1487.

[237] Chai Hejun, Liu Hanchao, Zhang Zhuoyuan, et al. Landslide dams induced by Diexi earthquake and environmental effects[A]. In Anon Proceedings 8th international IAEG Congress, Vancouver, Canada[C].1999:2113-2117.

[238] 卢螽猷.滑坡堵江的基本类型、特征和对策[A].滑坡文集(6)[C].北京:中国铁道出版社, 1988:106-117.

[239] 李娜.云南省山崩滑坡堵江灾害及其对策[A].滑坡文集(9)[C].北京:中国铁道出版社, 1992:50-55.

[240] 柴贺军,刘汉超,张悼元.中国滑坡堵江事件目录[J].地质灾害与环境保护,1995,6(4):1-9.

[241] 柴贺军,刘汉超,张倬元.中国滑坡堵江的类型及其特点[J].成都理工学院学报,1998,25 (3):60-65.

[242] 柴贺军,刘汉超,张悼元.一九三三年叠溪地震滑坡堵江事件及其环境效应[J].地质灾害 与环境保护,1995,6(1):7-17.

[243] 柴贺军,刘汉超,张倬元.中国堵江滑坡发育分布特征[J].山地学报,2000,18(S1):51-54.

[244] 柴贺军,刘汉超.岷江上游多级多期崩滑堵江事件初步研究[J].山地学报,2002,20(5): 104-108.

[245] 孔祥言.高等渗流力学[M].北京:中国科学技术大学出版社,1999.

[246] 钱家欢.土工数值分析[M].北京:中国铁道出版社,1991.

[247] 周宏.有地表入渗的土坡饱和-非饱和渗流及稳定性分析[D].南京:河海大学硕士论文, 2006:1-25.

[248] 蒙富强.基于ANSYS的土石坝稳定渗流场的数值模拟[D].大连:大连理工大学硕士论文, 2005:2-33.

[249] 邓苑苑.病险土石坝渗流破坏机理分析[D].石河子:石河子大学硕士论文,2006:4-12.

[250] 毛超熙.电模拟试验与渗流研究[M].北京:水利出版社,1981.

[251] 薛禹群.地下水运动学(第二版)[M].北京:地质出版社,1997.

[252] 吴良骥,Bloomaburg G L.饱和-非饱和区中渗流问题的数值模型[J].水利水运工程学报, 1985,(2):1-12.

[253] 吴梦喜,高莲士.饱和-非饱和土体非稳定渗流数值分析[J].水利学报,1999,(12):38-42.

[254] 周庆科,金峰,王恩志,等.离散单元法的饱和/非饱和渗流模型及其实验验证[J].水力发 电学报,2003,(3):34-39.

[255] 韦立德,杨春和.考虑饱和-非饱和渗流、温度和应力耦合的三维有限元程序研制[J].岩土 力学,2005(6):1000-1004.

[256] 黄河,郑家祥,施裕兵.唐家山堰塞湖形成机制及应急处置工程措施研究[J].中国水利, 2008,(16):12-16.

[257] 梅岩. 四川省北川县5.12强震区泥石流危险性评价[D].成都:成都理工大学硕士论文,
2011,5-38.

[258] 宋胜武. 汶川大地震工程震害调查分析与研究[M],北京:科学出版社,2009:1023-1032.

[259] 施裕兵,巩满福,冯建明. 唐家山堰塞坝泄流后稳定性研究[A].见:汶川大地震工程震害
调查分析与研究[C].北京:科学出版社,2009:1074-1079.

[260] 朱万强. 唐家山堰塞坝整治方案及相应河段水电开发的设想[A].见:汶川大地震工程震害
调查分析与研究[C].北京:科学出版社,2009:1097-1107.

[261] 刘涛. 高地震烈度区大型水电工程对岩土工程性质的影响研究[D].成都:西南交通大学硕
士论文,2011:1-21.

[262] 杨俊锋. 唐家山堰塞湖库区马铃岩滑坡体稳定性研究[D].成都:西南交通大学硕士论文,
2010:5-25.

[263] 胡卸文,吕小平,黄润秋等. 唐家山堰塞湖大水沟泥石流发育特征及堵江危害性评价[J].
岩石力学与工程学报,2009,28(4):850-858.

[264] 邬爱清,林绍忠,马贵生等. 唐家山堰塞坝形成机制DDA模拟研究[J].人民长江,2008,39
(22):91-95.

[265] 马贵生,罗小杰. 唐家山滑坡形成机制与堰塞坝工程地质特征[J].人民长江,2008,39
(22):46-47.

[266] 汪明元,徐晗. 唐家山堰塞坝泄流对坝坡稳定的效果分析[J].人民长江,2008,39(22):
48-51.

[267] 胡卸文,罗刚,王军桥,等. 唐家山堰塞体渗流稳定及溃决模式分析[J].岩石力学与工程学
报,2010,29(7):1409-1417.

[268] 许强,裴向军,黄润秋等.汶川地震大型滑坡研究[M].北京:科学出版社,2009:7-35.

[269] 唐春安,左宇军,秦泗凤,等.汶川地震中边坡浅表层散裂与抛射模式及其动力学解释
[C].2008,第十届全国岩石力学与工程学术大会论文集.

[270] 徐文杰,周玉县. 唐家山滑坡高速运动及堵江机制研究[J].工程地质学报,2010,18(S1):
374-390.

[271] 柴贺军,刘汉超,张悼元.滑坡堵江的基本条件[J]. 地质灾害与环境保护,1996,3(7):41-46.

[272] 罗刚,胡卸文,张耀.平面滑动型岩质边坡地震动力响应[J]. 西南交通大学学报,2010. 45
(4):521-526.

[273] Parise M,Jibson R.W. A seismic landslide susceptibility rating of geologic units based on anal-
ysis of characteristics of landslides triggered by the 17 January, 1994 Northridge, California
earthquake[J]. Engineering Geology. 2000,58(3/4):251-270.

[274] 刘佑荣,唐辉明.岩体力学[M].北京:化学工业出版社,2008.

[275] 王兰生,张倬元.斜坡岩体变形破坏的基本地质力学模式[A]. 见:水文工程地质论丛[C].北京:地质出版社,1983.

[276] 王思敬.金川露天矿边坡变形机制及过程[J]. 岩土工程学报,1982,4(3):45-61.

[277] 黄润秋.20世纪以来中国的大型滑坡及其发生机制[J]. 岩石力学与工程学报,2007,26(3):433-454.

[278] 许强,黄润秋.5·12汶川大地震诱发大型崩滑灾害动力特征初探[J]. 工程地质学报,2008,16(6):721-730.

[279] 许江,鲜学福,王鸿等.循环加、卸载条件下岩石类材料变形特性的实验研究[J].岩石力学与工程学报,2006,25(s1):3040-3045.

[280] 尹祥础,张晖辉.加卸载响应比的新进展[J]. 国际地震动态,2005,(5):98.

[281] 吴刚.岩体在加、卸荷条件下破坏效应的对比分析[J].岩土力学,1997(2):13-16.

[282] 沈明荣,陈建峰.岩体力学[M].上海:同济大学出版社,2006:188-189.

[283] 易顺明,朱珍德.裂隙岩体损伤力学导论[M].北京:科学出版社,2005:8-36.

[284] 张伟,曹国云,刘祥梅.加卸荷对岩石弱化破坏的影响[J]. 矿业工程,2005,3(6):27-28.

[285] 游敏,聂德新.河谷斜坡卸荷综合分带研究[J]. 人民黄河,2011,23(1):103-105.

[286] 凌建明.节理岩体损伤力学及时效损伤特性的研究[D].上海:同济大学硕士论文,1992.

[287] 黄润秋,林峰,陈德基,等.岩质高边坡卸荷带形成及其工程性状研究[J]. 工程地质学报,2001,9(3):227-232.

[288] 沈军辉,张进林,徐进等.斜坡应力分带性测试及其在卸荷分带中的应用[J]. 岩石力学与工程学报,2007,29(9):1423-1427.

[289] 钱鸣高,刘听成. 矿山压力及其控制[M].北京:煤炭工业出版社,1991.

[290] 李天斌,王兰生. 卸荷应力状态下玄武岩变形破坏特征的试验研究[J]. 岩石力学与工程学报,1993(4):321-327.

[291] 刘佳,鲁海,崔颖辉,等.边坡稳定性的动力影响因素分析[J]. 北方工业大学学报,2009,21(1):90-94.

[292] 万洪,胡春林.地震荷载作用下岩质边坡稳定性分析[J]. 建材世界,2009,30(3):106-109.

[293] 毕忠伟,张明,金峰,等.地震作用下边坡的动态响应规律研究[J]. 岩土力学,2009,30(S1):180-183.

[294] 徐光兴,姚令侃,李朝红,等.边坡地震动力响应规律及地震动参数影响研究[J]. 岩土工程学报,2008,30(6):918-923.

[295] 戚承志,钱七虎.岩体动力变形与破坏的基本问题[M].北京:科学出版社,2009:9-62.

[296] 唐辉明,晏同珍著.岩体断裂力学理论与工程应用[M].北京:地质出版社,1993:20-35.

[297] 陈颙,黄庭芳.岩石物理学[M].北京:北京大学出版社,2001:40-57.

[298] 封立志.隧道围岩力学参数估计及应用研究[D].长沙:湖南大学硕士论文,2009:12-33.

[299] 王蓬.巷道围岩力学参数估计及其稳定性评价[D].西安:西安科技大学硕士论文,2010:45-53.

[300] 王辉.岩层厚度对顺层岩质边坡失稳机理的影响[D].贵州:贵州大学硕士论文,2010:34-42.

[301] 黄润秋,裴向军,李天斌.汶川地震触发大光包巨型滑坡基本特征及形成机理分析[J].工程地质学报,2008,16(6):730-742.

[302] 崔芳鹏,胡瑞林,殷跃平,等.纵横波时差耦合作用的斜坡崩滑效应离散元分析——以北川唐家山滑坡为例[J].岩石力学与工程学报,2010,29(2):319-327.

[303] Scheiddger A E. On the prediction of reading and velocity of catastrophic landslides[J]. Rock mechanics.1973,(5):231-236.

[304] 邢爱国,高广远,陈龙珠等.大型高速滑坡启程流体动力学机理研究[J].岩石力学与工程学报,2004,23(4):607-613.

[305] 邢爱国,陈龙珠,陈明中.岩石力学特性分析与高速滑坡启动速度预测[J].岩石力学与工程学报,2004,23(8):1654-1657.

[306] Itasca Consulting Group Inc.. UDEC(Universal Distinct Element Code)user's manual,Version 3.0[R].[s.l.]:Itasca Consulting Group.Inc.,1996.

[307] 刘佑荣,唐辉明.岩体力学[M].北京:化学工业出版社,2008.

[308] 崔芳鹏,胡瑞林,殷跃平,等.地震动力作用触发的斜坡崩滑高差效应研究[J].水文地质工程地质,2010,37(4):39-45.

[309] 赵晓彦,胡厚田,齐明柱.云南头寨沟大型岩质高速滑坡碰撞模型试验[J].自然灾害学报,2003,12(3):99-103.

[310] 赵晓彦,胡厚田,刘涌江.大型高速滑坡滑动过程中碰撞特性的试验[J].水文地质工程地质,2003,(6):85-88.

[311] 卫宏,靳晓光,王兰生.滑坡碰撞作用及其岸坡环境效应[J].山地学报.2000,18(5):435-439.

[312] 宁晓秋.模糊数学原理与方法(第二版)[M].徐州:中国矿业大学出版社,2004.

[313] 陈景瑜.大相岭高速公路隧道岩爆预测研究[D].成都:西南交通大学硕士论文,2009:3-41.

[314] 刘磊.成昆线K242-K331段崩塌灾害危险性研究[D].成都:西南交通大学硕士论文,2010:4-51.

[315] 向望.内六线横江-大关段主要地质灾害危险性评估及防治对策研究[D].成都:西南交通大学硕士论文,2008:22-39.

[316] 穆成林.成昆铁路线K494-K727段泥石流危险性评价与防治[D].成都:西南交通大学硕士论文,2010:32-47.

[317] 齐洪亮.公路路基地质灾害评价及防治对策研究[D].西安:长安大学硕士论文,2008:

17-41.

[318] 苏永华,何满潮,孙晓明.岩体模糊分类中隶属函数的等效性[J].北京科技大学学报,2007,29(7):670-675.

[319] 汪培庄,李洪兴.模糊系统理论与模糊计算机[M].北京:科学出版社,1996:92-129.

[320] 邱向荣.岩溶塌陷稳定性的灰色模糊综合评判[J].水文地质工程地质,2004(4):58-61.

[321] 唐建新,徐宁霞,康钦容.模糊综合评判在矿山地质环境中的应用[J].重庆大学学报,2010,33(5):145-150.

[322] 鲁道洪.基于AHP的模糊综合评判在公路地质灾害的危险性评价[J].四川地质学报,2009,29(3):357-360.

[323] 孟衡.模糊数学在岩质边坡稳定性分析中的应用[J].岩土工程技术,2008,22(4):178-181.

[324] 王新民,赵彬,张钦礼.基于层次分析和模糊数学的采矿方法选择[J].中南大学学报(自然科学版),2008,39(5):875-879.

[325] 胡厚田.高速远程滑坡流体动力学理论的研究[M].成都:西南交通大学出版社,2003.

[326] 刘涌江,胡厚田,赵晓彦.高速滑坡岩体碰撞效应的试验研究[J].岩土力学,2004,25(2):255-160.

[327] 刘玉存,王作山,王建华,等.NK-EH500调质钢爆炸硬化的冲击动力学研究[J].火炸药学报,2002,(4):1-13.

[328] 谭华.实验冲击波物理导引[M].北京:国防工业出版社,2007:2-30.

[329] 马晓青,韩锋.高速碰撞动力学[M].北京:国防工业出版社,1998:10-200.

[330] 王修信,潘家铮,夏颂佑.坝踵断裂控制的塑性区尺寸因子法[J].河海大学学报,1992,20(4):40-46.

[331] 李俊明.倾倒变形体边坡在强震作用下的动力响应[D].成都:成都理工大学硕士论文,2010:23-37.

[332] 张志.平庄西露天矿露井协调开采控制技术研究[D].阜新:辽宁工程技术大学博士论文,2010:13-41.

[333] 苟富刚,王运生,吴俊峰,等.都江堰庙坝地震高位滑坡特征与成因机理研究[J].工程地质学报,2012,20(1):21-29.

[334] 崔杰,王兰生,徐进.金沙江中游滑坡堵江事件及古滑坡体稳定性分析[J].工程地质学报,2008,16(1):06-10.

[335] 王延平.滑坡涌浪预测理论研究及计算模型开发[D].成都:成都理工大学硕士论文,2005:23-51.

[336] 曹琰波,戴福初,许冲.唐家山滑坡变形运动机制的离散元模拟[J].岩石力学与工程学报,2011,30(S1):2878-2887.

[337] 王烨.综采放顶煤三维仿真研究[D].包头:内蒙古科技大学硕士论文,2010:33-49.

[338] 郭春颖,李云龙,刘军柱.UDEC在急倾斜特厚煤层开采沉陷数值模拟中的应用[J].中国矿业,2010,19(4):71-74.

[339] 王秀英,聂高众,王登伟.汶川地震诱发滑坡与地震动峰值加速度对应关系研究[J].岩石力学与工程学报,2010,29(1):82-89.

[340] 王庆永,贾忠华,刘晓峰.Visual MODFLOW及其在地下水模拟中的应用[J].水资源与水工程学报,2007,18(5):90-92.

[341] 何彬.Processing Modflow软件在地下水污染防治中的应用[J].水资源保护,1999,57(3):16-18.

[342] 朱崇辉,王增红,刘俊.粗粒土的渗透破坏坡降与颗粒级配的关系研究[J].中国农村水利水电.2006,(3):72-74.

[343] 毛昶熙,段祥宝,吴良骥.砂砾土各级颗粒的管涌临界坡降研究[J].岩土力学,2009,30(12):3705-3709.

[344] 张我华,余功栓,蔡袁强.堤与坝管涌发生的机制及人工智能预测与评定[J].浙江大学学报,2004,38(7):902-908.

[345] 校小娥.地震作用下滑坡稳定性分析[D].成都:西南交通大学硕士论文,2010:33-49.

[346] 申选召.混凝土斜拉桥三维地震反应研究[D].北京:中国地震局工程力学研究所硕士论文,2006:31-49.

[347] F.A约翰逊,P.艾丽斯,郝书敏.溃坝的分类[J].浙江水利科技,1978,(3):31-35.

[348] 匡尚富,汪小刚,黄金池等.堰塞湖溃坝风险及其影响分析评估[J].中国水利,2008,(16):17-21.

[349] 刘宁.巨型滑坡堵江堰塞湖处置的技术认知[J].中国水利,2008,(16):17-21.

[350] 徐娜娜.大型滑坡涌浪及堰塞坝溃坝波数值模拟研究[D].上海:上海交通大学硕士论文,2011:10-43.

[351] 聂高众,高建国,邓砚.地震诱发的堰塞湖初步研究[J].第四纪研究,2004.24(3):293-301.

[352] 四川汶川大地震堰塞湖险情应对措施.四川水利网.http://www.scwater.gov.cn.

[353] Evans S G, Degraff J V. Catastrophic landslide: Effects, occurrence and mechanisms[J]. Geological Society of America, Reviews in Engineering Geology XV, 2002.

[354] 徐方军,韩丽宇.部分国家和地区地震诱发堰塞湖及其抢险概况[J].水利发展研究,2008.8(6):7-9.

[355] 黄润秋,张倬元,王士天.高边坡稳定性的系统工程地质研究[M].成都:成都科技大学出版社,1991.

[356] 段永侯,柳源,谢章中等.中国地质灾害[M].北京:地质出版社,1993.

[357] 唐邦兴. 中国泥石流[M]. 北京:商务印书馆,2000:246-295.

[358] 陈洪凯,唐春梅,陈野鹰. 公路泥石流研究及治理[M]. 北京:人民交通出版社,2004.

[359] 谢洪,钟敦伦,韦方强. 我国山区城镇泥石流灾害及其成因[J]. 山地学报,2006,24(1):79-87.

[360] 谢洪,刘世建,钟敦伦. 西部开发中的泥石流问题[J]. 自然灾害学报,2001,10(3):44-50.

[361] Hungr O.Analysis of debris flow surges using the theory of uniformly progressive flow[J]. Earth Surface Processes and Landforms,2000,25(5):483-495.

[362] Iverson M,Rcosta E J,Lahusen G R. Large-scale debris-flow flume becomes operational in Oregon,USA[J].Landslide News,1993,(7):29-30.

[363] Tamotsu T. Debris flow[M]. Rotterdam:Brookfield,1991:26-89.

[364] 邓建辉,陈菲,尹虎,等.泸定县四湾村滑坡的地质成因与稳定评价[J]. 岩石力学与工程学报,2007,26(10):1945-1950.

[365] 张金山,沈兴菊,谢洪. 泥石流堵河影响因素研究——以岷江上游为例[J]. 灾害学,2007,22(2):82-86.

[366] 王裕宜,胡凯衡,等.泥石流体的流变和冲淤特征及其与危险度的关系[J]. 自然灾害学报,2007,16(1):17-22.

[367] 刘希林,唐川. 泥石流危险性评价[M]. 北京:科学出版社,1995.

[368] 沈军辉,朱容辰,刘维国.等. 5.12汶川地震诱发都江堰龙池镇干沟泥石流可能性地质分析[J]. 山地学报,2008,26(5):513-517.

[369] 程尊兰,崔鹏,李泳,等. 滑坡、泥石流堰塞湖灾害主要的成灾特点与减灾对策[J].山地学报,2008,26(6):733-738.

[370] 巴仁基,王丽,宋志. 泸定县牧场沟泥石流动力特性预测[J]. 水文地质工程地质,2008,35(6):57-62.

[371] 铁永波,唐川,周春花. 昆明市东川城区泥石流危险度评价[J]. 中国地质灾害与防治学报,2006,17(1):80-82.

[372] 崔鹏,何易平,陈杰. 泥石流输沙及其对山区河道的影响[J]. 山地学报,2006,24(5):539-534.

[373] 丁继新,杨志法,尚彦军,等. 区域泥石流灾害的定量风险分析[J]. 岩土力学,2006,27(7):1071-1076.